普通高等教育“十一五”国家级规划教材
“十三五”江苏省高等学校重点教材

概率论与数理统计

第4版

主　编　宗序平
副主编　李朝晖　赵　俊
参　编　严　钧　孙耀东　蔡苏淮

江苏省高等学校重点教材编号：2016-1-146

机 械 工 业 出 版 社

本书是根据教育部对本课程的基本要求编写的普通高校教材.

考虑到高等教育已经进入大众化阶段,全书始终"以应用为目的,不削弱理论学习"为指导思想,主要内容包括概率论、数理统计、随机过程,每章节后附有习题,书末附有参考答案.本书由具有丰富教学经验的骨干教师编写,深入浅出,通俗易懂,便于自学.

本书可供普通高校经济类、理工类各专业使用,也可供有关工程技术人员参考.

图书在版编目(CIP)数据

概率论与数理统计/宗序平主编.—4版.—北京:机械工业出版社,2019.1(2025.2重印)

普通高等教育"十一五"国家级规划教材 "十三五"江苏省高等学校重点教材

ISBN 978-7-111-61542-2

Ⅰ.①概… Ⅱ.①宗… Ⅲ.①概率论—高等学校—教材②数理统计—高等学校—教材 Ⅳ.①O21

中国版本图书馆CIP数据核字(2018)第284339号

机械工业出版社(北京市百万庄大街22号 邮政编码100037)

策划编辑:韩效杰 责任编辑:韩效杰 李 乐

责任校对:陈 越 封面设计:鞠 杨

责任印制:孙 炜

北京联兴盛业印刷股份有限公司印刷

2025年2月第4版第15次印刷

184mm×260mm · 16.75印张 · 412千字

标准书号:ISBN 978-7-111-61542-2

定价:49.80元

电话服务	网络服务
客服电话:010-88361066	机 工 官 网:www.cmpbook.com
010-88379833	机 工 官 博:weibo.com/cmp1952
010-68326294	金 书 网:www.golden-book.com
封底无防伪标均为盗版	机工教育服务网:www.cmpedu.com

序

人类已经满怀激情地跨入了充满机遇与挑战的21世纪.这个世纪要求高等教育培养的人才必须具有高尚的思想道德,明确的历史责任感和社会使命感,较强的创新精神、创新能力和实践能力,宽广的知识面和扎实的基础.基础知识水平的高低直接影响到人才的素质及能力,关系到我国未来科学、技术的发展水平及在世界上的竞争力.由于基础学科本身的特点,以及某些短期功利思想的影响,不少人对大学基础教育的认识相当偏颇,我们有必要在历史的回眸中借前车之鉴,在未来的展望中创革新之路.我们必须认真转变教育思想,以培养新世纪高素质人才为宗旨,以提高人才培养质量为主线,以转变教育思想观念为先导,以深化教学改革为动力,以全面推进素质教育和改革人才培养模式为重点,以构建新的教学内容和课程体系、加大教学方法和手段改革为核心,努力培养素质高、应用能力与实践能力强、富有创新精神和特色的应用性的复合型人才.

基于上述考虑,中国机械工业教育协会、机械工业出版社、江苏省教育厅(原江苏省教委)和江苏省及省外部分高等工科院校成立了教材编审委员会,组织编写了本套基础课程系列教材,作为加强教学基本建设的一种努力.

本套教材力求具有以下特点:

(1) 科学定位.本套教材主要用于应用性本科人才的培养.

(2) 综合考虑、整体优化,体现"适、宽、精、新、用".所谓"适",就是要深浅适度;所谓"宽",就是要拓宽知识面;所谓"精",就是要少而精;所谓"新",就是要跟踪应用学科前沿,推陈出新,反映时代要求;所谓"用",就是要理论联系实际,学以致用.

(3) 强调特色.就是要体现一般工科院校的特点,符合一般工科院校基础课教学的实际要求.

(4) 以学生为本.本套教材应尽量体现以学生为本,以学生为中心的教育思想,不为教而教.注重培养学生的自学能力和扩展、发展知识的能力,为学生今后持续创造性的学习打好基础.

尽管本套教材想以新思想、新体系、新面孔出现在读者面前,但由于是一种新的探索,难免有这样那样的缺点甚至错误，敬请广大读者不吝赐教，以便再版时修正和完善.

本套教材的编写和出版得到了中国机械工业教育协会、机械工业出版社、江苏省教育厅以及各主审、主编和参编学校的大力支持与配合，在此一并表示衷心感谢.

普通高等工科院校基础课系列教材编审委员会

主任　殷翔文

第 4 版前言

党的二十大报告中提出，“加快发展数字经济，促进数字经济和实体经济深度融合”，这为大数据发展指明了方向，这也对作为大数据技术的重要基础课程“概率论与数理统计”提出了更高要求。本书在每章设置了视频学习任务，帮助读者理解坚持底线思维，增强忧患意识，以大概率思维应对小概率事件，高度警惕“黑天鹅”“灰犀牛”事件的发生。

本书第 3 版自 2011 年 1 月出版以来，由于其内容安排合理，既满足教育部《高等教育本科概率论与数理统计课程教学基本要求》和硕士研究生入学考试的基本要求，又具有文字表述准确、流畅、可读性强等特点，受到了读者的肯定．

经过几年的教学实践和教学改革，根据专家、同行的宝贵建议，我们对教材做了进一步修订，本次修订保持了第 3 版的优点与特色，期望更好地适应“大众教育”和应用型本科院校教学改革的需要，更多的是关注学与教的过程．

本书在教材内容的呈现上，充分体现以“学生为中心”的教育思想，并努力在概念引入、理论分析、方法叙述等方面的呈现上实现创新：

(1)充分利用好页面边栏．通过增加问题、批注或解释，简明扼要地介绍方法、历史、文化等，为读者搭建阅读平台，激发学生的学习热情和培养学习兴趣．

(2)调控读者阅读教材的节奏．每隔一定的阅读量，就这段内容，通过提供探究型、归纳型或反思型问题，碎化部分定理或例题，为读者提供一定的思考空间．引导读者完成一些计算或推导，让读者在阅读理解和解决问题两种模式间切换，减少注意力疲劳，同时改善教材的预习体验．

(3)尝试将信息技术引入教材，初步实现教材和移动互联网融合．给读者提供大量的文字和图片等教学信息，通过扫描二维码，初步实现网络支持下的教与学资源的共享．

本次修订得到了扬州大学出版基金资助，还得到了江苏省教育厅、扬州大学教务处和扬州大学数学科学学院给予的大力支持．机械工业出版社的编辑们对本次修订付出了大量劳动．许多想法取材于专家学者的文献，在此一并表示衷心的感谢．限于编者的水平，书中难免存在不足，敬请读者批评指正．

编　者

第 3 版前言

《概率论与数理统计(第 2 版)》是我们为普通高等学校非数学专业学生编写的公共数学基础课教材.内容选择依据教育部高等学校概率论与数理统计课程教学基本要求,涵盖了硕士研究生入学考试大纲的基本要求.

本次修订增补了部分例题,期望能使学生对书中理论的应用更加熟悉,更能领会其中的原理和技巧.同时,重新编写了大部分习题,优化了习题的难度层次分布,同时使各个知识点在做习题的过程中得到尽量多的重现.

为了使本书有更好的易读性,本次修订在版式设计方面借鉴了很多国际上成功的设计,同时采用双色印刷,使得阅读更加舒适,更方便在书中做标记和记笔记.

编者

2010 年 11 月

第 2 版前言

概率论与数理统计是研究随机现象及其规律性的科学，理论严谨，应用广泛，发展迅速.不仅高等学校各专业都开设了本课程，而且在 20 世纪末，此课程被教育部定为硕士研究生入学考试的数学课程之一.本书自 2002 年出版以来，被许多院校选作本科生教材，受到理工科、经济管理、农学类等读者的欢迎.很幸运 2006 年本书第 2 版被列为"普通高等教育'十一五'国家级规划教材"，这使我们信心倍增，同时也感到责任重大，定要齐心协力编写好此书，以适应普通高等教育发展之需.

这一版对原书中的一些疏漏和不妥之处做了修改.并对许多内容进行了调整与补充.考虑到教师授课和学生自学的需要，第 2 版提供了与本书配套的 Powerpoint 课件，该课件以章节形式编排，便于配合学习.需要指出的是课件中列出了许多本书中未提及的内容，以满足求知欲很强的读者的需要.

限于编者水平，书中仍有许多不足之处，恳请同行和读者批评指正.

编　者

2006 年 11 月

目　录

第1章 随机事件与概率

概率论与数理统计是高等学校的一门重要的基础课程，是研究随机现象规律性的学科．在本课程中，为掌握基本概念，必须反复精读教材．

1.1 随机事件

1.1.1 随机试验与随机事件

1. 随机现象

自然现象与社会现象是多种多样的，从结果能否预测的角度来分，可以分为两大类．其中一类现象在一定的条件下，可以预测其结果，即在一定的条件下，进行重复试验与观察，它的结果总是确定的，这类现象称为**确定性现象**．例如，在标准大气压下，温度达到100℃的纯水必然沸腾；异性电荷必然互相吸引等．在以前学习的数学课程中主要是研究这类确定性现象．另一类现象是不能预测其结果的，即在一定的条件下，重复试验或观察，或出现这种结果，或出现那种结果，这类现象称为**随机现象**．随机现象到处可见．例如，抛一枚质地均匀的骰子所出现的点数；某电话台每小时内接到的电话呼唤次数等．

什么是确定性现象？什么是随机现象？试举例说明．

概率论与数理统计就是研究随机现象及其规律性的一门学科．对于某些随机现象，虽然对个别试验或观察来说，无法预测其结果，但在相同的条件下进行大量的试验或观察时，却又呈现出某些规律性．例如，掷一枚质地均匀的硬币，当掷的次数相当多时，就会发现出现正面（有字的一面朝上）和出现反面（有国徽的一面朝上）的次数之比大约为1∶1；查看各国人口统计资料，就会发现新生婴儿中男女约各占一半，随机现象所呈现的这种规律性，称为**统计规律性**．它是概率论与数理统计研究的基本出发点．

什么是统计规律性？试举例说明．

中国创造：无人驾驶

概率论与数理统计的理论与方法的应用是十分广泛的，几乎遍及所有科学技术、工农业和国民经济的各个领域中．例如，利用概率统计方法可以进行气象预报、水文预报及地震预报，产品的质量检验，求元件或系统的使用可靠性及平均寿命的估计等．在理论联系实际方面，概率论与数理统计是数学最活跃的分支之一．

2. 随机试验与随机事件

在一定的条件下，对自然现象和社会现象进行的实验或观察，称为**试验**，通常用 T 来表示. 这里的试验是一个含义广泛的术语，包括各种科学实验，甚至对某一事物的某一特征的观察也认为是一种试验. 举例如下：

你能总结这四个实例的共性吗？

例 1-1 T_1：掷一枚质地均匀的硬币，观察其出现正面或反面.

例 1-2 T_2：掷一枚质地均匀的骰子，观察其出现的点数.

例 1-3 T_3：记录某电话交换台 1h 内接到的电话呼唤次数.

例 1-4 T_4：在一批灯泡中任取一只，测试其寿命.

上述试验具有以下共同的特点：

1)可以在相同的条件下重复进行；

2)试验的结果有多种可能性，但试验前能预知所有可能的结果；

3)每次试验前无法断定哪个结果会发生.

关注概念：
简单随机试验、随机事件、必然事件和不可能事件.

将具有上述三个特点的试验称为**简单随机试验**，简称为**随机试验**，本教材中如无特别说明，所谓的试验都是指这种随机试验.

随机试验的结果称为该随机试验的**随机事件**，简称为**事件**，通常用大写字母 $A,B,C,\cdots$ 及 $A_1,A_2,\cdots$ 表示. 例如，例 1-2 中，“出现偶数点”是随机事件；例 1-4 中，“所取灯泡的寿命不超过 100h”也是随机事件.

特别地，一定条件下必然发生的事件，称为**必然事件**，用 Ω 表示. 例如，在例 1-2 中，$\Omega=$｛出现奇数点或偶数点｝. 同样，一定条件下必然不发生的事件，称为**不可能事件**，用 $\varnothing$ 表示. 例如，在例 1-2 中，$\varnothing=$｛既不出现奇数点，又不出现偶数点｝.

概率论与数理统计是通过随机试验中的随机事件来研究随机现象的.

3. 基本事件与样本空间

关注样本点与样本空间的定义，说明其关系.

随机试验的每一个可能的结果，称为这个试验的**样本点**，记作 ω；全体样本点的集合称为**样本空间**，记作 Ω.

例如，例 1-1 中的试验，基本结果有两个：正(有字的面朝上)，反(国徽的一面朝上)，即有两个样本点，因此样本空间为

$$\Omega_1=\{正,反\}.$$

例 1-2 中的试验，基本结果有六个：“出现 1 点”“出现 2 点”…“出现 6 点”，分别用 1,2,3,4,5,6 表示，即有六个样本点，因此该试验的样本空间为

$$\Omega_2=\{1,2,3,4,5,6\}.$$

同理，例 1-3 与例 1-4 的样本空间分别为

$$\Omega_3 = \{0,1,2,\cdots\}, \Omega_4 = \{t \mid t \geqslant 0\}.$$

由上面的讨论可知，样本空间可分为两种类型：

1）有限样本空间，即样本点总数为有限多个，如 Ω_1，Ω_2；

2）无限样本空间，即样本点总数为无穷多个，如 Ω_3，Ω_4.

无限样本空间又可分为可数（列）样本空间（如 Ω_3）和不可数（列）样本空间（如 Ω_4）.

样本空间分为哪几种类型？举例说明.

值得注意的是，样本空间可以是数集如 Ω_2，Ω_3，Ω_4，也可以不是数集如 Ω_1；样本空间至少由两个样本点组成，仅含有两个样本点的样本空间是最简单的样本空间，如 Ω_1. 显而易见，根据随机事件的定义，随机事件是由一个或多个样本点组成的，因此也称随机试验 T 的样本空间 Ω 的子集为随机试验 T 的随机事件.

特别地，由一个样本点组成的集合称为**基本事件**；由全体样本点组成的事件，在每次试验中它总是发生的，称为**必然事件**，仍用 Ω 表示；空集 $\varnothing$ 不包含任何样本点，它作为样本空间的子集，它在每一次试验中都不发生，称为**不可能事件**.

1.1.2 事件之间的关系及运算

事件是样本点的集合，与集合的关系及运算相对应，下面介绍事件之间的关系与运算.

1. 包含关系

什么是包含关系？举例说明.

如果事件 A 发生必然导致事件 B 发生，则称事件 A 包含于事件 B，或称事件 B 包含事件 A，记作 $A \subset B$ 或 $B \supset A$. 显然有下列性质：

1）$\varnothing \subset A \subset \Omega$；

2）若 $A \subset B$，$B \subset C$，则有 $A \subset C$.

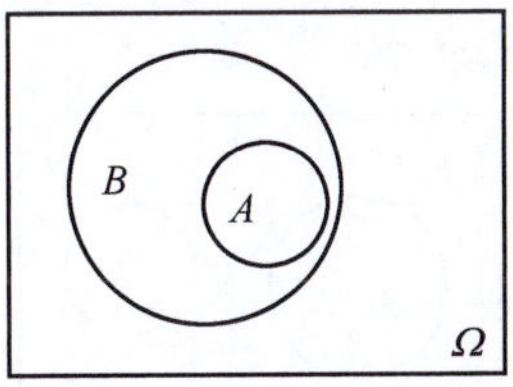

$A \subset B$

图 1-1

例如，在例 1-2 中，若记 $A=\{1,3,5\}$，即“出现奇数点”，$B=\{1,2,3,4,5\}$，即“出现的点数不超过 5”，显然 $A \subset B$，即若事件“出现奇数点”发生，则“出现的点数不超过 5”，即事件 B 发生.

包含关系可用图 1-1 直观地说明.

2. 相等关系

如果两个事件 A 与 B 满足：$A \subset B$，$A \supset B$，则称事件 A 与 B 相等. 这意味着事件 A 与 B 本质上是同一个事件，记作 $A=B$.

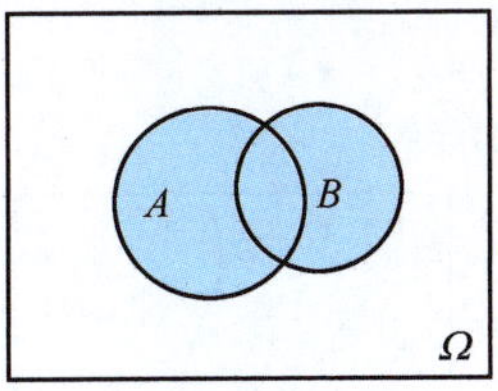

$A \cup B$

图 1-2

3. 事件的和

两个事件 A，B 至少有一个发生，即“或 A 发生或 B 发生”，这样的事件，称为事件 A，B 的和或并，记作 $A \cup B$（见图 1-2）.

什么是 A，B 两个事件的和或并，举例说明.

例如，在例 1-2 中，若记 $A=\{1,3,5\}$，即“出现奇数点”，$B=\{1,2,3,4,5\}$，即“出现的点数不超过 5”，则 $A \cup B=\{1,2,3,4,5\}$，

即“出现的点数不超过 5”.

类似地,称“n 个事件 $A_1,\cdots,A_n$ 中至少有一个发生”这样的事件为事件 $A_1,\cdots,A_n$ 的和,记作

$$A_1\cup\cdots\cup A_n \text{ 或 } \bigcup_{i=1}^{n} A_i.$$

称“可列个事件 $A_1,\cdots,A_n,\cdots$ 至少有一个发生”的事件为可列个事件 $A_1,\cdots,A_n,\cdots$ 的和,记作

$$A_1\cup\cdots\cup A_n\cup\cdots \text{ 或 } \bigcup_{i=1}^{\infty} A_i.$$

什么是 A,B 两个事件的积事件?举例说明.

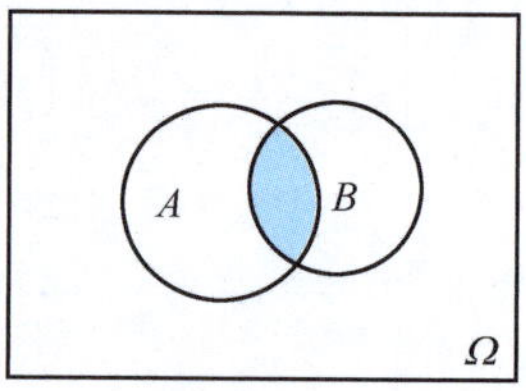

$A\cap B$

图 1-3

4. 事件的积

两个事件 A,B 同时发生,这样的事件称为事件 A 与 B 的积或交,记作 $A\cap B$ 或 AB(见图 1-3).

例如,在例 1-2 中,若记 $A=\{1,3,5\}$,即“出现奇数点”,$B=\{1,2\}$,即“出现的点数不超过 2”,则 $AB=\{1\}$,即“出现 1 点”.

类似地,称“n 个事件 $A_1,\cdots,A_n$ 同时发生”这样的事件为事件 $A_1,\cdots,A_n$ 的积,记作

$$A_1\cap\cdots\cap A_n \text{ 或 } \bigcap_{i=1}^{n} A_i.$$

称“可列个事件 $A_1,\cdots,A_n,\cdots$ 同时发生”的事件为可列个事件 $A_1,\cdots,A_n,\cdots$ 的积,记作

$$A_1\cap\cdots\cap A_n\cap\cdots \text{ 或 } \bigcap_{i=1}^{\infty} A_i.$$

举例说明 A,B 两个事件互不相容或互不相交.

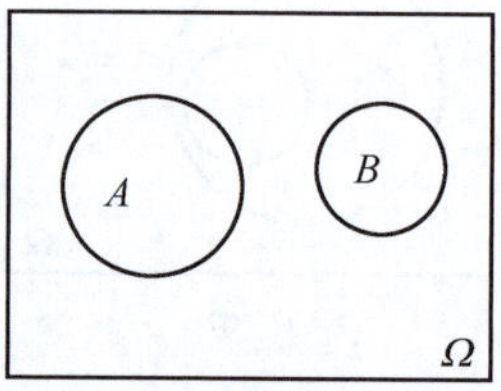

$AB=\varnothing$

图 1-4

5. 互不相容事件

两个事件 A,B 不可能同时发生,即 $AB=\varnothing$,则称 A,B 为两个互不相容事件或互斥事件(见图 1-4).

例如,在例 1-2 中,若记 $A=\{1,3,5\}$,即“出现奇数点”,$B=\{2,4\}$,即“出现小于 5 的偶数点”,则 $AB=\varnothing$,A,B 为两个互不相容事件,即 A,B 不可能同时发生.

A,B 两个事件为相互对立事件应满足哪两个条件?

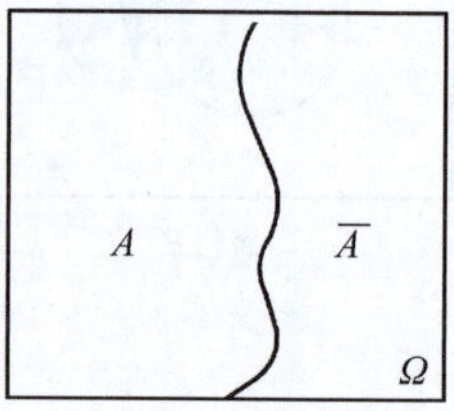

$A\cap\overline{A}=\varnothing,A\cup\overline{A}=\Omega$

图 1-5

6. 相互对立事件

事件 A,B 有且仅有一个发生,也就是说事件 A 发生则 B 必不发生或事件 A 不发生则 B 必然发生,即 $A\cup B=\Omega$,且 $AB=\varnothing$,则称 A,B 为相互对立事件或互逆事件,记作 $B=\overline{A},A=\overline{B}$(见图 1-5).

例如,在例 1-2 中,若记 $A=\{1,3,5\}$,即“出现奇数点”,$B=\{2,4,6\}$,即“出现偶数点”,则 $A\cup B=\Omega$,且 $AB=\varnothing$,A,B 为相互对立事件.

事件 A,B 的差事件 $A-B$ 在何种情况下有 $A-B=\varnothing$?

7. 事件的差

事件 A 发生且事件 B 不发生,这样的事件称为事件 A 与 B 的差,记作 $A-B$(见图 1-6).

例如,在例 1-2 中,若记 $A=\{1,3,5\}$,即“出现奇数点”,$B=\{1,

2,3,4},即“出现点数不超过 4”,则 $A-B=A\overline{B}=\{5\}$.

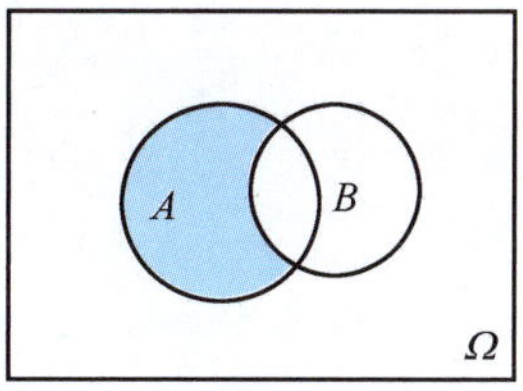

$A-B$

图 1-6

不难验证:

1)$A-B=A\overline{B}=A-(AB)$;

2)$\overline{\overline{A}}=A$;

3)$\overline{A}=\Omega-A$.

8. 完备事件组

若 n 个事件 $A_1,\cdots,A_n$ 中至少有一个发生,且两两互不相容,即 $\bigcup\limits_{i=1}^{n}A_i=\Omega$,且 $A_i\cap A_j=\varnothing(i\neq j)$,则称事件 $A_1,\cdots,A_n$ 构成一个完备事件组.

需要指出的是,完备事件组实际上为样本空间 Ω 的一个划分或分割. 如 A 与 $\overline{A}$ 构成一个简单的完备事件组.

从集合的运算规则可以得到相应的事件的运算法则:

1)交换律 $A\cup B=B\cup A,AB=BA$;

2)结合律 $(A\cup B)\cup C=A\cup(B\cup C)$,

$(A\cap B)\cap C=A\cap(B\cap C)$;

3)分配律 $(A\cup B)\cap C=(A\cap C)\cup(B\cap C)$,

$(A\cap B)\cup C=(A\cup C)\cap(B\cup C)$;

4)德摩根(De-Morgan)公式 $\overline{A\cup B}=\overline{A}\cap\overline{B},\overline{A\cap B}=\overline{A}\cup\overline{B}$.

结合律、分配律和德摩根公式还可以推广至任意有限个事件或可列多个事件的场合.

试小结本节所学的内容.

例 1-5 从一批产品中每次取出一件产品进行检验(每次取出的产品不放回),事件 A_i 表示第 i 次取到合格品($i=1,2,3$),试用事件运算符号表示下列事件:

(1)三次全取到合格品;

(2)三次中只有第一次是合格品;

(3)三次中恰有一件合格品;

(4)三次中恰有两件合格品;

(5)三次中至少有一次取到次品.

解 三次全取到合格品:$A_1A_2A_3$;

三次中只有第一次是合格品:$A_1\overline{A}_2\overline{A}_3$;

三次中恰有一件合格品:

$(A_1\overline{A}_2\overline{A}_3)\cup(\overline{A}_1A_2\overline{A}_3)\cup(\overline{A}_1\overline{A}_2A_3)$;

三次中恰有两件合格品:

$(A_1A_2\overline{A}_3)\cup(\overline{A}_1A_2A_3)\cup(A_1\overline{A}_2A_3)$;

三次中至少有一次取到次品:$\overline{A}_1\cup\overline{A}_2\cup\overline{A}_3$ 或 $\overline{A_1A_2A_3}$.

习题 1.1

1. 写出下列随机试验的样本空间.

(1)同时掷三枚骰子,记录三枚骰子点数之和;

(2)单位圆内任取一点,记录其坐标;

(3)生产新产品直至有10件合格品为止,记录生产的总件数.

2. 从 n 件产品中任意抽取 k 件,设 A 表示"至少有一件次品",B 表示"至多有一件次品",问$\overline{A}$,$\overline{B}$及 AB 各表示什么事件?

3. 一名射手连续向某个目标射击三次,事件 A_i 表示第 i 次射击时击中目标($i=1,2,3$). 试用文字叙述下列事件:$A_1\cup A_2$;$\overline{A_2}$;$A_1A_2A_3$;$A_1\cup A_2\cup A_3$;A_3-A_2;$A_3\overline{A_2}$;$\overline{A_1\cup A_2}$;$\overline{A_1}\,\overline{A_2}$;$(A_1A_2)\cup(A_2A_3)\cup(A_3A_1)$.

4. 设 A,B,C 表示三个事件,利用 A,B,C 表示下列事件.

(1)A 发生,B,C 都不发生;

(2)A,B 发生,C 不发生;

(3)三个事件 A,B,C 均发生;

(4)三个事件 A,B,C 至少有一个发生;

(5)三个事件 A,B,C 都不发生;

(6)三个事件中不多于一个事件发生;

(7)三个事件中不多于两个事件发生;

(8)三个事件中至少有两个发生.

5. 检验某种圆柱形产品时,要求长度与直径都符合要求时才算合格品,记A="产品合格";B="长度合格";C="直径合格",试讨论:

(1)A 与 B,C 之间的关系;

(2)$\overline{A}$与$\overline{B}$,$\overline{C}$之间的关系.

1.2 事件的概率

1.2.1 概率的统计定义

在实际问题中,人们常常希望知道某些事件在一次试验中发生的可能性大小,为此我们先介绍频率的概念.

定义 1-1 若事件 A 在 n 次相同的重复试验中发生 μ 次,则称

$$f_n(A)=\frac{\mu}{n}$$

为事件 A 在这 n 次试验中出现的**频率**,称 μ 为事件 A 在这 n 次试验中

出现的**频数**.

显然,频率具有下列性质:

认真思考频率的三条性质.

1)(非负性)$0\leqslant f_n(A)\leqslant 1$;

2)(规范性)$f_n(\Omega)=1$;

3)(可加性)若 $A_1,A_2,\cdots,A_k$ 为两两互不相容事件,即 $A_iA_j=\varnothing(i\neq j)$,则

$$f_n\left(\bigcup_{i=1}^{k}A_i\right)=f_n(A_1)+f_n(A_2)+\cdots+f_n(A_k)=\sum_{i=1}^{k}f_n(A_i).$$

为了研究随机现象的规律性,下面来看一个例子.

例 1-6 蒲丰(Buffon)与皮尔逊(Pearson)曾分别掷一枚质地均匀的硬币,其结果见下表:

实验者	掷硬币的次数 n	正面出现的次数 μ	正面出现的频率
蒲丰	4040	2048	0.5069
皮尔逊	12000	6019	0.5016
皮尔逊	24000	12012	0.5005

从上述实例来看,虽然结果不同,但当试验的次数充分大时,频率总在 0.5 左右摆动,这种“频率的稳定性”即通常所说的统计规律性,由此引入概率的统计定义.

定义 1-2 在一组恒定不变的条件下,将某一试验重复进行 n 次,事件 A 发生的次数为 μ,事件 A 发生的频率 $f_n(A)=\mu/n$,随着 n 的增大,总在某一固定的数值 p 附近摆动,称 p 为事件 A 发生的**概率**,记为 $P(A)=p$.

频率的稳定性能否写成 $\lim\limits_{n\to\infty}f_n(A)=p$? p 是否唯一?(见第 5 章)

概率的三条性质对应频率的三条性质.

由概率的统计定义与频率的性质,易见概率具有以下性质:

1)(非负性)$0\leqslant P(A)\leqslant 1$;

2)(规范性)$P(\Omega)=1$;

概率 $P(A)$ 可视为自变量为 A 的函数,该函数满足哪些性质.

3)(可加性)若 $A_1,A_2,\cdots,A_k$ 为两两互不相容事件即 $A_iA_j=\varnothing(i\neq j)$,则

$$P\left(\bigcup_{i=1}^{k}A_i\right)=P(A_1)+P(A_2)+\cdots+P(A_k)=\sum_{i=1}^{k}P(A_i).$$

由概率的定义可知,概率是衡量事件发生可能性大小的量.

这里需要说明的是:在定义 1-2 中,$f_n(A)=\mu/n$,当 $n\to\infty$ 时稳定在常数 p 附近,似乎与高等数学中极限的概念类似,其实不然,它们之间是有区别的,其区别将在第 5 章讨论.

1.2.2 古典概型及古典概型中事件的概率

如果随机试验具有以下两个特点:

古典概型应满足哪两个条件?

1)样本空间只有有限多个样本点,即 $\Omega=\{\omega_1,\omega_2,\cdots,\omega_n\}$;

2)每个样本点是等可能发生的,即 $P(\omega_1)=P(\omega_2)=\cdots=P(\omega_n)=1/n$,则称上述试验为古典概型.

在古典概型中,如果样本空间的样本点总数为 n,事件 A 由 m 个样本点组成,则事件 A 的概率为

$$P(A)=\frac{m}{n}=\frac{\text{事件}A\text{包含的样本点数}}{\text{样本点总数}}. \tag{1-1}$$

例 1-7 同时投掷两枚硬币,求 A=“恰有 1 枚正面向上”的概率.

解 试验的样本空间 $\Omega=\{(\text{正},\text{反}),(\text{正},\text{正}),(\text{反},\text{正}),(\text{反},\text{反})\}$,这四个样本点的出现是等可能的,又

$$A=\{(\text{正},\text{反}),(\text{反},\text{正})\},$$

所以
$$P(A)=\frac{2}{4}=\frac{1}{2}.$$

例 1-8 同时投掷两枚骰子,求 A=“两枚骰子点数之和为 9”的概率.

解 记 ω_{ij}=“第一枚骰子掷出 i 点,第二枚骰子掷出 j 点”$(i,j=1,2,\cdots,6)$.

这 36 个样本点的出现不是等可能的,又

$$A=\{\omega_{36},\omega_{45},\omega_{54},\omega_{63}\},$$

所以
$$P(A)=\frac{4}{36}=\frac{1}{9}.$$

这里要注意,若认为 $\Omega=\{2,3,4,\cdots,12\}$,$P(A)=\frac{1}{11}$,是错误的. 显然,这 11 个样本点的出现是不等可能的.

例 1-9 一箱中有10件产品,其中 2 件次品,从中随机取 3 件,求下列事件的概率.

(1)A=“抽得的三件产品中全是正品”;

(2)B=“抽得的三件产品中有一件次品”;

(3)C=“抽得的三件产品中有两件次品”.

解 $P(A)=\frac{C_8^3}{C_{10}^3}=\frac{7}{15}$;

$$P(B)=\frac{C_2^1C_8^2}{C_{10}^3}=\frac{7}{15};$$

$$P(C)=\frac{C_2^2C_8^1}{C_{10}^3}=\frac{1}{15}.$$

例 1-10 有50张考签分别标以 1,2,…,50,则

(1)任取一张进行考试,求事件“抽到前 10 号考签”的概率;

(2)任取两张进行考试,求事件“抽到两张均为前 10 号考签”的概率;

(3)无放回随机地取 10 张,求事件"抽到的最后一张为双号"的概率.

解　(1)记 $A=$"抽到前 10 号考签"$=\{1,2,\cdots,10\}$,$\Omega=\{1,2,\cdots,50\}$,所以

$$P(A)=\frac{10}{50}=0.2;$$

(2)$B=$"抽到两张都是前 10 号考签",样本点总数为 C_{50}^2,事件 B 包含的样本点数为 C_{10}^2,所以

$$P(B)=\frac{C_{10}^2}{C_{50}^2}=0.037;$$

(3)$C=$"抽到的最后一张为双号",样本点总数为 A_{50}^{10},事件 C 包含的样本点数为 $C_{25}^1A_{49}^9$,所以

$$P(C)=\frac{C_{25}^1A_{49}^9}{A_{50}^{10}}=\frac{1}{2}.$$

例 1-11　(超几何概型)口袋中有 N 只球,其中包含 M 只黑球($M<N$),今从中一次性抽取 n 只球,问其中恰有 m 只黑球的概率?

解　样本点总数为 C_N^n,所求事件包含的样本点数为 $C_M^mC_{N-M}^{n-m}$,所以所求事件的概率为

$$p=\frac{C_M^mC_{N-M}^{n-m}}{C_N^n}(0\leqslant n\leqslant N,0\leqslant m\leqslant M,0\leqslant n-m\leqslant N-M).$$

古典概型要求随机试验的样本空间的样本点数有限,且每个样本点是等可能发生的,对于无穷样本空间公式(1-1)不成立,但我们仍可以将之推广,通过下列实例来看.

例 1-12　(约会问题)如图 1-7 所示,两人相约7:00～8:00 在某地见面,先到的一人等待另一人 20min 后就离去.试求两人能会面的概率.

例 1-12 称为几何概率问题.几何概率问题最早是由蒲丰提出,请扫描二维码.

解　分别以 x, y 记两人到达的时刻,则两人能见到面的充分必要条件为

$$|x-y|\leqslant 20.$$

这是一个几何概率问题,可能的结果为边长是 60 的正方形里的点,能会面的点为在区域中阴影部分,因此所求概率为

$$p=\frac{60^2-40^2}{60^2}=\frac{5}{9}.$$

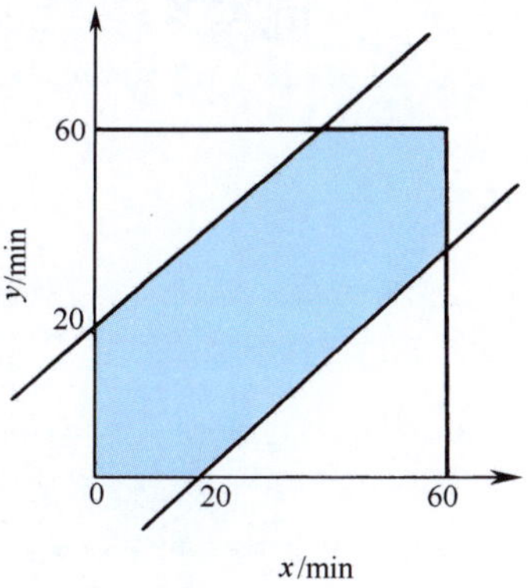

图　1-7

习题 1.2

6. 一口袋中有 5 只白球,3 只黑球.求从中任取两只球为颜色

不同的球的概率.

7. 一批产品由 37 件正品，3 件次品组成，从中任取 3 件. 求：

(1)3 件中恰有一件次品的概率；

(2)3 件全为次品的概率；

(3)3 件全为正品的概率；

(4)3 件中至少有一件次品的概率；

(5)3 件中至少有两件次品的概率.

8. 从 0 至 9 这 10 个数字中，不重复地任取 4 个，求：

(1)组成 4 位奇数的概率；

(2)组成 4 位偶数的概率.

9. 从 1，2，…，10 个数字中任取一个，每个数字以 1/10 的概率被选中，然后还原. 先后选择 7 个数字. 求下列事件的概率：

(1)A=“7 个数字全不相同”；

(2)B=“不含 10 与 1”；

(3)C=“10 刚好出现 2 次”；

(4)D=“至少出现两次 10”；

(5)E=“7 个数字中最大为 7，最小为 2 且 2 与 7 只出现一次”.

10. 从[0，1]中任取两数，求：

(1)两数之和大于$\frac{1}{2}$的概率；

(2)两数之积小于$\frac{1}{\mathrm{e}}$的概率.

1.3 概率的公理化定义及其性质

1.3.1 概率的公理化定义

概率的统计定义简单直观，但不够全面，有一定的局限性. 苏联科学家柯尔莫哥洛夫(Kolmogorov)从频率的稳定性与概率的统计定义得到启发，于 1933 年提出如下概率的公理化定义.

定义 1-3 设随机试验 T 的样本空间为 Ω，对于试验 T 的每一个事件 A，总有唯一确定的实数 $P(A)$ 与之对应，若 $P(A)$ 满足下列三条性质：

1)(非负性) $0 \leqslant P(A) \leqslant 1$； (1-2)

2)(规范性) $P(\Omega)=1$； (1-3)

3)(可列可加性) 若 $A_1, A_2, \cdots, A_n, \cdots$ 为两两互不相容事件即 $A_iA_j=\varnothing (i \neq j)$，则

定义 1-3 中的三条性质，也称为概率的三个公理，是概率必须满足的三个条件，由它们可推出其他概率的若干性质.

$$P\left(\bigcup_{i=1}^{\infty} A_i\right) = P(A_1) + P(A_2) + \cdots = \sum_{i=1}^{\infty} P(A_i). \quad (1\text{-}4)$$

称 $P(A)$ 为事件 A 发生的**概率**.

这个定义称为概率的公理化定义,需要指出的是:$P(A)$ 可视为关于事件 A 的函数,值域为 $[0,1]$,定义域 $\mathscr{F}$ 为全体事件 A 的集合,显然 $\mathscr{F}$ 必须满足:

1) $\Omega \in \mathscr{F}$;

2) 若 $A \in \mathscr{F}$,则 $\overline{A} \in \mathscr{F}$;

3) 若 $A_n \in \mathscr{F}$,$n=1,2,\cdots$,则 $\bigcup\limits_{n=1}^{\infty} A_n \in \mathscr{F}$.

若 $\mathscr{F}$ 满足上述性质,称 $\mathscr{F}$ 为 **σ-域**或 **σ-代数**.

由此可以看出概率的三个要素为 $\Omega, \mathscr{F}, P$,称 $(\Omega, \mathscr{F}, P)$ 为**概率空间**.

1.3.2 概率的性质

从概率的公理化定义出发可以导出概率的重要性质.

性质 1 $P(\varnothing)=0$,即不可能事件的概率为 0.

性质 1 的逆命题成立吗?若不成立,能否举出反例.

证明 令 $A_i=\varnothing\,(i=1,2,\cdots)$,则 $\bigcup\limits_{i=1}^{\infty} A_i=\varnothing$,且 $A_iA_j=\varnothing$,$i\neq j$,由概率的公理化定义 3) 可列可加性式 (1-4) 得

$$P(\varnothing) = P\left(\bigcup_{i=1}^{\infty} A_i\right) = \sum_{i=1}^{\infty} P(A_i) = \sum_{i=1}^{\infty} P(\varnothing),$$

而实数 $P(\varnothing)\geqslant 0$,故由上式知 $P(\varnothing)=0$. 证毕.

性质 2 (有限可加性) $A_1, A_2, \cdots, A_n$ 为两两互不相容事件即 $A_iA_j=\varnothing\,(i\neq j)$,则

$$P\left(\bigcup_{i=1}^{n} A_i\right) = P(A_1) + P(A_2) + \cdots + P(A_n) = \sum_{i=1}^{n} P(A_i). \quad (1\text{-}5)$$

证明 令 $A_{n+1}=A_{n+2}=\cdots=\varnothing$,显然有 $A_1, \cdots, A_n, A_{n+1}, A_{n+2}, \cdots$ 为两两互不相容事件,由概率的公理化定义 3) 可列可加性式 (1-4) 有

$$P\left(\bigcup_{i=1}^{n} A_i\right) = P\left(\bigcup_{i=1}^{\infty} A_i\right) = \sum_{i=1}^{\infty} P(A_i) = \sum_{i=1}^{n} P(A_i),$$

证毕.

性质 3 (可减性与非降性) A, B 为两个事件,$B \subset A$,则

$$P(A-B) = P(A) - P(B), \quad (1\text{-}6)$$

式 (1-6) 称为概率的可减性,式 (1-7) 称为概率的非降性或单调性.

$$P(B) \leqslant P(A). \tag{1-7}$$

证明 由 $B \subset A$ 知 $A = B \cup (A-B) = B \cup (A\overline{B})$，又由 $B(A\overline{B}) = \varnothing$，利用性质 2 有

$$P(A) = P(B) + P(A\overline{B}) = P(B) + P(A-B).$$

所以

$$P(A-B) = P(A) - P(B),$$

由 $P(A-B) = P(A) - P(B) \geqslant 0$，即 $P(B) \leqslant P(A)$. 证毕.

性质 4

$$P(\overline{A}) = 1 - P(A). \tag{1-8}$$

证明 由于 $\overline{A} \cup A = \Omega$，且 $\overline{A}A = \varnothing$，则根据性质 2 概率的有限可加性得

$$1 = P(\Omega) = P(\overline{A} \cup A) = P(\overline{A}) + P(A),$$

移项即得性质 4 的结果. 证毕.

性质 5 （加法公式）

$$P(A \cup B) = P(A) + P(B) - P(AB). \tag{1-9}$$

证明 由于 $A \cup B = A \cup [B-(AB)]$，且 $A[B-(AB)] = \varnothing$，故

$$P(A \cup B) = P(A) + P[B-(AB)],$$

而 $AB \subset B$，所以由性质 3 有 $P[B-(AB)] = P(B) - P(AB)$，所以

$$P(A \cup B) = P(A) + P(B) - P(AB),$$

证毕.

概率的性质中包含了常用的概率计算公式.要牢记并能灵活应用.

推论 1

$$P(A \cup B \cup C) = P(A) + P(B) + P(C) - P(AB) - P(BC) - P(AC) + P(ABC), \tag{1-10}$$

$$P(A_1 \cup A_2 \cup \cdots \cup A_n) = \sum_{i=1}^{n} P(A_i) - \sum_{1 \leqslant i < j \leqslant n} P(A_i A_j) + \sum_{1 \leqslant i < j < k \leqslant n} P(A_i A_j A_k) - \cdots + (-1)^{n-1} P(A_1 A_2 \cdots A_n). \tag{1-11}$$

推论 2 （半可加性）

$$P(A \cup B) \leqslant P(A) + P(B),$$

$$P(A \cup B \cup C) \leqslant P(A) + P(B) + P(C),$$

$$P\left(\bigcup_{i=1}^{n} A_i\right) \leqslant \sum_{i=1}^{n} P(A_i).$$

推论 3 （半可列可加性）$P\left(\bigcup_{i=1}^{\infty} A_i\right) \leqslant \sum_{i=1}^{\infty} P(A_i)$.

例 1-13 $P(A) = \dfrac{1}{4}$，$P(B) = \dfrac{1}{2}$，就下列三种情况 (1) A 与 B 互不相容；(2) $A \subset B$；(3) $P(AB) = \dfrac{1}{8}$，求 $P(B-A)$.

解　(1)由于 A 与 B 不相容，即 $AB=\varnothing$，则 $\overline{A}\supset B$，所以

$$P(B-A)=P(B)=\frac{1}{2};$$

(2)$A\subset B$，则由性质 3 有

$$P(B-A)=P(B)-P(A)=\frac{1}{4};$$

(3) $B-A=B\overline{A}=B-(AB)$，则由性质 3 有

$$P(B-A)=P(B)-P(AB)=\frac{3}{8}.$$

例 1-14　一口袋中有45只白球，5 只黑球，今从中任取 3 只球，求其中有黑球的概率.

解　以 A 表示“取出的 3 只球中有黑球”，A_i 分别表示“取出的 3 只球中有 i 只黑球”，$i=1,2,3$，显然 $A=A_1\cup A_2\cup A_3$，且 A_1,A_2,A_3 两两互不相容，所以有

$$P(A)=\sum_{i=1}^{3}P(A_i)=\sum_{i=1}^{3}\frac{C_5^iC_{45}^{3-i}}{C_{50}^3}=0.2760.$$

这个问题也可用如下的方法求解：$\overline{A}$表示“取出的 3 只球全为白球”，则

$$P(A)=1-P(\overline{A})=1-\frac{C_{45}^3}{C_{50}^3}=0.2760.$$

习题 1.3

11. 设 A,B 同时发生必然导致 C 发生，则

$$P(C)\geqslant P(A)+P(B)-1.$$

12. 设 $P(A)=P(B)=\frac{1}{2}$，试证明：$P(AB)=P(\overline{A}\,\overline{B})$.

13. 已知 $P(A)=0.4$，$P(B)=0.2$.若

(1)A,B 互不相容；(2)$A\supset B$，求 $P(A\cup B)$，$P(A-B)$.

14. 某城市有 40%的住户订日报，65%的住户订晚报，70%的住户至少订两种报纸中的一种，求同时订两种报纸的住户的百分比.

15. 一袋中有 4 只白球，3 只黑球，从中任取 3 只球，求至少有 2 只白球的概率.

16. 设 A,B,C 是三个事件，且 $P(A)=\frac{1}{2}$，$P(B)=\frac{1}{3}$，$P(C)=\frac{1}{4}$，$P(AB)=P(BC)=\frac{1}{12}$，且 $P(CA)=0$，求 A,B,C 至少有一个发生的概率.

1.4 条件概率与事件的独立性

1.4.1 条件概率

在概率论中，不仅需要研究事件 A 发生的概率 $P(A)$，有时还需要考察在另一个事件 B 发生的条件下事件 A 发生的概率，记为 $P(A|B)$.

为了定义条件概率，首先研究重复试验，设随机试验 T 的样本空间为 Ω，A，B 为 T 的事件. 在 n 次重复试验中，事件 B，AB 发生的频数分别为 $\mu(B)$，$\mu(AB)$，其中 $\mu(AB)$ 也是在事件 B 发生条件下 A 发生的频数. 因此，在 B 发生的条件下，A 发生的频率为

$$f_n(A|B)=\frac{\mu(AB)}{\mu(B)}=\frac{\mu(AB)/n}{\mu(B)/n}=\frac{f_n(AB)}{f_n(B)}.$$

由此引入条件概率的定义.

定义 1-4 随机试验 T 的样本空间为 Ω，A，B 为随机试验 T 的事件，若 $P(B)\neq 0$，则称

$$P(A|B)=\frac{P(AB)}{P(B)} \tag{1-12}$$

为在事件 B 发生的条件下事件 A 发生的条件概率.

> 条件概率也是概率，因此具备概率公理化定义中的三条性质，条件概率的相关性质与概率的相关性质一致.

如果 $B=\Omega$，则条件概率即为前面所定义的概率. 如果 $B\neq\Omega$，则条件概率相当于将样本空间缩小为 B，根据条件概率的定义，有如下性质：

1)（非负性）$0\leqslant P(A|B)\leqslant 1$；

2)（规范性）$P(B|B)=1$，$P(\Omega|B)=1$；

3)（可列可加性）若 $A_1,A_2,\cdots,A_n$ 为两两互不相容事件，即 $A_iA_j=\varnothing\,(i\neq j)$，则

$$P\left(\bigcup_{i=1}^{\infty}A_i\,\Big|\,B\right)=P(A_1|B)+P(A_2|B)+\cdots=\sum_{i=1}^{\infty}P(A_i|B).$$

上面三条性质对应于概率公理化定义的三条性质. 除此之外，还有如下性质：

1) $P(\varnothing|B)=0$；

2)（有限可加性）若 $A_1,A_2,\cdots,A_n$ 两两互不相容，则

$$P\left(\bigcup_{i=1}^{n}A_i\,\Big|\,B\right)=\sum_{i=1}^{n}P(A_i|B);$$

3) $P(\overline{A}|B)=1-P(A|B)$；

4) $A_1\subset A_2$，则

$$P(A_2 - A_1|B) = P(A_2|B) - P(A_1|B);$$

5) $P(A_1 \cup A_2|B) = P(A_1|B) + P(A_2|B) - P(A_1A_2|B)$.

这五条性质对应概率的五条性质，有兴趣的读者不妨证明一下.

另一方面，由于 A,B 的对称性，若 $P(A)\neq 0$，则事件 A 发生条件下事件 B 发生的条件概率可定义为

$$P(B|A) = \frac{P(AB)}{P(A)}.$$

1.4.2 乘法公式

由条件概率的定义，不难推出如下乘法公式.

乘法公式 $P(AB)=P(A|B)P(B)$，$P(B)>0$，

$P(AB)=P(B|A)P(A)$，$P(A)>0$，

$$P(A_1A_2\cdots A_n)=P(A_1)P(A_2|A_1)P(A_3|A_1A_2)\cdots P(A_n|A_1A_2\cdots A_{n-1}). \quad (1\text{-}13)$$

例 1-15 一批产品共10件，其中 3 件为次品，每次从中任取一件不放回，问第三次才取到正品的概率等于多少？

解 A_1 表示第一次取得次品；A_2 表示第二次取得次品；A_3 表示第三次取得正品，则有

$$P(A_1) = \frac{3}{10};\quad P(A_2|A_1) = \frac{2}{9};\quad P(A_3|A_1A_2) = \frac{7}{8}.$$

故根据乘法公式有

$$P(A_1A_2A_3) = P(A_1)P(A_2|A_1)P(A_3|A_1A_2) = 0.0583.$$

1.4.3 事件的独立性

由于 $P(B|A)$ 与 $P(B)$ 的意义不同，因此，一般地，$P(B|A)\neq P(B)$，但在特殊条件下也有例外，先看下面的例子.

例 1-16 一口袋中有5只球：3 只红球、2 只白球，有放回地抽取两次，每次取一只，用 A 表示“第一次取得红球”，B 表示“第二次取红球”，求 $P(B|A)$，$P(B)$.

解

$$P(B|A)=P(B)=\frac{3}{5}.$$

显然，上例中 $P(B|A)=P(B)$，由此可以得到 $P(AB)=P(A)P(B)$，此时称事件 A,B 相互独立.

定义 1-5 对于事件 A,B，若

$$P(AB) = P(A)P(B),$$

则称**事件 A,B 相互独立**，简称**事件 A,B 独立**.

根据独立的定义，不难得到如下性质.

性质 1 若 A,B 两个事件独立，则 $\overline{A}$ 与 B，A 与 $\overline{B}$，$\overline{A}$ 与 $\overline{B}$ 中的每一对事件都独立.

请读者自证.

性质 2 若 A,B 相互独立，则

$$P(A\cup B)=1-P(\overline{A})P(\overline{B}).$$

下面我们将独立性的概念进行推广.

定义 1-6 中独立性的定义必须满足四个条件. 仅满足前面三个条件可以吗? 结合例 1-17，说明第四个条件不能省.

定义 1-6 设 A,B,C 为三个事件，如果下列四个等式成立，即

$$\left.\begin{aligned}P(AB)&=P(A)P(B),\\P(BC)&=P(B)P(C),\\P(AC)&=P(A)P(C),\\P(ABC)&=P(A)P(B)P(C),\end{aligned}\right\}\qquad(1\text{-}14)$$

则称 A,B,C 为**相互独立的事件**.

上述定义中若 A,B,C 仅满足前三个式子，则称 A,B,C **两两独立**. 需要指出的是：**两两独立的事件组未必是相互独立的事件组.**

例 1-17 一个均匀的正四面体，其第一面染有红色，第二面染有白色，第三面染有黑色，第四面染有红、白、黑三种颜色，以 A，B，C 分别表示投一次四面体出现红、白、黑三种颜色的事件. 讨论 A,B,C 三个事件的独立性.

解 显然 $P(A)=P(B)=P(C)=\dfrac{1}{2}$，$P(AB)=P(BC)=P(AC)=\dfrac{1}{4}$，$P(ABC)=\dfrac{1}{4}$，可以看出 $P(AB)=P(A)P(B)$，$P(BC)=P(B)P(C)$，$P(AC)=P(A)P(C)$，但 $P(ABC)\neq P(A)P(B)P(C)$，所以 A,B,C 两两独立，但 A,B,C 不相互独立.

例 1-18 一个单身汉，他梦想中的姑娘有笔直的鼻梁、金色的头发并有充分的概率统计知识，假设对应的概率分别为 0.01，0.01，0.00001，那么他遇到的第一位年轻姑娘(或随机挑选一位)具有前面所述三种品质的概率是多少?(假设这三种品质相互独立).

解 用 A,B,C 分别表示任选一位姑娘具有笔直的鼻梁、金色的头发和有充分的概率统计知识，根据题意得

$$P(ABC)=P(A)P(B)P(C)=0.000000001,$$

即十亿分之一.

上面介绍的是两个、三个事件的独立性概念，进一步地可以定义 n 个事件的独立性.

定义 1-7 设 $A_1,A_2,\cdots,A_n$ 为随机事件，对于任意的正整数 $1\leqslant i<j<k<\cdots\leqslant n$，有

$$\left.\begin{aligned} P(A_iA_j)&=P(A_i)P(A_j),\\ P(A_iA_jA_k)&=P(A_i)P(A_j)P(A_k),\\ &\vdots\\ P(A_1A_2\cdots A_n)&=P(A_1)P(A_2)\cdots P(A_n),\end{aligned}\right\} \tag{1-15}$$

则称 $A_1,A_2,\cdots,A_n$ **相互独立**或称 $A_1,A_2,\cdots,A_n$ 为**独立的事件组**.

在定义 1-7 中，$A_1,A_2,\cdots,A_n$ 相互独立需满足的条件数为

$$C_n^2+C_n^3+\cdots+C_n^n=2^n-n-1.$$

关于 n 个事件的独立性，有如下类似性质.

1) $A_1,A_2,\cdots,A_n$ 相互独立等价于 $\hat{A}_1,\hat{A}_2,\cdots,\hat{A}_n$ 相互独立，其中 $\hat{A}_i$ 为 A_i 或 $\overline{A}_i$.

2) 若 $A_1,A_2,\cdots,A_n$ 为相互独立的事件，则

$$P\left(\bigcup_{i=1}^{n}A_i\right)=1-P(\overline{A}_1)P(\overline{A}_2)\cdots P(\overline{A}_n). \tag{1-16}$$

上述两条性质与性质 1 性质 2 相对应.

例 1-19　若每个人的血清中含肝炎病毒的概率为0.4%，今混合来自于不同地区的 100 个人的血清. 求此血清中有肝炎病毒的概率.

解　用 A_i 表示第 i 个人的血清中有肝炎病毒，$i=1,2,\cdots,100$，则

$$\begin{aligned}P(A_1\cup A_2\cup\cdots\cup A_{100})&=1-P(\overline{A}_1\,\overline{A}_2\cdots\overline{A}_{100})\\&=1-(1-0.4\%)^{100}=0.3302.\end{aligned}$$

例 1-20　有2n个元件，每个元件不发生故障的概率为 r，且各元件独立工作，系统如图 1-8 所示，求整个系统不发生故障的概率.

例 1-20 为可靠性实例. 仔细阅读并理解解题过程.

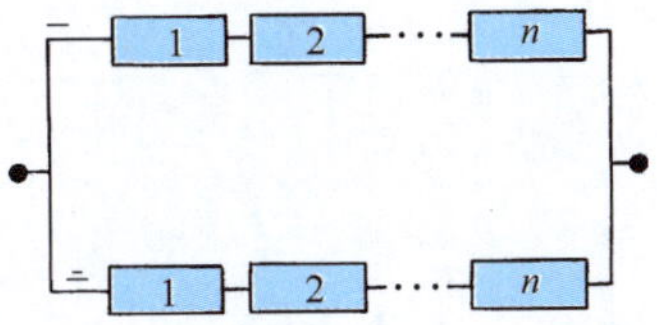

图　1-8

解　以 A_1 表示第一条线路上不发生故障，A_2 表示第二条线路上不发生故障，A 表示整个系统不发生故障，则显然有 $A=A_1\cup A_2$，$P(A_i)=r^n(i=1,2)$，所以

$$P(A)=P(A_1)+P(A_2)-P(A_1A_2)=r^n+r^n-r^{2n}=2r^n-r^{2n}.$$

1.4.4　独立试验序列模型

在概率论中，有些试验在相同条件下可以重复进行，且任何一次试验发生的结果都不受其他各次试验结果的影响，称这样的试验为**独立试验序列模型**.

如果一次试验只有 2 种可能结果发生，如抛硬币，称为伯努利试验. 以著名的概率统计学家命名，试扫描二维码，了解伯努利生平.

在 n 次独立试验序列模型中，如果对于每一次试验只有两个可能的结果发生，即 A 发生或 A 不发生，$P(A)>0$，称这样的独立试验序列模型为 **n 重伯努利(Bernoulli)试验**.

例 1-21　一口袋中有 $a+b$ 只球，其中 a 只白球，b 只黑球，从

中任取一球，取到任一球的可能性相等. 现采取有放回地摸球，问摸到的 n 只球中有 k 只白球的概率等于多少？

解 将 $a+b$ 只球进行编号，有放回地抽取 n 次，把可能的重复排列全体作为样本点，总数为 $(a+b)^n$，其中所求事件所包含的样本点数为 $C_n^k a^k b^{n-k}$，故所求事件的概率为

$$p=\frac{C_n^k a^k b^{n-k}}{(a+b)^n}=C_n^k\left(\frac{a}{a+b}\right)^k\left(\frac{b}{a+b}\right)^{n-k}=C_n^k p^k(1-p)^{n-k},$$

其中 $p=a/(a+b)$.

从上述实例可以看出，这是一个 n 重伯努利试验，每一次试验中有两种可能的结果发生，即 $A=$“摸到的一只球为白球”或 $\overline{A}=$“摸到的一只球为黑球”发生，$P(A)=p=a/(a+b)$.

由此引出以下伯努利定理.

能否将定理 1-1 进行推广. 试扫描二维码.

定理 1-1 设在一次试验中 A 发生的概率为 $p(0<p<1)$，则在 n 重伯努利试验中事件 A 发生 k 次的概率为

$$b(k;n,p)=C_n^k p^k(1-p)^{n-k}\quad(k=0,1,2,\cdots,n).\tag{1-17}$$

例 1-22 某射击选手命中率为0.8，该选手独立射击 10 次，问恰有 8 次击中目标的概率等于多少？

解 这是一个 10 重伯努利试验，所求事件的概率为

$$b(8;10,0.8)=C_{10}^8 0.8^8(1-0.8)^2=0.302.$$

例 1-23 某工厂产品的废品率为0.02，今独立地生产了 10 件产品，问其中至少有 8 件合格品的概率等于多少？

解 $n=10, p=0.98, k=8,9,10$，所求事件的概率为

$$p=b(8;10,0.98)+b(9;10,0.98)+b(10;10,0.98)=0.9991.$$

习题 1.4

17. $P(A)=1/4, P(B|A)=1/3, P(A|B)=1/2$，求 $P(A\cup B)$.

18. A,B 为互不相容事件，$P(A)=0.3, P(B)=0.5$，求 $P(A|\overline{B})$.

19. 如果 $P(\overline{A})=0.3, P(B)=0.4, P(A\overline{B})=0.5$，求 $P(B|A\cup\overline{B})$.

20. 一批产品共 100 件，其中 10 件为次品，每次从中任取一件不放回，求第三次才取到正品的概率.

21. 三人独立地破译一份密码，已知各人能译出的概率分别为 1/5，1/3，1/4，求三人中至少有一人能将此密码译出的概率.

22. 加工一产品要经过三道工序，第一、二、三道工序不出废品的概率分别为 0.9、0.95、0.8，假定各工序之间是否出废品是独立的，求经过三道工序不出废品的概率.

23. 某一型号的高炮，每一门炮(发射一发炮弹)击中飞机的概率为 0.6，问至少要配置多少门炮，才能以不小于 0.99 的概率击中来犯的敌机？

24. 某机构有一个 9 人组成的顾问小组，若每个顾问贡献正确意见的概率为 0.7，现该机构对某事的可行性与否，个别征求各位顾问的意见，并按多数人的意见做出决策，求做出正确决策的概率.

25. 一幢大楼有 5 个同类型的供水设备，调查表明在某 t 时刻每个设备被使用的概率为 0.1，求在同一时刻(1)恰有 2 个设备被使用的概率；(2) 至少有一个设备被使用的概率.

1.5 全概率公式与贝叶斯公式

1.5.1 全概率公式

全概率公式是概率论中重要的公式之一. 它解决问题的基本思想是：由已知简单事件的概率，推出未知复杂事件的概率. 基本方法是：将复杂事件化为两两互不相容事件之和，再利用概率的可加性.

全概率公式主要解决什么问题. 基本方法是什么?

定理 1-2　设 B 为随机试验 T 中的任一事件，事件 $A_1, A_2, \cdots, A_n$ 构成一完备事件组，即 $\bigcup_{i=1}^{n} A_i = \Omega, A_iA_j = \varnothing (i \neq j)$ 且 $P(A_i) > 0, i = 1, 2, \cdots, n$，则有

$$P(B) = \sum_{i=1}^{n} P(B \mid A_i) P(A_i). \tag{1-18}$$

上述公式称为**全概率公式**.

证　由已知条件有

$$B = B \cap \Omega = B \cap \left(\bigcup_{i=1}^{n} A_i\right) = (BA_1) \cup (BA_2) \cup \cdots \cup (BA_n).$$

由于 $A_iA_j = \varnothing (i \neq j)$，所以 $(BA_i)(BA_j) = \varnothing (i \neq j)$，即 $BA_1, BA_2, \cdots, BA_n$ 两两互不相容，根据概率的有限可加性与乘法公式得

$$\begin{aligned} P(B) &= P(BA_1) + P(BA_2) + \cdots + (BA_n) \\ &= \sum_{i=1}^{n} P(BA_i) \\ &= \sum_{i=1}^{n} P(B \mid A_i) P(A_i), \end{aligned}$$

证毕.

需要指出的是，我们可以将事件 B 视为"结果"，$A_1, A_2, \cdots, A_n$ 则视为导致结果 B 发生的"原因"，称 $P(A_i)$ 为**先验概率**.

例 1-24　甲乙两个口袋中各有3只白球，2 只黑球，从甲袋中

这里几个例题，严格按公式来完成.

任取一球放入乙袋中，求再从乙袋中任取出一球为白球的概率.

解 设 B 表示"最后从乙袋中取出一球为白球"，A_1 表示"从甲袋中取一白球放入乙袋"，A_2 表示"从甲袋中取出一黑球放入乙袋"，则$P(A_1)=3/5$，$P(A_2)=2/5$，$P(B|A_1)=4/6$，$P(B|A_2)=3/6$，根据全概率公式有

$$P(B)=\sum_{i=1}^{2}P(B|A_i)P(A_i)=0.6.$$

例 1-25 播种用的一等小麦种子中混有2%的二等种子、1.5%三等种子、1%的四等种子，用一、二、三、四等种子长出的穗含有50颗以上麦粒的概率分别为0.5，0.15，0.1，0.05，求这批种子所结的穗含有50颗以上麦粒的概率.

解 以 B 表示"这批种子任选一颗所结的穗含有50颗以上麦粒"，从这批种子中任取一粒为一、二、三、四等种子的事件分别记作 A_1,A_2,A_3,A_4，则

$P(A_1)=95.5\%$，$P(A_2)=2\%$，$P(A_3)=1.5\%$，$P(A_4)=1\%$，$P(B|A_1)=0.5$，$P(B|A_2)=0.15$，$P(B|A_3)=0.1$，$P(B|A_4)=0.05$，所以

$$P(B)=\sum_{i=1}^{4}P(B|A_i)P(A_i)=0.4825.$$

例 1-26 甲、乙、丙三人独立地向同一飞机进行射击，击中飞机的概率分别为0.4，0.5，0.7. 如果一人击中飞机，飞机被击落的概率为0.2；两人击中飞机，飞机被击落的概率为0.6；三人击中飞机，飞机必被击落，求飞机被击落的概率.

解 以 B 表示事件"飞机被击落"，A_0 表示事件"三人均未击中飞机"，A_1 表示"三人中仅有一人击中飞机"，A_2 表示事件"三人中有两人击中飞机"，A_3 表示事件"三人同时击中飞机"，则根据题意有

$$P(A_0)=(1-0.4)\times(1-0.5)\times(1-0.7)=0.09,$$

$$P(A_1)=0.4\times(1-0.5)\times(1-0.7)+0.5\times(1-0.4)\times(1-0.7)+0.7\times(1-0.4)\times(1-0.5)=0.36,$$

$$P(A_2)=0.4\times0.5\times(1-0.7)+0.5\times0.7\times(1-0.4)+0.4\times0.7\times(1-0.5)=0.41,$$

$$P(A_3)=0.4\times0.5\times0.7=0.14,$$

$$P(B|A_0)=0,P(B|A_1)=0.2,P(B|A_2)=0.6,P(B|A_3)=1.$$

根据全概率公式有

$$P(B)=\sum_{i=0}^{3}P(B|A_i)P(A_i)=0.458.$$

1.5.2 贝叶斯公式

在全概率公式中，我们将事件 B 视为“结果”，事件 $A_1,A_2,\cdots,A_n$ 视为导致结果 B 发生的“原因”. 有时我们还要想知道结果 B 发生到底主要由什么原因所引起，即需求 $P(A_i|B)$，称之为**后验概率**. 看下述实例.

例 1-27 （专家系统）在医疗诊断过程中，为了诊断病人到底患了 $A_1,A_2,\cdots,A_n$ 中的哪一种病，以便对症下药.

对病人观察，其症状记为事件 B，其中

$P(A_i)$表示生 A_i 病的概率；

$P(B|A_i)$表示生 A_i 病有症状 B 的概率；

$P(A_i|B)$表示症状 B 由 A_i 种病引起的概率.

自然要求 $P(A_i|B)$中最大的一个. 不妨设 $P(A_1|B)=\max\limits_{1\leqslant i\leqslant n}P(A_i|B)$这时便认为症状 B 主要由 A_1 引起. 下面的关键是求 $P(A_i|B)$，$i=1,2,\cdots,n$.

由条件概率公式可得

$$P(A_i|B)=\frac{P(A_iB)}{P(B)}.$$

利用乘法公式与全概率公式可得

$$P(A_i|B)=\frac{P(A_iB)}{P(B)}=\frac{P(B|A_i)P(A_i)}{\sum\limits_{i=1}^{n}P(B|A_i)P(A_i)}.$$

将上述结论总结如下：

定理 1-3 设 B 为一事件且 $P(B)>0$，事件 $A_1,A_2,\cdots,A_n$ 构成一完备事件组，且 $P(A_i)>0$，$i=1,2,\cdots,n$，则有

$$P(A_i|B)=\frac{P(A_iB)}{P(B)}=\frac{P(B|A_i)P(A_i)}{\sum\limits_{i=1}^{n}P(B|A_i)P(A_i)}.\tag{1-19}$$

上述公式称为**贝叶斯(Bayes)公式**.

贝叶斯公式用于求后验概率的方法历史上称为“逆概率”，扫描二维码，了解贝叶斯对科学特别是统计学所作贡献.

例 1-28 某商店从三个厂购买了一批灯泡，甲厂占25%，乙厂占 35%，丙厂占 40%，各厂的次品率分别为 5%，4%，2%，求：

(1)消费者买到一只次品灯泡的概率；

(2)若消费者买到一只次品灯泡，它是哪个厂家生产的可能性最大？

解 以 B 表示消费者买到一只次品灯泡，A_1,A_2,A_3 分别表示买到的灯泡是甲、乙、丙厂生产的，根据题意得 $P(A_1)=25\%$，$P(A_2)=35\%$，$P(A_3)=40\%$，$P(B|A_1)=5\%$，$P(B|A_2)=4\%$，$P(B|A_3)=2\%$.

(1) $P(B)=\sum_{i=1}^{3}P(B|A_i)P(A_i)=0.0345$；

(2) $P(A_1|B)=\dfrac{P(A_1B)}{P(B)}=\dfrac{P(B|A_1)P(A_1)}{\sum_{i=1}^{3}P(B|A_i)P(A_i)}=0.3623$，

$$P(A_2|B)=\frac{P(A_2B)}{P(B)}=\frac{P(B|A_2)P(A_2)}{\sum_{i=1}^{3}P(B|A_i)P(A_i)}=0.4058,$$

$$P(A_3|B)=\frac{P(A_3B)}{P(B)}=\frac{P(B|A_3)P(A_3)}{\sum_{i=1}^{3}P(B|A_i)P(A_i)}=0.2319.$$

所以买到乙厂生产的可能性最大.

例 1-29　通信渠道中可传输的字符为 $AAAA$，$BBBB$，$CCCC$ 三者之一，传输三者的概率分别为 0.3，0.4，0.3. 由于通道噪声的干扰，正确地收到被传输字母的概率为 0.6，收到其他字母的概率为 0.2，假定字母前后是否被歪曲互不影响，若收到的信号为 $ABCA$，问传输的是信号 $AAAA$ 的概率等于多少？

解　以 B 表示事件"收到 $ABCA$"，A_1 表示事件"传输的字符为 $AAAA$"，A_2 表示事件"传输的字符为 $BBBB$"，A_3 表示事件"传输的字符为 $CCCC$"，则根据题意有

$P(A_1)=0.3, P(A_2)=0.4, P(A_3)=0.3$，

$P(B|A_1)=0.6\times0.2\times0.2\times0.6=0.0144$，

$P(B|A_2)=0.2\times0.6\times0.2\times0.2=0.0048$，

$P(B|A_3)=0.2\times0.2\times0.6\times0.2=0.0048$，

根据贝叶斯公式有

$$P(A_1|B)=\frac{P(B|A_1)P(A_1)}{\sum_{i=1}^{3}P(B|A_i)P(A_i)}=9/16.$$

习题 1.5

26. 设男人患色盲的概率为 0.5%，而女人患色盲的概率为 0.25%. 若有 3000 个男人，2000 个女人参加色盲体检，从中任选一人，求此人是色盲患者的概率.

27. 甲、乙两个口袋中各有 4 只白球，3 只黑球，从甲袋中任取 2 球放入乙袋中，求再从乙袋中取出 2 球为白球的概率.

28. 对敌舰进行三次独立射击，三次击中的概率分别为 0.4，0.5，0.7. 如果敌舰被击中 1、2、3 弹而被击沉的概率分别为 0.2、0.6、1，求敌舰被击沉的概率.

29. 有两箱同种类型的零件，第一箱装 50 只，其中 10 只是一

等品;第二箱装有 30 只,其中 18 只一等品.现从两箱中任取 1 箱,然后,从该箱中取两次,每次取 1 只,取后不放回,试求:

(1)第 1 次取得的零件是一等品的概率;

(2)在第 1 次取得的零件是一等品的条件下,第 2 次取得的也是一等品的概率.

30. 炮战中,在距离目标 2500m,2000m,1500m 处射击的概率为 0.1,0.7,0.2,而在各处击中目标的概率为 0.05,0.1,0.2.现已知目标被击中,求击中目标是由 2500m 处的大炮击中的概率.

31. 将两信息分别编码 A 与 B 发出,接收时 A 被误作为 B 的概率为 0.02,B 被误作为 A 的概率为 0.02;编码 A 与 B 传送的频率为 2∶1,若接收到的信息为 A,则原发信息是 A 的概率是多少?

32. 有朋友自远方来访,他乘火车、汽车、飞机来的概率分别是 0.4,0.2,0.4.若他乘火车、汽车来的话,迟到的概率分别是 $\frac{1}{4}$,$\frac{1}{3}$,而乘飞机不会迟到.

(1)求他迟到的概率;

(2)结果他迟到了,试问他乘火车来的概率是多少?

复习题 1

33. 有 n 只球等可能落入 N 个盒子里($N>n$),求:(1)在 n 个指定的盒子里各有一只球的概率.(2) n 只球落入任意 n 个盒子里的概率.

34. 一个班级有 40 人,求该班级没有两人生日相同的概率.

35. 一口袋中装有标号为 1~10 号乒乓球,从中任取三只,求下列事件的概率.

(1)A="最小号码为 5";

(2)B="最大号码为 5";

(3)C="最小号码小于 3".

36. 某人有 5 把钥匙,但忘记了开房门的钥匙,逐把试开,求:

(1)恰好第三次打开门的概率;

(2)三次内打开门的概率.

37. 某家庭有 3 个小孩,在已知有一女孩的条件下,求这个家庭中至少有一个男孩的概率.

38. 某批产品中有 4%废品,合格品中有 75%是一等品,求任取一件产品为一等品的概率.

39. 空战中甲机向乙机开火,击落乙机的概率为 0.2,若乙机未被击落就进行还击,击落甲机的概率为 0.3,若甲机未被击落就再攻击,如此反复,求甲、乙获胜的概率.

40. 有三只笔盒,甲盒中装有2支红笔,4支蓝笔;乙盒中装有4支红笔,2支蓝笔;丙盒中装有3支红笔,3支蓝笔;今从中任取一支笔,且从各盒中取笔的可能性相等,求:

(1)取得红笔的概率;

(2)在已知取得红笔的条件下,笔是从甲盒中取得的概率.

41. 瓷器厂有一批瓷器产品共100件,从中随机取出3件进行测试(测试是独立进行的),3件中只要有一件经检测为不合格便不能出厂.一件瓷器不合格被检测出来的概率为0.95,一件合格品测试为不合格品的概率为0.01,如果这批产品中有4件不合格品,求这批产品能出厂的概率.

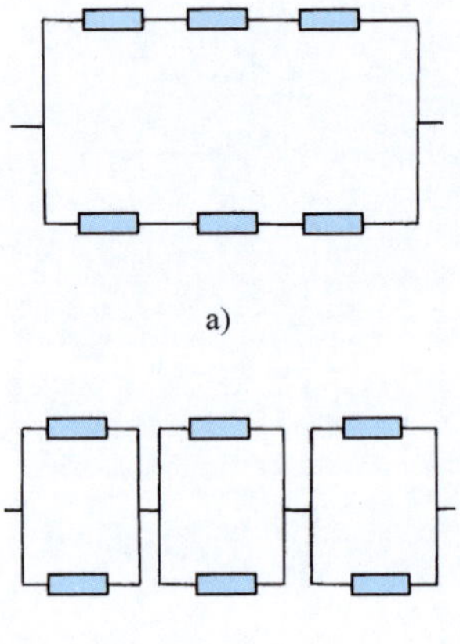

a)

b)

图 1-9

42. 设有6个元件,每个元件正常工作的概率为0.9,且各元件独立工作,按下列方式(见图1-9)装有两个系统.哪个系统正常工作的概率大?

回顾本章所学内容.可扫描二维码.

43. 某计算机内有2000个电子管,每个电子管损坏的概率为0.0005,如果其中有一个电子管损坏,则计算机停止工作,求计算机停止工作的概率.

44. 证明:若 $P(A|B)=P(A|\overline{B})$,则事件 A 与事件 B 相互独立.

第2章 随机变量及其分布

上一章我们介绍了事件、概率等基本概念，对随机现象的统计规律有了初步的认识. 本章通过随机变量将随机试验的结果数值化，利用微积分等近代数学工具系统地、全面地对随机现象加以研究，从而进一步揭示随机现象的客观规律.

本章开始利用微积分工具研究随机现象. 扫描二维码阅读拉普拉斯对概率的贡献.

2.1 随机变量的概念

什么是随机变量？先看下面的例子.

例 2-1 投掷一枚均匀骰子，出现的点数 X 是一个变量，它的可能取值为 $1,2,\cdots,6$，具体取哪个数值在试验前不能预知，由试验后出现的样本点对应确定，即

$$X=\begin{cases}1,\text{当骰子“出现 1 点”时},\\2,\text{当骰子“出现 2 点”时},\\\quad\vdots\\6,\text{当骰子“出现 6 点”时}.\end{cases}$$

试认真阅读三个实例，写出这三个实例的共性.

例 2-2 在一批电子元件中任取一只测试，其使用寿命 Y（单位为 h）是一个变量，它的可能取值是 $[0,+\infty)$ 上的任意实数，具体取哪个数值在试验前不能预知，由试验后出现的样本点对应确定.

例 2-3 抛掷一枚均匀硬币，规定实变量 Z 取 1 表示“出现正面”，Z 取 0 表示“出现反面”，则变量 Z 的可能取值为 0，1，具体取哪个值在试验前不能预知，由试验后出现的样本点对应确定.

中国创造：脑图谱

从上面三个例子中变量 X,Y,Z 的共同特性加以概括，抽象得出下面随机变量的定义.

定义 2-1 设 Ω 为某一随机试验的样本空间，如果对于每一个样本点 $\omega\in\Omega$，有一个实数 $X(\omega)$ 与之对应，这样就定义了一个 Ω 上的实值函数 $X=X(\omega)$，称之为**随机变量**，简记为 X.

由定义可以看出，随机变量 $X(\omega)$ 为 ω 的实值函数，定义域为 Ω，Ω 可写成 $\Omega=\{\omega: X(\omega)\in\mathbf{R}\}=\{\omega: -\infty<X(\omega)<+\infty\}$. 通常，我们用大写字母 $X,Y,Z,\cdots$ 表示随机变量，而用小写字母 $x,y,z,\cdots$

表示随机变量相应的取值，值得注意的是小写字母表示具体确定的数值，而不是随机变量.

引入随机变量定义的意义在于：①随机现象可用随机变量描述；②可借助微积分工具进行深入讨论.

需要进一步指出的是：在概率空间$(\Omega,\mathscr{F},P)$中，随机变量$X(\omega)$应当满足$\{\omega:X(\omega)\leqslant x\}\in\mathscr{F}$. 即$\{\omega:X(\omega)\leqslant x\}$为随机事件.

引入随机变量后，随机事件就可以通过随机变量的取值或取值范围来表示. 例如，在例2-1中，事件“出现1点”可以用$\{X=1\}$来表示；在例2-2中，事件“元件的寿命在1000～1500h之间”可以用$\{1000<X<1500\}$来表示，这样，对随机事件的研究就可以通过对随机变量取值的研究来实现.

由上述例子可以看出，随机变量可分为两种类型：离散型随机变量与非离散型随机变量. 如果随机变量的所有可能的取值为有限个或可列无穷多个，如例2-1、例2-3，则此类随机变量为离散型随机变量；非离散型随机变量如例2-2. 非离散型随机变量又可分为（绝对）连续型随机变量与奇异型随机变量.

习题2.1

1. 什么是随机变量？随机变量与普通变量有什么区别？

2. 一箱产品共10件，其中9件正品1件次品，一件一件无放回地抽取，直到取得次品为止，设取得次品时已取出正品的件数为X，试用X的取值表示下列事件.

(1)第一次就取得次品；

(2)最后一次才取得次品；

(3)前五次都未取得次品；

(4)最迟在第三次取得次品.

2.2 离散型随机变量

2.2.1 离散型随机变量及其概率分布

定义2-2 如果随机变量X的所有可能取值只有有限个或可列无穷多个，则称X为**离散型随机变量**.

上节例2-1、例2-3中的随机变量都是离散型随机变量，而例2-2中的随机变量不是离散型随机变量.

为了掌握离散型随机变量取值的统计规律，除了要知道随机变量取什么数值外，更重要的是要知道它取这些数值的概率.

定义2-3 若离散型随机变量X的所有可能取值为$x_k(k=$

1,2,⋯),事件$\{X=x_k\}$的概率为 p_k,则称一系列等式

$$P\{X=x_k\}=p_k,\quad k=1,2,\cdots \tag{2-1}$$

为离散型随机变量 X 的**概率分布**或**分布律**.

离散型随机变量 X 的分布律常常写成如下表格形式:

X	x_1	x_2	$\cdots$	x_k	$\cdots$
$P(X)$	p_1	p_2	$\cdots$	p_k	$\cdots$

离散型随机变量的概率分布必须满足:非负性与规范性两条性质.

显然,p_k 满足:

1)(非负性)$p_k\geqslant 0(k=1,2,\cdots)$;

2)(规范性)$\sum\limits_k p_k=1$.

应当指出的是,当且仅当 $p_k(k=1,2,\cdots)$满足上述两条性质时,才能成为离散型随机变量的分布律. 定义中若 X 只能取有限个值 $x_1,x_2,\cdots,x_n$,则下标 k 相应地只取 $1,2,\cdots,n$.

例 2-4　在3件正品、2 件次品组成的产品中,任取 2 件. 求取到次品件数 X 的概率分布.

解　随机变量 X 的可能取值为 0,1,2. 因为$\{X=0\}$表示事件"所取 2 件全是正品",所以

$$P\{X=0\}=\frac{C_3^2}{C_5^2}=0.3.$$

又因为$\{X=1\}$表示事件"所取 2 件中 1 件是正品 1 件是次品",所以

$$P\{X=1\}=\frac{C_3^1C_2^1}{C_5^2}=0.6,$$

类似地

$$P\{X=2\}=\frac{C_2^2}{C_5^2}=0.1,$$

故随机变量 X 的概率分布为

X	0	1	2
$P(X)$	0.3	0.6	0.1

例 2-5　对某一目标射击,直到击中为止,设每次射击命中率为 0.8,求:

(1) 射击次数 X 的概率分布;

(2) 第三次才击中目标的概率;

(3)射击次数不超过 5 次的概率.

解　(1)由于$\{X=k\}$表示事件"前 $k-1$ 次射击都未击中目标,第 k 次才击中",故射击次数 X 的概率分布为

$$P\{X=k\}=0.8(0.2)^{k-1}\quad(k=1,2,\cdots);$$

(2)$P\{X=3\}=0.8(0.2)^2=0.032$;

(3) $P\{X\leqslant 5\}=\sum_{k=1}^{5}P\{X=k\}=\sum_{k=1}^{5}0.8\times 0.2^{k-1}=1-0.2^{5}=0.99968.$

如果将例2-5中概率0.8换成 p，$0<p<1$，则随机变量 X 的分布律为

$$P\{X=k\}=q^{k-1}p,k=1,2,\cdots;q=1-p.$$

称随机变量 X 服从参数为 p 的**几何分布**，记为 $X\sim G(p)$.

2.2.2 常见的离散型随机变量的分布

1. 0-1分布 $B(1,p)$

必须牢牢记住0-1分布的概率分布的两种表达形式.

若随机变量 X 的概率分布为

$$P\{X=x\}=p^{x}(1-p)^{1-x},x=0,1$$

常写成下列表格形式：

X	0	1
$P(X)$	$1-p$	p

其中 $0<p<1$，则称 X 服从参数为 p 的**0-1分布**或**两点分布**，记为 $X\sim B(1,p)$.

0-1分布有着广泛的实际背景，若试验只有两个样本点，则其概率分布通常可以用服从0-1分布的随机变量来描述该试验的结果. 例如，检验产品的质量是否合格；观察射击是否命中目标；某单位的用人数是否超编等，都可以用服从0-1分布的随机变量来描述.

2. 二项分布 $B(n,p)$

二项分布是很重要的概率分布，要牢记，此处 $n=1$ 时即是0−1分布.

若随机变量 X 的概率分布为

$$P\{X=k\}=C_{n}^{k}p^{k}(1-p)^{n-k},\quad k=0,1,2,\cdots,n,$$

其中 n 是正整数，$0<p<1$，则称 X 服从参数为 n,p 的**二项分布**，记为$X\sim B(n,p)$.

二项分布源于 n 重伯努利试验，若一次试验中事件 A 发生的概率为 p，则 n 重伯努利试验中，事件 A 发生的次数 X 的概率分布为

$$P\{X=k\}=B(k;n,p)=C_{n}^{k}p^{k}(1-p)^{n-k},\quad k=0,1,2,\cdots,n.$$

即 X 服从二项分布. 二项分布是实际工作中很常见的一种离散型分布.

显然，$n=1$ 时，$B(1,p)$即为上述的0-1分布. 在 n 重伯努利试验中若

$$X_{i}=\begin{cases}1,第\ i\ 次\ A\ 发生,\\0,第\ i\ 次\ A\ 不发生\end{cases}\qquad(i=1,2,\cdots,n),$$

则 $X_i \sim B(1,p)$，显然有 $X = \sum\limits_{i=1}^{n} X_i \sim B(n,p)$.

例 2-6　某车间有9台独立工作的车床，在任一时刻用电的概率都是 0.3，求：

(1) 同一时刻用电的车床数 X 的概率分布；

(2) 同一时刻至少一台车床用电的概率；

(3) 同一时刻最多一台车床用电的概率.

解　(1)把对每台车床是否用电的观察看作一次试验，对 9 台车床是否用电的观察是 9 重伯努利试验，故 X 服从参数为 $n=9$，$p=0.3$ 的二项分布，即 $X \sim B(9,0.3)$，其概率分布为

$$P\{X=k\} = C_9^k (0.3)^k (0.7)^{9-k}, \quad k=0,1,2,\cdots,9;$$

(2) $P\{X \geqslant 1\} = 1 - P\{X=0\} = 1 - 0.7^9 \approx 0.9596$；

(3) $P\{X \leqslant 1\} = P\{X=0\} + P\{X=1\} = (0.7)^9 + C_9^1 \times 0.3 \times (0.7)^8 \approx 0.1960.$

3. 泊松(Poisson)分布 $P(\lambda)$

若随机变量 X 的概率分布为

$$P\{X=k\} = \frac{\lambda^k}{k!} e^{-\lambda}, \quad k=0,1,2,\cdots,$$

其中 $\lambda > 0$，则称 X 服从参数为 λ 的**泊松分布**，记为 $X \sim P(\lambda)$.

泊松分布应用很广泛，要牢记. 扫描二维码了解泊松所作贡献.

历史上，泊松分布是作为二项分布的近似引入的. 实际问题中服从泊松分布的随机变量也是比较常见的. 例如，一段时间内到达某公园的游客人数，一页书上的印刷错误数，电话交换台在一天中收到的呼唤次数，一定容积内的细菌数等，都服从泊松分布.

在二项分布的概率计算中，直接计算 $C_n^k p^k (1-p)^{n-k}$ 的值有时较为麻烦，如果 n 较大，p 较小(一般来说，$n>20$，$p<0.1$)，可使用下列近似公式：

$$C_n^k p^k (1-p)^{n-k} \approx \frac{\lambda^k}{k!} e^{-\lambda}, \quad k=0,1,2,\cdots,n,$$

其中 $\lambda = np$. 此近似公式的依据是下列泊松定理.

定理 2-1　(泊松定理)　设 $\lim\limits_{n\to\infty} np_n = \lambda > 0$，则

$$\lim_{n\to\infty} C_n^k p_n^k (1-p_n)^{n-k} = \frac{\lambda^k}{k!} e^{-\lambda}, \quad k=0,1,2,\cdots,n. \qquad (2\text{-}2)$$

证　当 $k \geqslant 1$ 时，

$$\begin{aligned} & C_n^k p_n^k (1-p_n)^{n-k} \\ = & \frac{n(n-1)\cdots(n-k+1)}{k!} p_n^k (1-p_n)^{n-k} \\ = & \frac{(np_n)^k}{k!} \left(1-\frac{1}{n}\right)\left(1-\frac{2}{n}\right)\cdots\left(1-\frac{k-1}{n}\right)(1-p_n)^{n-k}. \end{aligned}$$

因为 $\lim\limits_{n\to\infty} np_n = \lambda > 0$，所以 $\lim\limits_{n\to\infty} p_n = 0$，故对固定的 k，有

$$\lim_{n\to\infty}(1-p_n)^{n-k}=\lim_{n\to\infty}(1-p_n)^{-\frac{1}{p_n}(kp_n-np_n)}=\mathrm{e}^{-\lambda},$$

从而

$$\lim_{n\to\infty}\mathrm{C}_n^k p_n^k(1-p_n)^{n-k}=\frac{\lambda^k}{k!}\mathrm{e}^{-\lambda}.$$

当 $k=0$ 时,结论显然成立.证毕.

例 2-7　某地有2500人参加某种物品保险,每人在年初向保险公司交付保险费12元,若在这一年里该物品损坏,则可从保险公司领取2000元.设该物品的损坏率为2‰,求保险公司获利不少于20000元的概率.

解　设 X 表示"投保人中物品损坏件数",则 $X\sim B(2500,0.002)$.由于事件"保险公司获利不少于20000元"可表示为 $\{30000-2000X\geqslant 20000\}$,即 $\{X\leqslant 5\}$,故所求概率为

$$P\{X\leqslant 5\}=\sum_{k=0}^{5}\mathrm{C}_{2500}^{k}\times(0.002)^k\times(0.998)^{2500-k}$$

$$\approx\sum_{k=0}^{5}\frac{5^k}{k!}\mathrm{e}^{-5}\approx 0.616.$$

习题 2.2

3. 袋中装有5只乒乓球,编号为1、2、3、4、5,从袋中任取3只,以 X 表示取出的3只球中的最大号码,求随机变量 X 的概率分布.

4. 设随机变量 X 的概率分布为

$$P\{X=k\}=\frac{ak}{18},\quad k=1,2,\cdots,9.$$

(1)求常数 a;

(2)求概率 $P\{X=1\text{ 或 }X=4\}$;

(3)求概率 $P\left\{-1\leqslant X<\frac{7}{2}\right\}$.

5. 一箱产品中装有3件次品,5件正品,某人从箱中任意摸出4件产品,求摸得的正品件数 X 的概率分布.

6. 袋中共有6只球,其中2只是白球,4只是黄球.在下列两种情况下,分别求出取到白球只数 X 的概率分布.

(1) 无放回抽取,每次抽1只,共抽3次;

(2) 有放回抽取,每次抽1只,共抽3次.

7. 某街道共有10部公用电话,调查表明在任一时刻 t 每部电话被使用的概率为0.85,在同一时刻,

(1)求被使用的公用电话部数 X 的概率分布;

(2)求至少有8部电话被使用的概率;

(3)求至少有 1 部电话未被使用的概率；

(4)为了保证至少有 1 部电话未被使用的概率不小于 90%，问应再安装多少部公用电话？

8. 尽管在几何教科书中已经讲过用圆规和直尺三等分一个任意角是不可能的，但每年总有一些“发明者”撰写关于用圆规和直尺将角三等分的文章. 设某地区每年撰写此类文章的篇数 X 服从参数为 6 的泊松分布，求明年没有此类文章的概率.

9. 一电话交换台每分钟收到的呼唤次数 X 服从参数为 4 的泊松分布，求：

(1) 每分钟恰有 3 次呼唤的概率；

(2) 每分钟的呼唤次数大于 2 的概率.

2.3 随机变量的分布函数及其性质

2.3.1 分布函数的定义

定义 2-4 设 X 是一个随机变量，对任意 $x\in(-\infty,+\infty)$，令

$$F(x)=P\{X\leqslant x\}, \tag{2-3}$$

称 $F(x)$ 是随机变量 X 的**分布函数**.

分布函数是概率论中最重要的概念，牢牢记住并能灵活应用.

由分布函数 $F(x)$ 的定义可知，对任意实数 a,b $(a<b)$，都有

$$P\{X\leqslant a\}=F(a), \tag{2-4}$$

$$P\{X>a\}=1-F(a), \tag{2-5}$$

$$P\{a<X\leqslant b\}=F(b)-F(a). \tag{2-6}$$

式(2-4)、式(2-5)显然成立，下证式(2-6).

证 因为

$$\{a<X\leqslant b\}=\{X\leqslant b\}-\{X\leqslant a\} \text{ 且 } \{X\leqslant a\}\subset\{X\leqslant b\},$$

从而根据概率的性质有

$$P\{a<X\leqslant b\}=P\{X\leqslant b\}-P\{X\leqslant a\}=F(b)-F(a).$$

证毕.

式(2-4)～式(2-6)表明，知道随机变量 X 的分布函数 $F(x)$ 后，X 落入区间 $(-\infty,a]$，$(a,+\infty)$，$(a,b]$ 内的概率可通过分布函数的值来计算.

随机变量 X 的分布函数常记为 $F(x)$，其定义域为 $\mathbf{R}$，值域为 $[0,1]$.

2.3.2 分布函数的性质

定理 2-2 (分布函数的特征性质)　随机变量 X 具有下列

性质:

分布函数的特征性质是指分布函数必满足三个结论;反之,$F(x)$满足这三个条件,必是分布函数.
思考:引入分布函数的意义何在?可扫描二维码.

(1)(单调性)$F(x)$是单调不减函数. 即当 $x_1<x_2$ 时,有$F(x_1)\leqslant F(x_2)$.

(2)(有界性)$0\leqslant F(x)\leqslant 1 \quad (-\infty<x<+\infty)$,且

$$F(-\infty)=\lim_{x\to-\infty}F(x)=0,F(+\infty)=\lim_{x\to+\infty}F(x)=1.$$

(3)(右连续性)$F(x)$右连续,即 $F(x+0)=F(x)$,$\forall x\in\mathbf{R}$.

前两个性质可由分布函数的定义和概率的性质证明,留给读者自己完成,(3)的严格证明还要补充其他知识,这里从略. 这些性质直观上都是容易理解的. 需要指出的是,分布函数也可定义为$F(x)=P\{X<x\}$,这时定义的分布函数仍满足(1)~(3),区别在于将(3)中右连续性改为左连续性.

若函数 $F(x)$满足(1)~(3),则 $F(x)$必是某一随机变量的分布函数,例如 $F(x)$,$G(x)$为两个分布函数,对 $0<\varepsilon<1$,则 $\varepsilon F(x)+(1-\varepsilon)G(x)$为一分布函数(请读者自证).

例 2-8 设离散型随机变量 X 的概率分布为

$$P\{X=0\}=1,$$

求随机变量 X 的分布函数.

解 当 $x<0$ 时,$\{X\leqslant x\}=\varnothing$.

当 $x\geqslant 0$ 时,$\{X\leqslant x\}=\{X=0\}$,因此随机变量 X 的分布函数为

$$F(x)=\begin{cases}0, & x<0,\\ 1, & x\geqslant 0,\end{cases}$$

将之记为 $U(x)$,即

$$U(x)=\begin{cases}0, & x<0,\\ 1, & x\geqslant 0.\end{cases}$$

称 $U(x)$为**单位阶梯函数**或 Heavyside **函数**.

若随机变量 X 的分布律为 $P\{X=a\}=1$,其中 a 为常数,则其分布函数为 $U(x-a)$,称之为**退化分布**.

例 2-9 设随机变量 X 的概率分布为

X	0	1	2
$P(X)$	0.2	0.5	0.3

(1)求 X 的分布函数 $F(x)$,并画出 $F(x)$的图形;

(2)求 $P\{X\leqslant 3\}$,$P\{-1\leqslant X\leqslant 1\}$.

解 (1)由于 X 只可能取 0,1,2,故

当 $x<0$ 时,$\{X\leqslant x\}=\varnothing$,故

$$F(x)=P\{X\leqslant x\}=0;$$

当 $0\leqslant x<1$ 时,$\{X\leqslant x\}=\{X=0\}$,故

$$F(x)=P\{X\leqslant x\}=0.2;$$

当 $1\leqslant x<2$ 时，$\{X\leqslant x\}=\{X=0$ 或 $1\}$，故

$$F(x)=P\{X\leqslant x\}=0.7;$$

当 $2\leqslant x<+\infty$ 时，$\{X\leqslant x\}=\Omega$，故

$$F(x)=P\{X\leqslant x\}=1.$$

从而

$$F(x)=\begin{cases}0, & x<0,\\ 0.2, & 0\leqslant x<1,\\ 0.7, & 1\leqslant x<2,\\ 1, & x\geqslant 2.\end{cases}$$

$F(x)$ 的图形如图 2-1 所示，它处处右连续.

不难验证：

$$F(x)=0.2U(x)+0.5U(x-1)+0.3U(x-2).$$

(2) $P\{X\leqslant 3\}=F(3)=1$；

$$P\{-1\leqslant X\leqslant 1\}=P\{X=-1\}+P\{-1<X\leqslant 1\}$$
$$=0+F(1)-F(-1)=0.7.$$

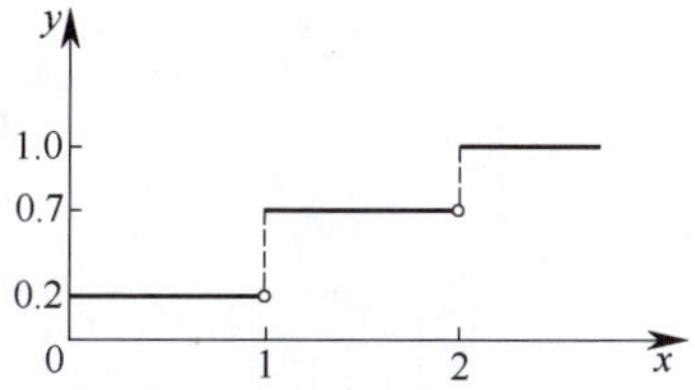

图　2-1

一般地，若离散型随机变量 X 的概率分布为

X	x_1	x_2	$\cdots$	x_k	$\cdots$
$P(X)$	p_1	p_2	$\cdots$	p_k	$\cdots$

那么它的分布函数为

$$F(x)=\sum_{x_k\leqslant x}p_k=\sum_{k=1}^{\infty}p_kU(x-x_k).$$

理解一般离散型随机变量的分布函数为单位阶梯函数线性组合的表达形式.

其中 $\sum\limits_{x_k\leqslant x}$ 表示对满足 $x_k\leqslant x$ 的一切下标 k 求和，$U(x)=\begin{cases}0, & x<0,\\ 1, & x\geqslant 0\end{cases}$ 为单位阶梯函数. 注意，此时 $F(x)$ 是 $(-\infty,+\infty)$ 上的分段阶梯函数，分段点就是 X 的取值点，除最左边那段是开区间外，其余各段都是左闭右开的区间.

例 2-10　向平面上半径为1的圆周 D 内任意投掷一个质点，以 X 表示该质点到圆心的距离. 设这个质点落在 D 中任意小区域内的概率与这个小区域的面积成正比，试求 X 的分布函数.

解　当 $x<0$ 时，$\{X\leqslant x\}=\varnothing$，故

$$F(x)=P\{X\leqslant x\}=0.$$

当 $0\leqslant x\leqslant 1$，由题意可得 $\{X\leqslant x\}=\{0\leqslant X\leqslant x\}$，故

$$F(x)=P\{X\leqslant x\}=kx^2,$$

其中 k 为比例常数.

当 $x>1$ 时，$\{X\leqslant x\}=\Omega$，故

$$F(x)=P\{X\leqslant x\}=1,$$

因为 $F(x)$ 在 $x=1$ 右连续，所以 $F(1+0)=F(1)$，故 $k=1$.

综上所述，X 的分布函数为

$$F(x)=\begin{cases}0, & x<0,\\ x^2, & 0\leqslant x\leqslant 1,\\ 1, & x>1.\end{cases}$$

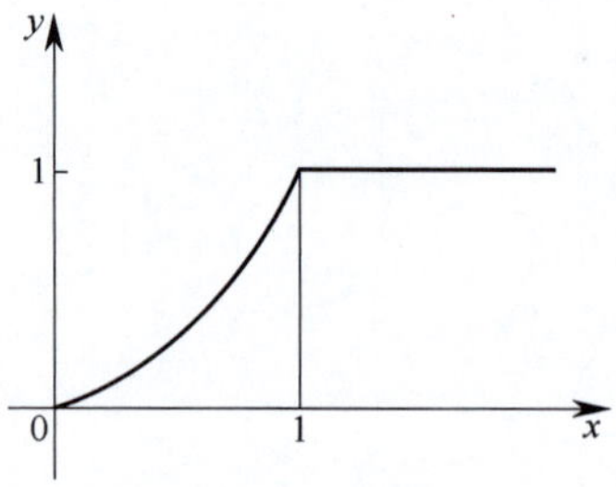

图 2-2

$F(x)$ 的图形如图 2-2 所示，它处处连续.

从例 2-10 可看出 $F(x)$ 为连续函数，有别于离散型随机变量的分布函数，下一节将讨论连续型随机变量.

习题 2.3

10. 设 X 服从参数 $p=0.2$ 的 0-1 分布，求随机变量 X 的分布函数，并作出其图形.

11. 某射手射击一个固定目标，每次命中率为 0.3，每命中一次记 2 分，否则扣 1 分，求两次射击后该射手得分总数 X 的分布函数.

12. 随机变量 X 的分布函数为

$$F(x)=\begin{cases}0, & x<0,\\ Ax, & 0\leqslant x\leqslant 1,\\ 1, & x>1.\end{cases}$$

求：(1)常数 A；(2)概率 $P\left\{X>\frac{1}{2}\right\}$；(3)$P\{-1<X\leqslant 2\}$.

13. 某人求得一随机变量 X 的分布函数为

$$F(x)=\begin{cases}0, & x<0,\\ \frac{1}{2}, & 0\leqslant x\leqslant 1,\\ \frac{1}{3}, & 1<x<2,\\ 1, & x\geqslant 2.\end{cases}$$

他的计算结果是否正确？试加以说明.

2.4 连续型随机变量

2.4.1 连续型随机变量及其概率密度

牢记连续型随机变量的定义.

定义 2-5 设 $F(x)$ 是随机变量 X 的分布函数，如果存在非负函数 $f(x)$，使得对任意 $x\in(-\infty,+\infty)$，都有

$$F(x)=\int_{-\infty}^{x} f(t)\mathrm{d}t, \tag{2-7}$$

则称 X 为**连续型随机变量**，其中函数 $f(x)$ 称为 X 的**概率密度函数**，简称**概率密度**或**密度**.

容易验证，上节例 2-10 中的随机变量 X 的分布函数 $F(x)$ 满足：

$$F(x)=\int_{-\infty}^{x} f(t)\mathrm{d}t,$$

式中，$f(x)=\begin{cases}2x, & 0\leqslant x\leqslant 1,\\ 0, & \text{其他},\end{cases}$，故 X 是连续型随机变量.

定义示性函数

$$I(G)=\begin{cases}1, & x\in G,\\ 0, & x\notin G.\end{cases}$$

则上述 $f(x)$ 可表示为 $f(x)=2xI(0\leqslant x\leqslant 1)$. 这样表示比较简洁，在后面的章节中常常这样表示.

显然概率密度函数具有下列性质.

定理 2-3　(概率密度函数的性质)设连续型随机变量 X 的概率分布密度函数为 $f(x)$，则有下列结论.

概率密度函数必然满足非负性与规范性(定理 2-3). 反之，$f(x)$ 满足非负性与规范性，必然可以构造一随机变量，使其密度函数为 $f(x)$.

(1) (非负性) $f(x)\geqslant 0$；　(2-8)

(2) (规范性) $\int_{-\infty}^{+\infty} f(x)\mathrm{d}x=1$.　(2-9)

由高等数学知识，改变概率密度函数 $f(x)$ 在个别点的函数值不影响公式(2-9)，故对固定的分布函数，概率密度函数不是唯一的. 可以证明：对满足上述两条性质的任意函数 $f(x)$ 必是某一随机变量的密度函数.

对连续型随机变量 X，有下列重要结论.

定理 2-4　设 X 为连续型随机变量，$F(x)$，$f(x)$ 依次为 X 的分布函数和概率密度，则

(1) $F(x)$ 在 $(-\infty,+\infty)$ 上连续；

(2) 在 $f(x)$ 的连续点 x 处，$F'(x)=f(x)$；

(3) X 取任一实值的概率为零，即 $P\{X=a\}=0$；

(4) 若 $a<b$，则

$$\begin{aligned}P\{a<X\leqslant b\}&=P\{a\leqslant X<b\}\\&=P\{a\leqslant X\leqslant b\}\\&=P\{a<X<b\}\\&=F(b)-F(a)\\&=\int_{a}^{b} f(x)\mathrm{d}x.\end{aligned}$$

证　由高等数学知识易得(1)，(2)，(4)的证明，请读者自己完成. 这里仅证(3).

对任意 $\varepsilon>0$，由 $\{X=a\}\subset\{a-\varepsilon<X\leqslant a\}$ 得

$$0\leqslant P\{X=a\}\leqslant P\{a-\varepsilon<X\leqslant a\}=F(a)-F(a-\varepsilon),$$

由于 $F(x)$ 连续，故 $\lim\limits_{\varepsilon\to 0^+}[F(a)-F(a-\varepsilon)]=0$，从而

$$P\{X=a\}=0,$$

则(3)得证. 证毕.

由定理可知，在 $f(x)$ 的连续点 x 处，有

$$f(x)=F'(x)=\lim_{\Delta x\to 0^+}\frac{F(x+\Delta x)-F(x)}{\Delta x}$$

$$=\lim_{\Delta x\to 0^+}\frac{P\{x<X\leqslant x+\Delta x\}}{\Delta x},$$

故当 Δx 很小时，$P\{x<X\leqslant x+\Delta x\}\approx f(x)\Delta x$.

由定理 2-4 还可看到，**概率为零的事件不一定是不可能事件；** 类似地，**概率为 1 的事件也不一定是必然事件.**

由上节讨论知道离散型随机变量的分布函数为

$$F(x)=\sum_{k=1}^{\infty}p_k U(x-x_k),$$

其中 $U(x)=I(x\geqslant 0)$.

若记 $\delta(x)=\mathrm{d}U(x)/\mathrm{d}x$ 为 $U(x)$ 的广义导数，则离散型随机变量的概率分布密度函数为

$$f(x)=\sum_{k=1}^{\infty}p_k\delta(x-x_k),$$

这样离散型随机变量与连续型随机变量就统一起来了.

需要指出的是，$\delta(x)$ 有下列性质：

1) $\delta(x)=\begin{cases}0, & x\neq 0,\\ \infty, & x=0;\end{cases}$

2) $\int_{-\infty}^{+\infty}\delta(x)\mathrm{d}x=1$;

3) 对任意连续函数 $g(x)$，有

$$\int_{-\infty}^{+\infty}g(x)\delta(x)\mathrm{d}x=g(0).$$

例 2-11 设随机变量 X 的概率密度为

$$f(x)=\begin{cases}Ax(3x+2), & 0\leqslant x\leqslant 2,\\ 0, & \text{其他}.\end{cases}$$

试确定常数 A，并求 $P\{-1<X<1\}$.

解 由定理 2-2 得

$$1=\int_{-\infty}^{+\infty}f(x)\mathrm{d}x=\int_0^2 Ax(3x+2)\mathrm{d}x=12A,$$

故

$$A=\frac{1}{12},$$

从而　$P\{-1<X<1\}=\int_{-1}^{1}f(x)\mathrm{d}x=\int_{0}^{1}\frac{1}{12}x(3x+2)\mathrm{d}x=\frac{1}{6}.$

例 2-12　设随机变量 X 的概率密度为

$$f(x)=\frac{1}{2}\mathrm{e}^{-|x|}\quad(-\infty<x<+\infty),$$

(1)求 X 的分布函数 $F(x)$；

(2)计算概率 $P\{X>1\}$，$P\{0<X<\ln 2\}$.

解　(1) 当 $x\leqslant 0$ 时，

$$F(x)=\int_{-\infty}^{x}f(t)\mathrm{d}t=\int_{-\infty}^{x}\frac{1}{2}\mathrm{e}^{t}\mathrm{d}t=\frac{1}{2}\mathrm{e}^{x}.$$

当 $x>0$ 时，

$$F(x)=\int_{-\infty}^{x}f(t)\mathrm{d}t=\int_{-\infty}^{0}\frac{1}{2}\mathrm{e}^{t}\mathrm{d}t+\int_{0}^{x}\frac{1}{2}\mathrm{e}^{-t}\mathrm{d}t=1-\frac{1}{2}\mathrm{e}^{-x}.$$

从而

$$F(x)=\begin{cases}\frac{1}{2}\mathrm{e}^{x}, & x\leqslant 0,\\ 1-\frac{1}{2}\mathrm{e}^{-x}, & x>0;\end{cases}$$

(2) $P\{X>1\}=\int_{1}^{+\infty}\frac{1}{2}\mathrm{e}^{-x}\mathrm{d}x=\frac{1}{2}\mathrm{e}^{-1}$,

$$P\{0<X<\ln 2\}=\int_{0}^{\ln 2}\frac{1}{2}\mathrm{e}^{-x}\mathrm{d}x=\frac{1}{4}.$$

2.4.2　常见的连续型随机变量的分布

1. 均匀分布 $U[a,b]$

若随机变量 X 的概率密度为

牢记均匀分布的密度函数，并会求出其分布函数.

$$f(x)=\begin{cases}\frac{1}{b-a}, & a\leqslant x\leqslant b,\\ 0, & \text{其他}\end{cases}\quad=\frac{1}{b-a}I\quad(a\leqslant x\leqslant b),$$

则称 X 服从$[a,b]$上的**均匀分布**，记为 $X\sim U[a,b]$.

上述闭区间$[a,b]$可改为开区间(a,b)或半开半闭区间$[a,b)$，$(a,b]$.

如果随机变量 X 服从$[a,b]$上的均匀分布，则 X 具有下列性质.

(1)落在区间$[a,b]$外的概率为零，即

$$P\{X<a\}=P\{X>b\}=0.$$

事实上，

$$P\{X<a\}=\int_{-\infty}^{a}f(x)\mathrm{d}x=\int_{-\infty}^{a}0\mathrm{d}x=0,$$

$$P\{X>b\}=\int_{b}^{+\infty}f(x)\mathrm{d}x=\int_{b}^{+\infty}0\mathrm{d}x=0.$$

(2)落入$[a,b]$的任意等长子区间的概率相同，与子区间长度成

正比，与子区间的位置无关，即若$[c,d]\subset[a,b]$，则 $P\{c\leqslant X\leqslant d\}=k(d-c)$，其中 k 是比例系数.

事实上，

$$P\{c\leqslant X\leqslant d\}=\int_c^d f(x)\mathrm{d}x=\int_c^d \frac{\mathrm{d}x}{b-a}=\frac{d-c}{b-a},$$

令 $k=\dfrac{1}{b-a}$，得

$$P\{c\leqslant X\leqslant d\}=k(d-c).$$

均匀分布的特征性质是什么？并加以证明. 扫描二维码.

上述两点是服从均匀分布随机变量的特征性质. 在实际问题中，如果依据客观经验判断出某随机变量具备这两个特征，就认为它服从均匀分布. 例如，在数值计算中，某位上的数字按“四舍五入”处理时引起的舍入误差；班车按固定时间间隔运行时，乘客的候车时间；连续变化阻值的可变电阻器中的电阻值等，都服从均匀分布.

例 2-13 在某公共汽车的起点站上，每隔 15min 发出一辆客车，一位乘客任意到站候车.

(1)写出该乘客候车时间 X 的概率密度；

(2)求该乘客候车时间超过 6min 的概率.

解 (1)由题意可知，X 服从$[0,15)$上的均匀分布，其概率密度为

$$f(x)=\begin{cases}\dfrac{1}{15}, & 0\leqslant x<15,\\ 0, & \text{其他};\end{cases}$$

(2) $$P\{X>6\}=\int_6^{+\infty}f(x)\mathrm{d}x=\int_6^{15}\frac{1}{15}\mathrm{d}x+\int_{15}^{+\infty}0\mathrm{d}x=\frac{3}{5}.$$

2. 指数分布 Exp(λ)

牢记指数分布密度函数和分布函数. 并证明指数分布的性质，扫描二维码.

若随机变量 X 的概率密度为

$$f(x)=\begin{cases}\lambda\mathrm{e}^{-\lambda x}, & x>0,\\ 0, & x\leqslant 0,\end{cases}$$

其中 $\lambda>0$，则称 X 服从参数为 λ 的指数分布，记为 $X\sim \mathrm{Exp}(\lambda)$.

指数分布有着重要的应用，常用它作为各种“寿命”分布的近似，例如，无线电元件的寿命、动物的寿命、随机服务系统的服务时间等，都可认为服从指数分布.

3. Γ 分布 Γ(λ,α)

称下列函数

$$\Gamma(\alpha)=\int_0^{\infty}x^{\alpha-1}\mathrm{e}^{-x}\mathrm{d}x$$

Γ 函数在高等数学中也很重要，记住这些性质.

为 Γ 函数，其性质如下：

1) $\Gamma(1)=1,\Gamma\left(\frac{1}{2}\right)=\sqrt{\pi}$;

2) $\Gamma(\alpha+1)=\alpha\Gamma(\alpha)$;

3) $\Gamma(n)=(n-1)!$,其中 n 为正整数.

若随机变量 X 的概率密度函数为

$$f(x)=\begin{cases}\dfrac{\lambda^{\alpha}}{\Gamma(\alpha)}x^{\alpha-1}\mathrm{e}^{-\lambda x}, & x>0,\\ 0, & x\leqslant 0,\end{cases}$$

其中 $\lambda>0,\alpha>0$,则称 X 服从参数为 λ,α 的 **Γ 分布**,记 $X\sim\Gamma(\lambda,\alpha)$. 显然 $\alpha=1$ 的 Γ 分布即为参数为 λ 的指数分布 $\mathrm{Exp}(\lambda)$.

4. 正态分布 $N(\mu,\sigma^2)$

若随机变量 X 的概率密度为

牢记正态分布的概率密度函数及标准正态分布. 扫描二维码,了解正态分布的来源.

$$f(x)=\frac{1}{\sqrt{2\pi}\sigma}\mathrm{e}^{-\frac{(x-\mu)^2}{2\sigma^2}},\quad -\infty<x<+\infty.$$

其中,μ,σ 是常数,且 $\sigma>0$,则称 X 服从参数为 μ,σ^2 的**正态分布**,记为 $X\sim N(\mu,\sigma^2)$.

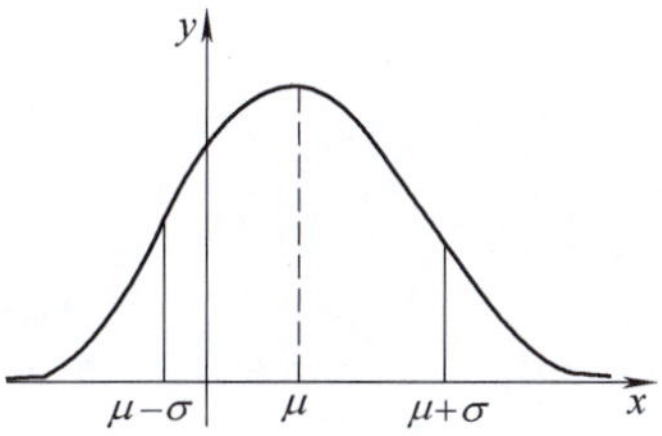

图 2-3

正态分布的概率密度 $f(x)$ 的图形如图 2-3 所示,参数 μ,σ^2 的意义将在第 4 章中说明.

特别地,当 $\mu=0,\sigma=1$ 时,称 X 服从**标准正态分布**,记为 $X\sim N(0,1)$. 标准正态分布的概率密度函数、分布函数以后用专门的记号 $\varphi(x)$,$\Phi(x)$ 表示,即

$$\varphi(x)=\frac{1}{\sqrt{2\pi}}\mathrm{e}^{-\frac{x^2}{2}},\quad -\infty<x<+\infty,$$

$$\Phi(x)=\frac{1}{\sqrt{2\pi}}\int_{-\infty}^{x}\mathrm{e}^{-\frac{t^2}{2}}\mathrm{d}t,\quad -\infty<x<+\infty.$$

$\Phi(x)$ 不是初等函数,计算它的值比较复杂,为了使用方便,书后附有 $\Phi(x)$ 的函数值(附表 1)可供查用.

$\Phi(x)$ 除具有分布函数的一般性质外,还满足:

(1) $\Phi(0)=0.5$;

(2) $\Phi(-x)=1-\Phi(x)$.

这可由 $\varphi(x)$ 是偶函数,用高等数学知识证得.

服从正态分布的随机变量有下列重要结论.

定理 2-5 设 $X\sim N(\mu,\sigma^2)$,则

定理 2-5 非常重要. 你能证明吗?

(1) $Y=kX+b\sim N(k\mu+b,k^2\sigma^2)$,其中 k,b 是常数,且 $k\neq 0$;

(2) $Y=\dfrac{X-\mu}{\sigma}\sim N(0,1)$.

定理的证明见下节例 2-19.

这个定理告诉我们:正态随机变量的线性函数也服从正态分

布；任意非标准正态分布只需作一个简单的线性变换，就可转化为标准正态分布.

例 2-14 设 $X \sim N(0,1)$，查表计算 $P\{X<1.4\}$，$P\{X>-2\}$，$P\{|X-1|\geqslant 1\}$.

解 $P\{X<1.4\}=\Phi(1.4)=0.9192$；

$P\{X>-2\}=1-\Phi(-2)=1-(1-\Phi(2))=0.9772$；

$$P\{|X-1|\geqslant 1\}=P\{X\geqslant 2 \text{ 或 } X\leqslant 0\}=P\{X\geqslant 2\}+P\{X\leqslant 0\}=1-\Phi(2)+\Phi(0)=0.5228.$$

例 2-15 某地区18岁的女青年的血压 X（收缩压单位：mmHg）服从 $N(110,12^2)$.

(1) 求 $P\{X\leqslant 104\}$，$P\{101\leqslant X\leqslant 119\}$；

(2) 确定最小的 x，使 $P\{X>x\}\leqslant 0.03$.

解 由 $X\sim N(110,12^2)$，得 $\dfrac{X-110}{12}\sim N(0,1)$，所以，

$$(1)\ P\{X\leqslant 104\}=P\left\{\frac{X-110}{12}\leqslant\frac{104-110}{12}\right\}=P\left\{\frac{X-110}{12}\leqslant -0.5\right\}=\Phi(-0.5)=1-\Phi(0.5)=0.3085,$$

$$P\{101\leqslant X\leqslant 119\}=P\left\{-0.75\leqslant\frac{X-110}{12}\leqslant 0.75\right\}=\Phi(0.75)-\Phi(-0.75)=2\Phi(0.75)-1=0.5468;$$

(2)由于

$$P\{X>x\}=P\left\{\frac{X-110}{12}>\frac{x-110}{12}\right\}=1-\Phi\left(\frac{x-110}{12}\right)\leqslant 0.03,$$

即 $\Phi\left(\dfrac{x-110}{12}\right)\geqslant 0.97$，查附表1，得

$$\frac{x-110}{12}\geqslant 1.88,$$

故需

$$x\geqslant 132.56,$$

从而满足题意的最小的 x 为 132.56.

再次提醒：记住常用的连续型分布：均匀分布、指数分布、正态分布和 β-分布.

在自然现象和社会现象中，大量的随机变量都是服从或近似服从正态分布的. 例如，测量的误差、工厂圆柱形产品的直径和长度、一个地区成人的身高和体重、海洋波浪的高度等，都可认为服从正

态分布. 在概率论和数理统计的理论研究和实际应用中，服从正态分布的随机变量都起着特别重要的作用.

习题 2.4

14. 设随机变量 X 的概率密度为

$$f(x)=\begin{cases}a\sin x, & 0<x<\pi,\\ 0, & \text{其他}.\end{cases}$$

求：(1)系数 a；(2)$P\left\{0\leqslant X<\frac{\pi}{2}\right\}$；(3)$P\left\{|X|>\frac{\pi}{4}\right\}$.

15. 设随机变量 X 的概率密度为

$$f(x)=\begin{cases}Ae^{-2x}, & x\geqslant 0,\\ 0, & x<0.\end{cases}$$

试求：(1)常数 A；(2)$P\{X>0.5\}$；(3)$P\{X>1|X<2\}$.

16. 设随机变量 X 的概率密度为

(1) $f(x)=\begin{cases}\dfrac{1}{\pi\sqrt{1-x^2}}, & |x|<1,\\ 0, & |x|\geqslant 1;\end{cases}$　(2)$f(x)=\begin{cases}x, & 0\leqslant x<1,\\ 2-x, & 1\leqslant x<2,\\ 0, & \text{其他}.\end{cases}$

求 X 的分布函数.

17. 设连续型随机变量 X 的分布函数为

$$F(x)=\begin{cases}\frac{1}{2}e^{x}, & x\leqslant 0,\\ \frac{1}{2}+\frac{1}{4}x, & 0<x<2,\\ 1, & x\geqslant 2.\end{cases}$$

(1)求 $P\{X\leqslant 1\}$，$P\{-1\leqslant X<2\}$；(2)求概率密度 $f(x)$.

18. 设 X 在(0,5)上服从均匀分布，求关于 x 的一元二次方程

$$4x^2+4Xx+X+2=0$$

有实根的概率.

19. 设 $X\sim N(0,1)$，

(1) 求 $P\{X=0\}$，$P\{X\leqslant -1.25\}$，$P\{|X|>0.68\}$；

(2) 求 λ，使它满足 $P\{X>\lambda\}=0.05$；

(3) 求 λ，使它满足 $P\{2X\leqslant\lambda\}=\frac{1}{3}$.

20. 设 $X\sim N(-1,4^2)$，求：

(1)$P\{X\geqslant 2.56\}$；(2)$P\{X<1.72\}$；(3)$P\{|X+1|<4\}$；(4)$P\{|X-1|>1\}$.

21. 设某厂生产的螺栓长度 X(单位：cm)服从参数 $\mu=10.05$，

$\sigma=0.06$ 的正态分布，规定长度在(10.05 ± 0.12)cm内为合格品.求该厂产品的合格率.

22. 设某建筑材料的强度 X 是一个随机变量，且 $X\sim N(200,18^2)$，

(1)求该材料强度不低于180MPa的概率；

(2)如果某工程所用建材要求以99%的概率保证强度不低于160MPa，该材料是否满足这个要求？

23. 某校抽样调查表明，该校考生外语成绩(百分制)服从正态分布 $N(72,\sigma^2)$，已知96分以上的占考生总数的2.3%，求考生的外语成绩在60～84分之间的概率.

2.5 随机变量的函数的分布

根据本节标题：本节讨论什么问题.扫描二维码.

设 X 是一个随机变量，则 $Y=g(X)$(其中 $g(x)$ 是连续函数)作为随机变量 X 的函数，也是一个随机变量，本节讨论如何由已知的 X 的分布求出 $Y=g(X)$ 的分布，下面分两种情况加以讨论.

2.5.1 离散型情形

例 2-16 设离散型随机变量 X 的概率分布为

X	-1	0	1	2
$P(X)$	0.1	0.2	0.4	0.3

试分别求 $Y=2X$，$Z=X^2+1$ 的概率分布.

解

X	-1	0	1	2
$P(X)$	0.1	0.2	0.4	0.3
$Y=2X$	-2	0	2	4
$Z=X^2+1$	2	1	2	5

故 Y 的概率分布为

Y	-2	0	2	4
$P(Y)$	0.1	0.2	0.4	0.3

Z 的概率分布为

Z	1	2	5
$P(Z)$	0.2	0.5	0.3

2.5.2 连续型情形

当 X 是连续型随机变量时，求 $Y=g(X)$ 的概率密度的一般方法是：

(1) 先求 Y 的分布函数 $F_Y(y)$ 的表达式;

(2) 再对 $F_Y(y)$ 求导,得 Y 的概率密度函数 $f_Y(y)$.

例 2-17　设随机变量 X 的概率密度为

$$f_X(x)=\frac{1}{\pi(1+x^2)},\quad -\infty<x<+\infty,$$

求 $Y=2X$ 的概率密度.

解　先求 Y 的分布函数 $F_Y(y)$.

$$F_Y(y)=P\{Y\leqslant y\}=P\{2X\leqslant y\}=P\left\{X\leqslant\frac{y}{2}\right\}=F_X\left(\frac{y}{2}\right),$$

其中 $F_X(x)$ 是 X 的分布函数,注意到 $F'_X(x)=f_X(x)$,所以

$$f_Y(y)=[F_Y(y)]'=F'_X\left(\frac{y}{2}\right)\cdot\frac{1}{2}=\frac{1}{2}f_X\left(\frac{y}{2}\right)=\frac{2}{\pi(4+y^2)}.$$

例 2-18　设 $X\sim N(0,1)$,求 $Y=X^2$ 的概率密度.

例 2-18 是很重要的经典题目,也称 Y 服从自由度为 1 的卡方分布.记住本题解题过程和结论.

解　由题设知,X 的概率密度为

$$f_X(x)=\frac{1}{\sqrt{2\pi}}e^{-\frac{1}{2}x^2},$$

由于 $Y=X^2\geqslant 0$,故当 $y\leqslant 0$ 时,

$$F_Y(y)=P\{Y\leqslant y\}=P\{X^2\leqslant y\}=0.$$

当 $y>0$ 时,

$$\begin{aligned}F_Y(y)&=P\{Y\leqslant y\}=P\{X^2\leqslant y\}=P\{-\sqrt{y}\leqslant X\leqslant\sqrt{y}\}\\&=F_X(\sqrt{y})-F_X(-\sqrt{y}),\end{aligned}$$

即

$$F_Y(y)=\begin{cases}0, & y\leqslant 0,\\ F_X(\sqrt{y})-F_X(-\sqrt{y}), & y>0,\end{cases}$$

从而,Y 的概率密度为

$$\begin{aligned}f_Y(y)=[F_Y(y)]'&=\begin{cases}\dfrac{1}{2\sqrt{y}}f_X(\sqrt{y})+\dfrac{1}{2\sqrt{y}}f_X(-\sqrt{y}), & y>0,\\ 0, & y\leqslant 0\end{cases}\\&=\begin{cases}\dfrac{1}{\sqrt{2\pi}}y^{-\frac{1}{2}}e^{-\frac{1}{2}y}, & y>0,\\ 0, & y\leqslant 0.\end{cases}\end{aligned}$$

可以验证:$Y\sim\Gamma\left(\frac{1}{2},\frac{1}{2}\right)$.

以上介绍了由 X 的概率密度 $f_X(x)$ 求 $Y=g(X)$ 的概率密度 $f_Y(y)$ 的一般方法,如果 $g(x)$ 满足特定的条件,有以下定理.

定理 2-6　设随机变量 X 的概率密度为 $f_X(x)$,函数 $y=g(x)$ 处处可导且恒有 $g'(x)>0$(或恒有 $g'(x)<0$),其反函数为 $x=h(y)$,

则$Y=g(X)$ 也是连续型随机变量，其概率密度为

$$f_Y(y)=\begin{cases}f_X[h(y)]\,|\,h'(y)\,|, & \alpha<y<\beta,\\0, & \text{其他},\end{cases}$$

其中 $\alpha=\min\{g(-\infty),g(+\infty)\}$，$\beta=\max\{g(-\infty),g(+\infty)\}$.

证 不妨设 $g'(x)>0$，此时 $g(x)$在$(-\infty,+\infty)$上严格单调增加，它的反函数 $h(y)$存在，且在(α,β)上严格单调增加，可导.

因为 $y=g(x)$仅在(α,β)内取值，故

当 $y\leqslant\alpha$ 时，$F_Y(y)=P\{Y\leqslant y\}=0$；

当 $y\geqslant\beta$ 时，$F_Y(y)=P\{Y\leqslant y\}=1$；

当 $\alpha<y<\beta$ 时，

$$F_Y(y)=P\{Y\leqslant y\}=P\{g(X)\leqslant y\}=P\{X\leqslant h(y)\}=F_X[h(y)].$$

于是，Y 的概率密度为

$$f_Y(y)=[F_Y(y)]'=\begin{cases}f_X[h(y)]h'(y), & \alpha<y<\beta,\\0, & \text{其他}.\end{cases}$$

证毕.

由定理可得如下推论.

推论 设随机变量 X 的概率密度 $f_X(x)$在区间$[a,b]$外等于零，函数$y=g(x)$在$[a,b]$上处处可导且恒有 $g'(x)>0$（或恒有$g'(x)<0$），则$Y=g(X)$是连续型随机变量，其概率密度为

$$f_Y(y)=\begin{cases}f_X[h(y)]\,|\,h'(y)\,|, & \alpha<y<\beta,\\0, & \text{其他}.\end{cases}$$

其中 $\alpha=\min\{g(a),g(b)\}$，$\beta=\max\{g(a),g(b)\}$，$h(y)$是 $g(x)$的反函数.

推论中区间$[a,b]$也可改为开区间、半开半闭区间或无穷区间.

定理 2-6 及推论的本质是

$$f_Y(y)=f_X(x)\left|\frac{\mathrm{d}x}{\mathrm{d}y}\right|. \tag{2-10}$$

记住式(2-10)及变形公式，并利用它推出例 2-19、例 2-20. 先不看答案. 注意：务必关注变量的范围.

可以写作

$$|f_Y(y)\mathrm{d}y|=|f_X(x)\mathrm{d}x|,$$

这样定理便不难记住了.

例 2-19 设随机变量 $X\sim N(\mu,\sigma^2)$，求 $Y=kX+b$(k,b 为常数，且 $k\neq0$)的概率密度.

解 本例虽然也可用例 2-17 的方法求 Y 的概率密度，但利用定理更加简便.

因为 X 的概率密度为

$$f_X(x)=\frac{1}{\sqrt{2\pi}\sigma}\mathrm{e}^{-\frac{(x-\mu)^2}{2\sigma^2}},\quad -\infty<x<+\infty,$$

而现在 $y=g(x)=kx+b$，由此得

$$x=h(y)=\frac{y-b}{k},\quad \frac{\mathrm{d}x}{\mathrm{d}y}=\frac{1}{k}.$$

所以 $Y=kX+b$ 的概率密度为

$$f_Y(y)=\frac{1}{|k|}f_X\left(\frac{y-b}{k}\right)=\frac{1}{\sqrt{2\pi}\,|k|\,\sigma}\mathrm{e}^{-\frac{(y-k\mu-b)^2}{2k^2\sigma^2}},\quad -\infty<y<+\infty,$$

即

$$Y=kX+b\sim N(k\mu+b,k^2\sigma^2).$$

特别地，在上例中取 $k=\frac{1}{\sigma}$，$b=-\frac{\mu}{\sigma}$，则

$$Y=\frac{X-\mu}{\sigma}\sim N(0,1).$$

这就是上节定理 2-5 的结果.

例 2-20　设随机变量 X 的概率密度为

$$f_X(x)=\begin{cases}\frac{1}{x^2}, & x>1,\\ 0, & x\leqslant 1,\end{cases}$$

求 $Y=\ln X$ 的概率密度.

解　因为 $y=g(x)=\ln x$ 在 $(1,+\infty)$ 上有 $g'(x)=\frac{1}{x}>0$，其反函数为

$$x=h(y)=\mathrm{e}^y,\quad 且\quad \frac{\mathrm{d}x}{\mathrm{d}y}=\mathrm{e}^y.$$

由推论得 $Y=\ln X$ 的概率密度为

小结本章内容. 记住重要概念.

$$f_Y(y)=\begin{cases}\mathrm{e}^{-y}, & y>0,\\ 0, & y\leqslant 0.\end{cases}$$

即 $Y\sim \mathrm{Exp}(1)$.

习题 2.5

24. 设随机变量 X 的概率分布为

X	-2	-1	0	1	2
$P(X)$	0.1	0.3	0.3	0.2	0.1

试分别求 $Y=2X+3$ 和 $Z=X^2$ 的概率分布.

25. 设随机变量 X 的概率分布为

X	-1	0	1	$\sqrt{3}$
$P(X)$	0.25	0.25	0.35	0.15

求 $Y=\arcsin\dfrac{X}{2}$，$Z=X^4-X^2$ 的概率分布.

26. 设随机变量 $X\sim B\left(3,\dfrac{1}{4}\right)$，求 $Y=|X-1|$ 的概率分布.

27. 设 $X\sim N(0,1)$，求

(1) $Y=e^X$ 的概率密度；

(2) $Y=X^2$ 的概率密度.

28. 设随机变量 X 的概率密度为 $f_X(x)(-\infty<x<+\infty)$，求 $Y=X^5$ 的概率密度.

29. 设随机变量 X 的概率密度为

$$f_X(x)=\begin{cases}\dfrac{1}{3}x^2, & -1\leqslant x\leqslant 2,\\ 0, & \text{其他}.\end{cases}$$

求 $Y=X^2$ 的概率密度.

30. 设 X 服从参数 $\lambda=1$ 的指数分布，求 $Y=|X|-1$ 的概率密度.

31. 测量球的直径，设测量值服从 $[a,b]$ 上的均匀分布，求球的体积的概率密度.

复习题 2

32. 一串钥匙共 n 把，只有一把能将门打开，今逐个任取一把试开，求下列两种情况下打开此门所需开门次数 X 的概率分布.

(1) 打不开门的钥匙不放回；

(2) 打不开门的钥匙仍放回.

33. 甲、乙两人独立地轮流投篮，直至某人投中为止，让甲先投，若甲投中的概率为 0.4，乙投中的概率为 0.6，求甲、乙投篮次数 X，Y 的概率分布.

34. 设 $X\sim P(\lambda)$，且 $P\{X=1\}=2P\{X=2\}$，求 $P\{X>0\}$.

35. 已知随机变量 X 的概率密度为

$$f(x)=\begin{cases}ax+b, & 0<x<1,\\ 0, & \text{其他},\end{cases}$$

且 $P\left\{X>\dfrac{1}{2}\right\}=\dfrac{5}{8}$.

(1) 求常数 a，b；

(2) 计算 $P\left\{\dfrac{1}{4}\leqslant X<\dfrac{1}{2}\right\}$；

(3) 求常数 c，使 $P\{X\leqslant c\}=\dfrac{5}{32}$.

36. 在区间$[0,a]$上任意投掷一个质点，用 X 表示该质点的坐标. 设这个质点落在$[0,a]$中任何小区间内的概率与这个小区间的长度成正比，试求 X 的分布函数和概率密度.

37. 设连续型随机变量 X 的分布函数为

$$F(x)=A+B\arctan x,\quad -\infty<x<+\infty,$$

求：(1) 常数 A,B；

(2) X 的概率密度 $f(x)$；

(3) $P\{X^2-1\leqslant 0\}$.

38. 设 $X\sim N(\mu,\sigma^2)$，X 的概率密度为

$$f(x)=k_1\mathrm{e}^{-\frac{x^2-4x+k_2}{32}},\quad -\infty<x<+\infty,$$

试确定常数 k_1,k_2,μ,σ 的值，并写出 $Y=\frac{1}{\mu}X-k_2$ 的概率密度函数.

39. 设 $X\sim N(2,\sigma^2)$，且 $P\{2<X<4\}=0.1$，不查表计算 $P\{X<0\}$.

40. 设顾客在某银行的窗口等待服务的时间 X(单位：min)服从指数分布，其概率密度为

$$f_X(x)=\begin{cases}\frac{1}{5}\mathrm{e}^{-\frac{1}{5}x}, & x>0,\\ 0, & \text{其他}.\end{cases}$$

某顾客在窗口等待服务，若超过 10min，他就离开. 他一个月要到银行 5 次，以 Y 表示一个月内他未等到服务而离开窗口的次数，写出 Y 的分布律，并求 $P\{Y\geqslant 1\}$.

41. 某种型号的电子元件的寿命 X(单位：h)的概率密度为

$$f(x)=\begin{cases}\frac{1000}{x^2}, & x>1000,\\ 0, & \text{其他}.\end{cases}$$

现有一大批此种元件(设各元件损坏与否相互独立)，任取 5 只，求其中至少有 2 只寿命大于 1500h 的概率.

42. 设 $X\sim B(3,0.4)$，求 $Y=\frac{X(3-X)}{2}$ 和 $Z=\sin\frac{\pi X}{2}$ 的概率分布.

43. 证明：随机变量 X 在$(0,1)$上服从均匀分布的充要条件是 $Y=-\frac{1}{2}\ln(1-X)$服从参数为 2 的指数分布.

44. 设随机变量 X 的概率密度为

$$f_X(x)=\begin{cases}\frac{2x}{\pi^2}, & 0<x<\pi,\\ 0, & \text{其他}.\end{cases}$$

求 $Y=\sin X$ 的概率密度.

第3章 二维随机变量及其分布

本章主要介绍二维随机变量及其分布的理论. 主要内容有:二维随机变量的概念及其分布、随机变量的相互独立性、二维随机变量函数的分布等.

3.1 二维随机变量的概念

3.1.1 二维随机变量及其联合分布函数

第 2 章讨论了一维随机变量及其分布,可是在实际问题中有些随机试验的结果需要同时用两个或两个以上的随机变量来描述. 例如,为了研究某地区 15 岁学生的身体发育情况,对这一地区 15 岁的学生进行抽查. 反映他们身体发育情况的外观特征主要是身高和体重两个量,一个量并不能完全反映学生的发育情况,两个量结合起来作为一个整体才能反应其发育情况. 在这里,样本空间 $\Omega=\{\omega\}=\{$该地区的全部 15 岁的学生$\}$,$X(\omega)$与 $Y(\omega)$是定义在 Ω 上的两个随机变量,X 表示学生的身高,Y 表示该学生的体重,(X,Y)作为一个整体可以反映该地区学生的发育情况. 又如,炮弹弹着点的位置需要由它的横坐标和纵坐标来确定,而横坐标 X 和纵坐标 Y 也是定义在同一个样本空间(xOy 面上的所有点)的两个随机变量,且这两个随机变量必须作为一个整体(X,Y)才能确定弹着点的确切位置.

二维随机变量的定义与其分布函数的定义务必牢记.

定义 3-1 设 $\Omega=\{\omega\}$是随机试验 T 的样本空间,X 和 Y 是定义在Ω 上的两个随机变量,由 X 和 Y 构成的一个向量(X,Y)叫作**二维随机向量**或**二维随机变量**.

从几何上看,二维随机变量(X,Y)可看作是平面直角坐标系中的随机点的位置,对于二维随机变量的定义可得到如下等价的定义.

定义 3-1′ 设 Ω 为随机试验 T 的样本空间,对任意的 $\omega\in\Omega$,按照一定的法则,在平面上有确定的点$M(X(\omega),Y(\omega))$与之对应,

称点 M 的坐标 $(X(\omega),Y(\omega))$，简记 (X,Y) 为**二维随机变量**或**二维随机向量**，如图3-1 所示.

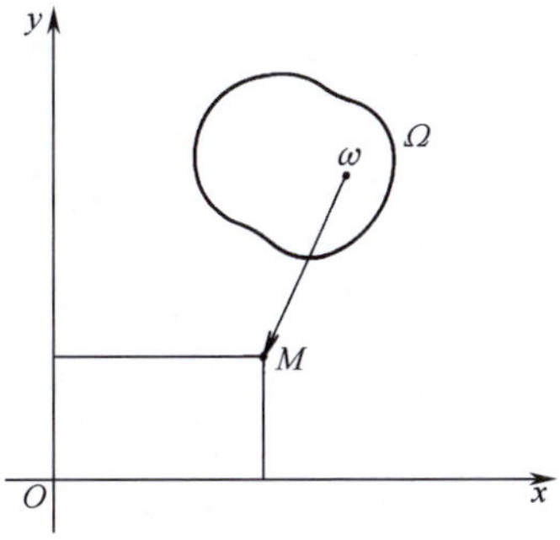

图 3-1

对于二维随机变量 (X,Y)，显然它是关于样本点的二元函数，它的性质不仅与 X 和 Y 有关，而且还依赖于这两个变量的相互关系，所以，孤立地去研究 X 和 Y 的性质是不够的，还必须从整体上加以研究.

和一维随机变量的情况类似，利用“分布函数”来研究二维随机变量.

定义 3-2　设 (X,Y) 是二维随机变量，对于任意实数 x,y，二元函数

$$F(x,y)=P\{\text{“}X\leqslant x\text{”}\cap\text{“}Y\leqslant y\text{”}\}$$
$$\triangleq P\{X\leqslant x,Y\leqslant y\}$$

称为**二维随机变量 (X,Y) 的分布函数**，或称为随机变量 X 和 Y 的**联合分布函数**.

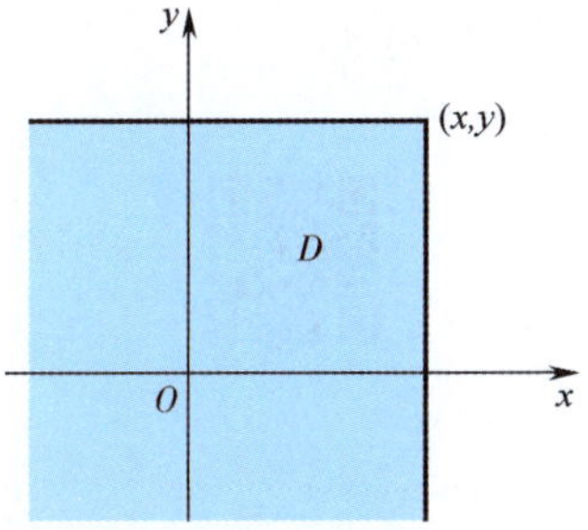

图 3-2

在几何上，可将二维随机变量 (X,Y) 看作是平面上的随机点的坐标，那么分布函数 $F(x,y)$ 在 (x,y) 处的函数值就是随机点 (X,Y) 落在点 (x,y) 左下方区域 D 内的概率，如图 3-2 所示.

另外，依照上述对分布函数 $F(x,y)$ 的直观解释，借助于图 3-2 所示，容易得到随机点 (X,Y) 落在矩形区域 $D_1=\{(x,y)\mid x_1<x\leqslant x_2,y_1<y\leqslant y_2\}$（见图 3-3）的概率为

$$\begin{aligned}&P\{(x,y)\in D_1\}\\&=P\{x_1<X\leqslant x_2,y_1<Y\leqslant y_2\}\\&=F(x_2,y_2)-F(x_1,y_2)-F(x_2,y_1)+F(x_1,y_1).\end{aligned}\tag{3-1}$$

二维随机变量分布函数的四条性质要记住.

对于二维随机变量的分布函数 $F(x,y)$，有如下性质：

1)（单调性）$F(x,y)$ 是变量 x 和 y 的不减函数，即对于任意固定的 y，当 $x_1<x_2$ 时，$F(x_1,y)\leqslant F(x_2,y)$. 对于任意固定的 x，当 $y_1<y_2$ 时，$F(x,y_1)\leqslant F(x,y_2)$.

2)（有界性）对于任意的实数 x,y，有 $0\leqslant F(x,y)\leqslant 1$；且对于固定的 y，$F(-\infty,y)=0$；对于固定的 x，$F(x,-\infty)=0$，且

$$F(-\infty,-\infty)=0,F(+\infty,+\infty)=1.$$

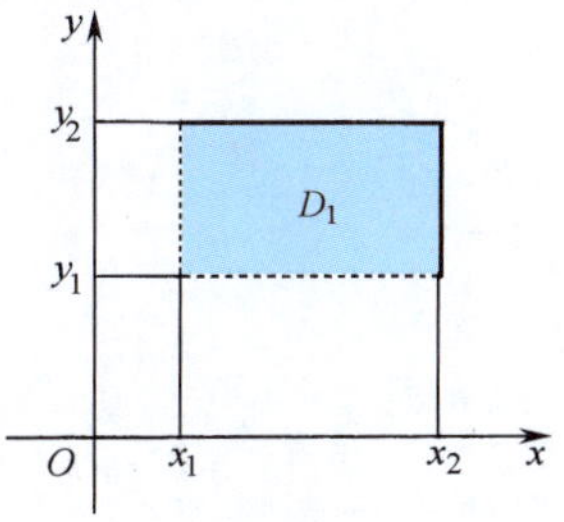

图 3-3

3)（右连续性）$F(x,y)=F(x+0,y)$，$F(x,y)=F(x,y+0)$，即 $F(x,y)$ 关于 x 右连续，关于 y 也右连续.

4) 对于任意的实数 $x_1<x_2$，$y_1<y_2$，有

$$F(x_2,y_2)-F(x_1,y_2)-F(x_2,y_1)+F(x_1,y_1)\geqslant 0.$$

这一性质由式(3-1)及概率的非负性得到.

关于性质 2) 可以从几何上加以说明，例如，在图 3-2 中将区域 D 的右面边界无限向左移动（即 $x\to-\infty$），则“随机点 (X,Y) 落在

这个区域内”这一事件趋于不可能事件，其概率趋于0，即有$F(-\infty, y)=0$. 同理可说明其他几条性质.

3.1.2 二维离散型随机变量及其联合概率分布

定义3-3 对于二维随机变量(X,Y)，如果(X,Y)的所有可能取的值是有限对或可列无穷对，则称(X,Y)是**二维离散型随机变量**.

设二维离散型随机变量(X,Y)所有可能取的值为(x_i, y_j)，$i=1,2,\cdots$；$j=1,2,\cdots$，记

二维离散型随机变量及联合概率分布的定义要记住，与一维情况，加以比较.

$$P\{(X,Y)=(x_i, y_j)\} \triangleq P\{X=x_i, Y=y_j\}=p_{ij},$$

则称它为二维离散型随机变量(X,Y)的**联合概率分布**或**分布律**，或称为随机变量X与Y的联合概率分布或联合分布律.

由概率的定义和概率的可列可加性知

1)（非负性）$p_{ij} \geqslant 0, i=1,2,\cdots; j=1,2,\cdots$.

2)（规范性）$\sum_{i=1}^{\infty}\sum_{j=1}^{\infty} p_{ij}=1$.

也可用表格的形式表示二维离散型随机变量(X,Y)的概率分布，如表3-1所示.

另外，二维离散型随机变量(X,Y)的分布函数$F(x,y)$与概率分布p_{ij}之间也存在关系

$$F(x,y)=\sum_{\substack{x_i \leqslant x \\ y_j \leqslant y}} p_{ij}, \tag{3-2}$$

其中求和是对一切满足$x_i \leqslant x, y_j \leqslant y$的$i,j$求和.

表 3-1

X \ Y	y_1	y_2	$\cdots$	y_j	$\cdots$
x_1	p_{11}	p_{12}	$\cdots$	p_{1j}	$\cdots$
x_2	p_{21}	p_{22}	$\cdots$	p_{2j}	$\cdots$
$\vdots$	$\vdots$	$\vdots$		$\vdots$	
x_i	p_{i1}	p_{i2}	$\cdots$	p_{ij}	$\cdots$
$\vdots$	$\vdots$	$\vdots$		$\vdots$	

二维离散型随机变量分布函数表达形式与一维离散型随机变量分布函数表达形式一致.

$F(x,y)$也可写成

$$F(x,y)=\sum_{i=1}^{\infty}\sum_{j=1}^{\infty} p_{ij} U(x-x_i) U(y-y_j), \tag{3-3}$$

其中 $U(x)=\begin{cases}0, & x<0, \\ 1, & x \geqslant 0\end{cases}=I(x \geqslant 0)$为单位阶梯函数.

例3-1 一口袋中有三只球，标号为1,2,2，从中任取一只不放回，再取一只球，取到袋中各球的可能性相等，以X,Y表示第一、二次取得球的标号，求(X,Y)的分布律，并写出其分布函数.

解　容易知道 $P\{X=1,Y=1\}=0$；

$$P\{X=1,Y=2\}=\frac{1}{3};$$

$$P\{X=2,Y=1\}=\frac{2}{3}\times\frac{1}{2}=\frac{1}{3};$$

$$P\{X=2,Y=2\}=\frac{2}{3}\times\frac{1}{2}=\frac{1}{3}.$$

所以分布律为

X \ Y	1	2
1	0	$\frac{1}{3}$
2	$\frac{1}{3}$	$\frac{1}{3}$

其分布函数为

$$F(x,y)=\frac{1}{3}U(x-1)U(y-2)+\frac{1}{3}U(x-2)U(y-1)+$$
$$\frac{1}{3}U(x-2)U(y-2).$$

例 3-2　设随机变量 X 在 1,2,3,4 四个整数中等可能取值，另一随机变量 Y 在 1 到 X 中等可能取一整数值，试求 (X,Y) 的分布律.

解　易知 $\{X=i,Y=j\}$ 的取值情况是：$i=1,2,3,4$，而 j 取不大于 i 的整数，由乘法公式得

$$\begin{aligned}P\{X=i,Y=j\}&=P\{X=i\}\cdot P\{Y=j\mid X=i\}\\&=\frac{1}{4}\times\frac{1}{i}\quad(i=1,2,3,4,j\leqslant i).\end{aligned}$$

于是，(X,Y) 的分布律为

X \ Y	1	2	3	4
1	$\frac{1}{4}$	0	0	0
2	$\frac{1}{8}$	$\frac{1}{8}$	0	0
3	$\frac{1}{12}$	$\frac{1}{12}$	$\frac{1}{12}$	0
4	$\frac{1}{16}$	$\frac{1}{16}$	$\frac{1}{16}$	$\frac{1}{16}$

3.1.3　二维连续型随机变量及其联合概率密度

定义 3-4　设 $F(x,y)$ 为二维随机变量 (X,Y) 的分布函数，如果存在非负函数 $f(x,y)$，使得对于任意的实数 x,y，均有

二维连续型随机变量的定义与一维连续型随机变量的定义（定义 2-5）一致.联系起来，加强记忆.

$$F(x,y)=\int_{-\infty}^{y}\int_{-\infty}^{x}f(u,v)\mathrm{d}u\mathrm{d}v, \tag{3-4}$$

则称(X,Y)为**二维连续型随机变量**，函数$f(x,y)$称为(X,Y)的概率密度，或随机变量X和Y的联合概率密度函数。

二维连续型随机变量的性质对应2.4节定理2-3、定理2-4，联起来加强记忆。

按定义，概率密度$f(x,y)$具有以下性质：

1)（非负性）对任意的实数x,y，有$f(x,y)\geqslant 0$；

2)（规范性）$\int_{-\infty}^{+\infty}\int_{-\infty}^{+\infty}f(x,y)\mathrm{d}x\mathrm{d}y=1$；

3)在$F(x,y)$偏导数存在的点(x,y)处，有

$$\frac{\partial^2 F(x,y)}{\partial x\,\partial y}=f(x,y);$$

4) 设G是xOy平面上的一个区域，点(X,Y)落在G内的概率

$$P\{(X,Y)\in G\}=\iint_G f(x,y)\mathrm{d}x\mathrm{d}y. \tag{3-5}$$

在几何上，$Z=f(x,y)$表示三维空间的一个曲面，性质1)说明，该曲面在xOy面的上方；性质2)说明，由曲面$Z=f(x,y)$和xOy面所围成的空间区域的体积为1；性质4)说明，$P\{(X,Y)\in G\}$的值等于以G为底，以曲面$Z=f(x,y)$为顶的柱体的体积；性质3)说明，$f(x,y)$在(x,y)处的值反映了(X,Y)在(x,y)附近取值的可能性的大小.

例 3-3 设二维随机变量(X,Y)具有概率密度

$$f(x,y)=\begin{cases}2\mathrm{e}^{-(2x+y)}, & x>0,y>0,\\ 0, & \text{其他}.\end{cases}$$

求：(1) 分布函数$F(x,y)$；(2) 概率$P\{Y\leqslant X\}$.

解 (1) 由定义

$$F(x,y)=\int_{-\infty}^{y}\int_{-\infty}^{x}f(u,v)\mathrm{d}u\mathrm{d}v$$

$$=\begin{cases}\int_0^y\int_0^x 2\mathrm{e}^{-(2u+v)}\mathrm{d}u\mathrm{d}v, & x>0,y>0,\\ 0, & \text{其他},\end{cases}$$

即

$$F(x,y)=\begin{cases}\int_0^y\int_0^x 2\mathrm{e}^{-(2u+v)}\mathrm{d}u\mathrm{d}v, & x>0,y>0,\\ 0, & \text{其他}\end{cases}$$

$$=\begin{cases}(1-\mathrm{e}^{-2x})(1-\mathrm{e}^{-y}), & x>0,y>0,\\ 0, & \text{其他}.\end{cases}$$

(2) 将(X,Y)看作是平面上随机点的坐标，则有

$$\{Y\leqslant X\}=\{(X,Y)\in G\},$$

其中G为xOy平面上直线$y=x$以下的部分(见图3-4).

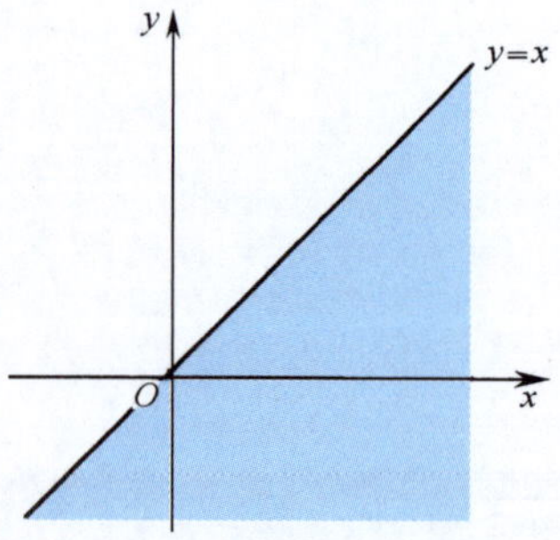

图 3-4

那么

$$
\begin{aligned}
P\{Y \leqslant X\} &= P\{(X,Y) \in G\} \\
&= \iint_G f(x,y)\mathrm{d}x\mathrm{d}y \\
&= \int_0^{+\infty}\left[\int_0^x f(x,y)\mathrm{d}y\right]\mathrm{d}x \\
&= \int_0^{+\infty}\left[\int_0^x 2\mathrm{e}^{-(2x+y)}\mathrm{d}y\right]\mathrm{d}x \\
&= \frac{1}{3}.
\end{aligned}
$$

在二维连续型随机变量中，最常见也是最重要的是二维正态分布的随机变量.

定义 3-5　如果二维随机变量 (X,Y) 的概率密度为

$$
f(x,y)=\frac{1}{2\pi\sigma_1\sigma_2\sqrt{1-\rho^2}}\exp\left\{-\frac{1}{2(1-\rho^2)}\left[\frac{(x-\mu_1)^2}{\sigma_1^2}-2\rho\cdot\frac{x-\mu_1}{\sigma_1}\cdot\frac{y-\mu_2}{\sigma_2}+\frac{(y-\mu_2)^2}{\sigma_2^2}\right]\right\},
$$

其中，$\mu_1,\mu_2,\sigma_1(>0),\sigma_2(>0),\rho$ 都是常数，且 $-1<\rho<1$，则称 (X,Y) 服从参数为 $\mu_1,\mu_2,\sigma_1^2,\sigma_2^2,\rho$ 的**二维正态分布**，记为 $(X,Y)\sim N(\mu_1,\mu_2,\sigma_1^2,\sigma_2^2,\rho)$.

二维正态分布的概率密度函数写上几遍，加强记忆，并扫描二维码阅读延伸材料.

显然 $f(x,y)\geqslant 0$，可以验证

$$
\int_{-\infty}^{+\infty}\int_{-\infty}^{+\infty} f(x,y)\mathrm{d}x\mathrm{d}y = 1.
$$

以上关于二维随机变量的讨论，不难推广到 $n(n>2)$ 维随机变量的情况.

一般地，设 T 是一随机试验，它的样本空间 $\Omega=\{\omega\}$，设 $X_1=X_1(\omega),X_2=X_2(\omega),\cdots,X_n=X_n(\omega)$ 是定义在 Ω 上的随机变量，由它们构成一个 n 维向量 $(X_1,X_2,\cdots,X_n)$ 叫作 n 维随机向量或 n 维随机变量.

对于任意 n 个实数 $x_1,x_2,\cdots,x_n$ 的 n 元函数

$$
F(x_1,x_2,\cdots,x_n)=P\{X_1\leqslant x_1,X_2\leqslant x_2,\cdots,X_n\leqslant x_n\}
$$

称为 n 维随机向量 $(X_1,X_2,\cdots,X_n)$ 的分布函数或随机变量 $X_1,X_2,\cdots,X_n$ 的联合分布函数.

$F(x_1,x_2,\cdots,x_n)$ 具有与二维随机变量的分布函数类似的性质.

习题 3.1

1. 袋中装有 10 只黑球，2 只白球，现从中依次取出两球，令

$$
X=\begin{cases}1, & \text{第一次取出白球,}\\ 0, & \text{第一次取出黑球,}\end{cases}
$$

$$Y=\begin{cases}1, 第二次取出白球,\\0, 第二次取出黑球,\end{cases}$$

在不放回抽样与有放回抽样两种方式下,求 X 与 Y 的联合分布律.

2. 掷骰子两次,得偶数点的次数记为 X,得 3 点或 5 点的次数记为 Y,求 X 与 Y 的联合分布律.

3. 设二维随机变量(X,Y)的分布函数为

$$F(x,y)=A\left(B+\arctan\frac{x}{2}\right)\left(C+\arctan\frac{y}{3}\right),$$

求:(1)常数 A,B,C;

(2)(X,Y)的概率密度函数.

4. 设(X,Y)的概率密度函数为

$$f(x,y)=\begin{cases}Cxy, & 0<x<1, \quad 0<y<1,\\0, & 其他.\end{cases}$$

试求:(1) 常数 C;　　(2) $P\left\{0<X<\frac{1}{2},-2<Y\leqslant 3\right\}$;

(3) $P\{X<Y\}$;　　(4) (X,Y)的分布函数 $F(x,y)$.

3.2 边缘分布、条件分布及随机变量的独立性

3.2.1 边缘分布

边缘分布即已知(X,Y)的分布函数$F(x,y)$,求 X 与 Y 的分布函数.理解概念特别重要.

二维随机变量(X,Y)的分布函数 $F(x,y)$描述了 X,Y 这两个随机变量组成的整体的统计规律.这个整体是由 X 和 Y 组成的,所以在(X,Y)的分布函数 $F(x,y)$中,既包含了关于 X 和 Y 的一切信息,又包含了 X 与 Y 之间关系的一切信息.我们称其分量 X 及 Y 的分布函数为二维随机变量(X,Y)关于 X 及关于 Y 的**边缘分布函数**,分别记作 $F_X(x)$,$F_Y(y)$,边缘分布函数可以由(X,Y)的分布函数 $F(x,y)$来确定,事实上,

$$F_X(x)=P\{X\leqslant x\}=P\{X\leqslant x,y<+\infty\},$$

即

$$F_X(x)=\lim_{y\to+\infty}F(x,y)=F(x,+\infty). \tag{3-6}$$

同理

$$F_Y(y)=\lim_{x\to+\infty}F(x,y)=F(+\infty,y). \tag{3-7}$$

因此,当已知(X,Y)的分布函数 $F(x,y)$,就可以求得(X,Y)关于 X 及 Y 的边缘分布函数.

1. 二维离散型随机变量的边缘概率分布

设(X,Y)的分布律为

$$P\{X=x_i,Y=y_j\}=p_{ij}, \qquad i,j=1,2,\cdots,$$

则由式(3-3)与式(3-6)知,边缘分布函数

$$F_X(x)=F(x,+\infty)=\sum_{i=1}^{\infty}\sum_{j=1}^{\infty}p_{ij}U(x-x_i).\qquad(3\text{-}8)$$

同理由式(3-3)与式(3-7)得

$$F_Y(y)=F(+\infty,y)=\sum_{i=1}^{\infty}\sum_{j=1}^{\infty}p_{ij}U(y-y_j),\qquad(3\text{-}9)$$

其中 $U(x)=\begin{cases}0, & x<0,\\ 1, & x\geqslant 0.\end{cases}$

在第 2 章中,我们讨论了离散型随机变量分布函数与概率分布之间的关系,再由式(3-8)及式(3-9)即可知 X 的分布律为

$$P\{X=x_i\}=\sum_{j=1}^{\infty}p_{ij},\quad i=1,2,\cdots.$$

Y 的分布律为

$$P\{Y=y_j\}=\sum_{i=1}^{\infty}p_{ij},\quad j=1,2,\cdots.$$

记

$$p_{i\cdot}=\sum_{j=1}^{\infty}p_{ij}=P\{X=x_i\},\quad i=1,2,\cdots.$$

$$p_{\cdot j}=\sum_{i=1}^{\infty}p_{ij}=P\{Y=y_j\},\quad j=1,2,\cdots.$$

称 $p_{i\cdot}(i=1,2,\cdots)$ 和 $p_{\cdot j}(j=1,2,\cdots)$ 为(X,Y)关于 X 和 Y 的边缘分布律,边缘分布律可以在(X,Y)的概率分布表上直接求得,举例如下.

例 3-4　求例3-2 中二维随机变量(X,Y)关于 X 和 Y 的边缘分布律.

例 3-4 即将表格中行、列分别求和.

解　(X,Y)的概率分布如下表:

$X \backslash Y$	1	2	3	4	$p_{i\cdot}$
1	$\frac{1}{4}$	0	0	0	$\frac{1}{4}$
2	$\frac{1}{8}$	$\frac{1}{8}$	0	0	$\frac{1}{4}$
3	$\frac{1}{12}$	$\frac{1}{12}$	$\frac{1}{12}$	0	$\frac{1}{4}$
4	$\frac{1}{16}$	$\frac{1}{16}$	$\frac{1}{16}$	$\frac{1}{16}$	$\frac{1}{4}$
$p_{\cdot j}$	$\frac{25}{48}$	$\frac{13}{48}$	$\frac{7}{48}$	$\frac{1}{16}$	1

则关于 X 的边缘分布律为

X	1	2	3	4
$P(X)$	$\frac{1}{4}$	$\frac{1}{4}$	$\frac{1}{4}$	$\frac{1}{4}$

关于 Y 的边缘分布律为

Y	1	2	3	4
$P(Y)$	$\frac{25}{48}$	$\frac{13}{48}$	$\frac{7}{48}$	$\frac{1}{16}$

例 3-5 把一枚硬币连抛三次，以 X 表示三次中出现正面的次数，Y 表示三次中出现正面的次数与出现反面的次数的差的绝对值，试求 (X,Y) 的分布律及关于 X 和 Y 的边缘分布律.

解 X 的所有可能取值为 0,1,2,3，Y 的所有可能取值为 1,3，且

$$P\{X=0,Y=3\}=\left(\frac{1}{2}\right)^3=\frac{1}{8},$$

$$P\{X=1,Y=1\}=C_3^1\left(\frac{1}{2}\right)\left(\frac{1}{2}\right)^2=\frac{3}{8},$$

$$P\{X=2,Y=1\}=C_3^2\left(\frac{1}{2}\right)^2\left(\frac{1}{2}\right)=\frac{3}{8},$$

$$P\{X=3,Y=3\}=\left(\frac{1}{2}\right)^3=\frac{1}{8},$$

则 (X,Y) 的分布律及关于 X 和 Y 的边缘分布律见下表：

Y \ X	0	1	2	3	$p_{\cdot j}$
1	0	$\frac{3}{8}$	$\frac{3}{8}$	0	$\frac{6}{8}$
3	$\frac{1}{8}$	0	0	$\frac{1}{8}$	$\frac{2}{8}$
$p_{i\cdot}$	$\frac{1}{8}$	$\frac{3}{8}$	$\frac{3}{8}$	$\frac{1}{8}$	

2. 二维连续型随机变量的边缘概率密度函数

设 (X,Y) 的概率密度为 $f(x,y)$，由式(3-6)知

$$\begin{aligned}F_X(x)&=F(x,+\infty)\\&=\int_{-\infty}^{+\infty}\int_{-\infty}^{x}f(u,v)\mathrm{d}u\mathrm{d}v\\&=\int_{-\infty}^{x}\left[\int_{-\infty}^{+\infty}f(u,v)\mathrm{d}v\right]\mathrm{d}u,\end{aligned}$$

由此可知，X 是连续型随机变量，则其概率密度函数为

$$f_X(x)=\int_{-\infty}^{+\infty}f(x,y)\mathrm{d}y, \tag{3-10}$$

同理，Y 也是连续型随机变量，其概率密度函数为

$$f_Y(y)=\int_{-\infty}^{+\infty}f(x,y)\mathrm{d}x. \tag{3-11}$$

称 $f_X(x)$，$f_Y(y)$ 分别为 (X,Y) 关于 X 和 Y 的边缘概率密度.

式(3-10)、式(3-11)看上去很容易，但在解题过程中务必注意

x,y 的范围，具体看下面实例.

例 3-6　设随机变量 X 和 Y 具有联合概率密度(见图 3-5)

$$f(x,y)=\begin{cases}6, & 0\leqslant x\leqslant 1,\quad x^2\leqslant y\leqslant x,\\ 0, & \text{其他},\end{cases}$$

求边缘概率密度 $f_X(x)$，$f_Y(y)$.

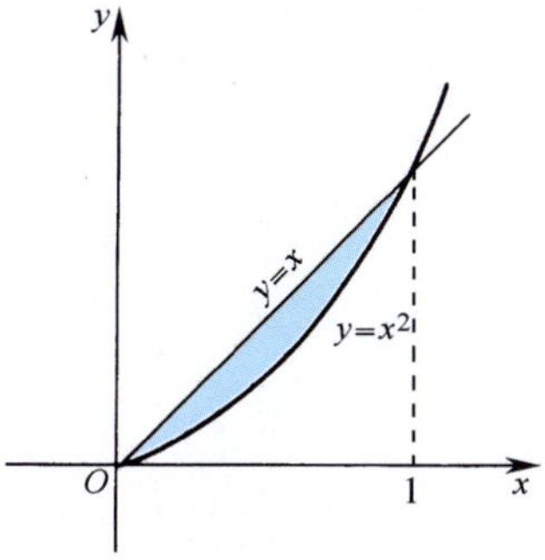

图　3-5

特别提醒：这类题目首先要确定变量的取值范围.

解　由式(3-10)有

$$f_X(x)=\int_{-\infty}^{+\infty}f(x,y)\mathrm{d}y$$

$$=\begin{cases}\displaystyle\int_{x^2}^{x}6\mathrm{d}y, & 0\leqslant x\leqslant 1,\\ 0, & \text{其他},\end{cases}$$

即

$$f_X(x)=\begin{cases}6(x-x^2), & 0\leqslant x\leqslant 1,\\ 0, & \text{其他}.\end{cases}$$

再由式(3-11)可得

$$f_Y(y)=\int_{-\infty}^{+\infty}f(x,y)\mathrm{d}x$$

$$=\begin{cases}\displaystyle\int_{y}^{\sqrt{y}}6\mathrm{d}x, & 0\leqslant y\leqslant 1,\\ 0, & \text{其他},\end{cases}$$

即

$$f_Y(y)=\begin{cases}6(\sqrt{y}-y), & 0\leqslant y\leqslant 1,\\ 0, & \text{其他}.\end{cases}$$

例 3-7　设二维随机变量 $(X,Y)\sim N(\mu_1,\mu_2,\sigma_1^2,\sigma_2^2,\rho)$. 求 (X,Y) 关于 X 和 Y 的边缘概率密度.

解　由式(3-10)可知

$$f_X(x)=\int_{-\infty}^{+\infty}f(x,y)\mathrm{d}y,$$

由于

$$f(x,y)=\frac{1}{2\pi\sigma_1\sigma_2\sqrt{1-\rho^2}}\exp\left\{-\frac{1}{2(1-\rho^2)}\left[\left(\frac{x-\mu_1}{\sigma_1}\right)^2-2\rho\frac{x-\mu_1}{\sigma_1}\cdot\frac{y-\mu_2}{\sigma_2}+\left(\frac{y-\mu_2}{\sigma_2}\right)^2\right]\right\},$$

而

$$\left(\frac{x-\mu_1}{\sigma_1}\right)^2-2\rho\frac{x-\mu_1}{\sigma_1}\cdot\frac{y-\mu_2}{\sigma_2}+\left(\frac{y-\mu_2}{\sigma_2}\right)^2$$
$$=\left(\frac{y-\mu_2}{\sigma_2}-\rho\frac{x-\mu_1}{\sigma_1}\right)^2+(1-\rho^2)\cdot\left(\frac{x-\mu_1}{\sigma_1}\right)^2,$$

于是

$$f_X(x)=\int_{-\infty}^{+\infty}\frac{1}{2\pi\sigma_1\sigma_2\sqrt{1-\rho^2}}\exp\left\{-\frac{(x-\mu_1)^2}{2\sigma_1^2}-\frac{1}{2(1-\rho^2)}\left(\frac{y-\mu_2}{\sigma_2}-\rho\frac{x-\mu_1}{\sigma_1}\right)^2\right\}\mathrm{d}y$$

$$=\frac{1}{\sqrt{2\pi}\sigma_1}e^{-\frac{1}{2\sigma_1^2}(x-\mu_1)^2}\int_{-\infty}^{+\infty}\frac{1}{\sqrt{2\pi}\sigma_2\sqrt{1-\rho^2}}e^{-\frac{1}{2\sigma_2^2(1-\rho^2)}\left[y-\mu_2-\rho\cdot\frac{\sigma_2}{\sigma_1}(x-\mu_1)\right]^2}dy.$$

由于上述积分号下的被积函数为正态分布 $N\left(\mu_2+\rho\frac{\sigma_2}{\sigma_1}(x-\mu_1),\right.$ $\left.\sigma_2^2(1-\rho^2)\right)$的概率密度函数，从而有

$$f_X(x)=\frac{1}{2\pi\sigma_1}e^{-\frac{(x-\mu_1)^2}{2\sigma_1^2}}\int_{-\infty}^{+\infty}e^{-\frac{t^2}{2}}dt$$

$$=\frac{1}{\sqrt{2\pi}\sigma_1}e^{-\frac{(x-\mu_1)^2}{2\sigma_1^2}},\quad -\infty<x<+\infty,$$

同理可得

$$f_Y(y)=\frac{1}{\sqrt{2\pi}\sigma_2}e^{-\frac{(y-\mu_2)^2}{2\sigma_2^2}},\quad -\infty<y<+\infty.$$

这个例子说明，二维正态分布的两个边缘分布都是一维正态分布，并且不依赖于参数 ρ，说明对于给定的 $\mu_1,\mu_2,\sigma_1,\sigma_2$，不同的 ρ 对应不同的二维正态分布，它们的边缘分布却是一样的. 这一事实表明，单独由关于 X 和 Y 的边缘分布，一般来说是不能确定随机变量 X 和 Y 的联合分布的.

3.2.2 条件分布

1. 离散型随机变量的条件分布

例 3-8 设随机变量(X,Y)的分布律为

X \ Y	0	1	2	$p_{i\cdot}$
0	$\frac{4}{16}$	$\frac{4}{16}$	$\frac{1}{16}$	$\frac{9}{10}$
1	$\frac{4}{16}$	$\frac{2}{16}$	0	$\frac{6}{16}$
2	$\frac{1}{16}$	0	0	$\frac{1}{16}$
$p_{\cdot j}$	$\frac{9}{16}$	$\frac{6}{16}$	$\frac{1}{16}$	

利用条件概率公式 $P(A|B)=\frac{P(AB)}{P(B)}$.

求 $Y=1$ 条件下随机变量 X 的分布律.

解 $P\{X=i|Y=1\}=\frac{P\{X=i,Y=1\}}{P\{Y=1\}}=\frac{P\{X=i,Y=1\}}{6/16}$,

$X\|Y=1$	0	1
$P\{X\|Y=1\}$	$\frac{2}{3}$	$\frac{1}{3}$

根据上述基本思想，设离散型随机变量(X,Y)的联合分布律

$P\{X=x_i, Y=y_j\}=p_{ij}, i,j=1,2,\cdots$，若 $P\{Y=y_j\}>0$，则 $Y=y_j$ 条件下，随机变量 X 的分布律为

$$P\{X=x_i \mid Y=y_j\}=p_{ij}/p_{\cdot j}, \quad i=1,2,\cdots,$$

即

$X \mid Y=y_j$	x_1	x_2	$\cdots$	x_n	$\cdots$
$P\{X \mid Y=y_j\}$	$p_{1j}/p_{\cdot j}$	$p_{2j}/p_{\cdot j}$	$\cdots$	$p_{nj}/p_{\cdot j}$	$\cdots$

同理 $P\{Y=y_j \mid X=x_i\}=p_{ij}/p_{i\cdot}, j=1,2,\cdots$.

2. 连续型随机变量的条件分布

定义 3-6　给定的 $X=x$ 条件下，随机变量 Y 的条件分布函数定义为

$$P\{Y \leqslant y \mid X=x\} \triangleq \lim_{\Delta x \to 0^+} P\{Y \leqslant y \mid x<X \leqslant x+\Delta x\},$$

也记为 $F_{Y|X}(y|x)$.

设随机变量 (X,Y) 的分布函数为 $F(x,y)$，概率密度函数为 $f(x,y)$，若在点 (x,y) 处 $f(x,y)$ 连续，其边缘密度函数为 $f_X(x)$，则有

$$\begin{aligned} P\{Y \leqslant y \mid X=x\} &= \lim_{\Delta x \to 0^+} \frac{P\{x<X \leqslant x+\Delta x, Y \leqslant y\}}{P\{x<X \leqslant x+\Delta x\}} \\ &= \lim_{\Delta x \to 0^+} \frac{F(x+\Delta x, y)-F(x,y)}{F_X(x+\Delta x)-F_X(x)} \\ &= \lim_{\Delta x \to 0^+} \frac{[F(x+\Delta x, y)-F(x,y)]/\Delta x}{[F_X(x+\Delta x)-F_X(x)]/\Delta x} \\ &= \frac{\partial F(x,y)}{\partial x} \Big/ \frac{\partial F_X(x)}{\partial x}, \end{aligned}$$

故
$$F_{Y|X}(y \mid x)=\frac{\int_{-\infty}^{y} f(x,v) \mathrm{d} v}{f_X(x)}=\int_{-\infty}^{y} \frac{f(x,v)}{f_X(x)} \mathrm{d} v.$$

若记 $f_{Y|X}(y|x)$ 为 $X=x$ 条件下关于 Y 的条件密度函数，则

$$f_{Y|X}(y|x)=f(x,y)/f_X(x),$$

同理

$$f_{X|Y}(x|y)=f(x,y)/f_Y(y),$$

$$F_{X|Y}(x \mid y)=\int_{-\infty}^{x} \frac{f(u,y)}{f_Y(y),} \mathrm{d} u.$$

例 3-9　设二维随机变量 $(X,Y) \sim N(\mu_1, \mu_2, \sigma_1^2, \sigma_2^2, \rho)$，求 $f_{Y|X}(y|x)$.

解　由例 3-7 得

$$f_X(x)=\int_{-\infty}^{+\infty} f(x,y) \mathrm{d} y=\frac{1}{\sqrt{2\pi}\sigma_1} \mathrm{e}^{-\frac{(x-\mu_1)^2}{2\sigma_1^2}},$$

所以

$$f_{Y|X}(y|x)=\frac{f(x,y)}{f_X(x)}=\frac{1}{\sqrt{2\pi}\sigma_2\sqrt{1-\rho^2}}\cdot$$

$$\exp\left\{-\frac{1}{2\sigma_2^2(1-\rho^2)}\left[y-\left(\mu_2+\rho\frac{\sigma_2}{\sigma_1}(x-\mu_1)\right)\right]^2\right\},$$

即 $Y|X=x\sim N\left(\mu_2+\rho\frac{\sigma_2}{\sigma_1}(x-\mu_1),\sigma_2^2(1-\rho^2)\right)$.

3.2.3 随机变量的相互独立性

下面利用两个事件相互独立的概念引出两个随机变量相互独立的概念，随机变量的独立性是概率统计中十分重要的概念.

基本思想：事件的独立性定义 $P(AB)=P(A)P(B)$.

定义 3-7 设 $F(x,y)$，$F_X(x)$，$F_Y(y)$ 分别是二维随机变量 (X,Y) 的分布函数及边缘分布函数. 若对于所有的 x,y，均有

$$P\{X\leqslant x,Y\leqslant y\}=P\{X\leqslant x\}P\{Y\leqslant y\}$$

成立，即

$$F(x,y)=F_X(x)F_Y(y),\tag{3-12}$$

则称随机变量 X 和 Y **相互独立**.

1. 离散型随机变量的独立性

定理 3-1 设 (X,Y) 是二维离散型随机变量，(X,Y) 的分布律为

$$P\{X=x_i,Y=y_j\}=p_{ij},\quad i,j=1,2,\cdots.$$

若

$$P\{X=x_i,Y=y_j\}=P\{x=x_i\}P\{Y=y_j\},$$

即

$$p_{ij}=p_{i\cdot}\,p_{\cdot j},\quad i,j=1,2,\cdots.\tag{3-13}$$

其中 $p_{i\cdot}$，$p_{\cdot j}$ 分别是 (X,Y) 关于 X 和 Y 的边缘概率分布，则随机变量 X,Y 独立.

例 3-10 设 (X,Y) 的概率分布律为

X \ Y	-1	0	2	$p_{i\cdot}$
$\frac{1}{2}$	$\frac{1}{10}$	$\frac{1}{20}$	$\frac{1}{10}$	$\frac{1}{4}$
1	$\frac{1}{10}$	$\frac{1}{20}$	$\frac{1}{10}$	$\frac{1}{4}$
2	$\frac{1}{5}$	$\frac{1}{10}$	$\frac{1}{5}$	$\frac{1}{2}$
$p_{\cdot j}$	$\frac{2}{5}$	$\frac{1}{5}$	$\frac{2}{5}$	1

证明：X 与 Y 相互独立.

证　X,Y的边缘概率分布见表,则对任意的 i,j,均有

$$p_{ij}=p_{i\cdot}\,p_{\cdot j},\quad i=1,2,3;\ j=1,2,3,$$

即证得 X,Y 相互独立. 证毕.

2. 连续型随机变量的独立性

定理 3-2　设(X,Y)是二维连续型随机变量,$f(x,y)$,$f_X(x)$,$f_Y(y)$分别为(X,Y)的概率密度和边缘概率密度函数,则随机变量 X,Y 相互独立的充分必要条件为

$$f(x,y)=f_X(x)\cdot f_Y(y) \tag{3-14}$$

几乎处处成立.

定理 3-2 及推理给出了独立性判定的方法. 理解证明并会灵活应用,扫描二维码阅读相关内容.

在实际应用中,使用式(3-13)或式(3-14)要比使用式(3-12)方便,进一步地,我们得到如下推论.

推论　设(X,Y)是二维连续型随机变量,$f(x,y)$为(X,Y)的概率密度函数,则随机变量 X,Y 独立的充分必要条件为

$$f(x,y)=h(x)g(y),$$

其中 $h(x)$,$g(y)$分别为 x,y 的函数.

例 3-11　设(X,Y)的概率密度为

$$f(x,y)=\begin{cases}\dfrac{1}{\pi}, & x^2+y^2\leqslant 1,\\ 0, & \text{其他}.\end{cases}$$

问 X,Y 是否相互独立?

解

$$f_X(x)=\int_{-\infty}^{+\infty}f(x,y)\,\mathrm{d}y$$

$$=\begin{cases}\displaystyle\int_{-\sqrt{1-x^2}}^{\sqrt{1-x^2}}\frac{1}{\pi}\,\mathrm{d}y, & -1\leqslant x\leqslant 1,\\ 0, & \text{其他},\end{cases}$$

即

$$f_X(x)=\begin{cases}\dfrac{2}{\pi}\sqrt{1-x^2}, & -1\leqslant x\leqslant 1,\\ 0, & \text{其他}.\end{cases}$$

同理

$$f_Y(y)=\begin{cases}\dfrac{2}{\pi}\sqrt{1-y^2}, & -1\leqslant y\leqslant 1,\\ 0, & \text{其他}.\end{cases}$$

显然,$f(x,y)\neq f_X(x)\cdot f_Y(y)$,故 X,Y 不相互独立.

例 3-12　设(X,Y)服从 $N(\mu_1,\mu_2,\sigma_1^2,\sigma_2^2,\rho)$. 证明: X 与 Y 相互独立的充分必要条件是 $\rho=0$.

证 (必要性)已知(X,Y)的概率密度函数为

$$f(x,y)=\frac{1}{2\pi\sigma_1\sigma_2\sqrt{1-\rho^2}}\exp\left\{-\frac{1}{2(1-\rho^2)}\cdot\right.$$
$$\left.\left[\frac{(x-\mu_1)^2}{\sigma_1^2}-2\rho\cdot\frac{x-\mu_1}{\sigma_1}\cdot\frac{y-\mu_2}{\sigma_2}+\frac{(y-\mu_2)^2}{\sigma_2^2}\right]\right\}.$$

例 3-12 的结论比较重要. 是经典题目之一. 将二维正态分布的密度函数记住,并掌握定理 3-2,就容易证明了.

由例 3-7 知,关于 X 及 Y 的边缘概率密度分别为

$$f_X(x)=\frac{1}{\sqrt{2\pi}\sigma_1}e^{-\frac{(x-\mu_1)^2}{2\sigma_1^2}},\quad f_Y(y)=\frac{1}{\sqrt{2\pi}\sigma_2}e^{-\frac{(y-\mu_2)^2}{2\sigma_2^2}}.$$

因 X,Y 相互独立,故

$$f(x,y)=f_X(x)\cdot f_Y(y).$$

当 $x=\mu_1,y=\mu_2$ 时,有

$$\frac{1}{2\pi\sigma_1\sigma_2\sqrt{1-\rho^2}}=\frac{1}{\sqrt{2\pi}\sigma_1}\cdot\frac{1}{\sqrt{2\pi}\sigma_2},$$

即 $\sqrt{1-\rho^2}=1,\rho=0$.

(充分性) 当 $\rho=0$ 时,显然 $f(x,y)=f_X(x)\cdot f_Y(y)$ 对于任意的 x,y 均成立,则 X,Y 相互独立. 证毕.

以上所述关于二维随机变量的一些概念,很容易推广到 n 维随机变量的情况. 例如,若 n 维随机变量 $(X_1,X_2,\cdots,X_n)$ 的分布函数为

$$F(x_1,x_2,\cdots,x_n)=P\{X_1\leqslant x_1,X_2\leqslant x_2,\cdots,X_n\leqslant x_n\},$$

则 $(X_1,X_2,\cdots,X_n)$ 关于 $X_i(i=1,2,\cdots,n)$ 的边缘分布函数为

$$F_{X_i}(x_i)=F(+\infty,+\infty,\cdots,x_i,\cdots,+\infty),\quad i=1,2,\cdots,n.$$

若对于所有的 $x_1,x_2,\cdots,x_n$,有

$$F(x_1,x_2,\cdots,x_n)=F_{X_1}(x_1)F_{X_2}(x_2)\cdots F_{X_n}(x_n),$$

则称 $X_1,X_2,\cdots,X_n$ 相互独立.

习题 3.2

5. 设(X,Y)的分布函数为 $F(x,y)=\frac{1}{\pi^2}\left(\arctan x+\frac{\pi}{2}\right)\left(\arctan y+\frac{\pi}{2}\right)$ $(-\infty<x<+\infty,-\infty<y<+\infty)$,求 $F_X(x),F_Y(y)$.

6. 设二维随机变量(X,Y)的取值点:$(0,0),(1,1),(1,4),(2,2),(2,3),(3,2),(3,3)$ 的概率为 $\frac{1}{12},\frac{5}{24},\frac{7}{24},\frac{1}{8},\frac{1}{24},\frac{1}{6},\frac{1}{12}$,求:

(1)(X,Y)的分布律;

(2)(X,Y)关于 X 或 Y 的边缘分布律;

(3)$P\{X\leqslant 1\},P\{X=Y\},P\{X\leqslant Y\}$.

7. 若(X,Y)的分布律为

X \ Y	1	2	3
1	$\frac{1}{6}$	$\frac{1}{9}$	$\frac{1}{18}$
2	$\frac{1}{3}$	α	β

试问 α,β 为何值时，X 与 Y 相互独立？

8. 设 X 与 Y 的联合密度函数为

(1) $f(x,y)=\begin{cases}\frac{3}{2}y^2, & 0\leqslant x\leqslant 2,0\leqslant y\leqslant 1,\\ 0, & \text{其他；}\end{cases}$

(2) $f(x,y)=\begin{cases}8xy, & 0\leqslant y\leqslant 1,0\leqslant x\leqslant y,\\ 0, & \text{其他.}\end{cases}$

试求(X,Y)关于 X 及 Y 的边缘密度函数、条件分布密度并判别 X 与 Y 的相互独立性.

9. 设(X,Y)的概率密度为

$$f(x,y)=\begin{cases}1, & 0<x<1,|y|\leqslant x,\\ 0, & \text{其他.}\end{cases}$$

(1) 求条件密度 $f_{X|Y}(x|y),f_{Y|X}(y|x)$；

(2) 求 $P\left\{X>\frac{1}{2}\middle|Y>0\right\},P\left\{Y>\frac{1}{2}\middle|X>\frac{1}{2}\right\}$.

3.3 二维随机变量函数的分布

设(X,Y)为二维随机变量，$g(X,Y)$为二元连续函数. 由于 $g(X,Y)$取什么值是根据(X,Y)的试验结果而定，所以 $g(X,Y)$是一个随机变量. 本节将讨论由(X,Y)的分布来确定 $g(X,Y)$的分布. 下面分离散型和连续型两种情况进行讨论.

由标题知道本节内容是：求 $Z=g(X,Y)$的分布.

3.3.1 离散型随机变量函数的分布

例 3-13　设(X,Y)的分布律为

X \ Y	-1	0	1	2
-1	$\frac{4}{20}$	$\frac{3}{20}$	$\frac{2}{20}$	$\frac{6}{20}$
2	$\frac{2}{20}$	0	$\frac{2}{20}$	$\frac{1}{20}$

求：(1) $X+Y$ 的分布律；(2) $X-Y$ 的分布律；(3) XY 的分布律.

解　为了明显起见，以概率分布表的形式给出结果见下表.

概率	$\frac{4}{20}$	$\frac{3}{20}$	$\frac{2}{20}$	$\frac{6}{20}$	$\frac{2}{20}$	0	$\frac{2}{20}$	$\frac{1}{20}$
(X,Y)	$(-1,-1)$	$(-1,0)$	$(-1,1)$	$(-1,2)$	$(2,-1)$	$(2,0)$	$(2,1)$	$(2,2)$
$X+Y$	-2	-1	0	1	1	2	3	4
$X-Y$	0	-1	-2	-3	3	2	1	0
XY	1	0	-1	-2	-2	0	2	4

由此即可知 $X+Y,X-Y,XY$ 的分布律为

$X+Y$	-2	-1	0	1	3	4
$P(X+Y)$	$\frac{4}{20}$	$\frac{3}{20}$	$\frac{2}{20}$	$\frac{8}{20}$	$\frac{2}{20}$	$\frac{1}{20}$

$X-Y$	-3	-2	-1	0	1	3
$P(X-Y)$	$\frac{6}{20}$	$\frac{2}{20}$	$\frac{3}{20}$	$\frac{5}{20}$	$\frac{2}{20}$	$\frac{2}{20}$

XY	-2	-1	0	1	2	4
$P(XY)$	$\frac{8}{20}$	$\frac{2}{20}$	$\frac{3}{20}$	$\frac{4}{20}$	$\frac{2}{20}$	$\frac{1}{20}$

例 3-14 称为泊松分布的可加性.

例 3-14 设 $X\sim P(\lambda_1)$，$Y\sim P(\lambda_2)$，且 X 与 Y 相互独立. 求证：$X+Y\sim P(\lambda_1+\lambda_2)$.

证 由题意知

$$P\{X=k\}=\frac{\lambda_1^k}{k!}e^{-\lambda_1},\quad k=0,1,2,\cdots,$$

$$P\{Y=k\}=\frac{\lambda_2^k}{k!}e^{-\lambda_2},\quad k=0,1,2,\cdots,$$

则 $X+Y$ 的所有可能取值为 $0,1,2,\cdots$，且

$$P\{X+Y=m\}=P\left\{\bigcup_{k=0}^{m}(X=k,Y=m-k)\right\}$$

$$=\sum_{k=0}^{m}P\{X=k,Y=m-k\}.$$

因 X 与 Y 相互独立，

$$P\{X+Y=m\}=\sum_{k=0}^{m}\frac{\lambda_1^k}{k!}e^{-\lambda_1}\cdot\frac{\lambda_2^{m-k}}{(m-k)!}e^{-\lambda_2}$$

$$=e^{-(\lambda_1+\lambda_2)}\sum_{k=0}^{m}\frac{\lambda_1^k}{k!}\cdot\frac{\lambda_2^{m-k}}{(m-k)!}$$

$$=\frac{e^{-(\lambda_1+\lambda_2)}}{m!}\sum_{k=0}^{m}C_m^k\lambda_1^k\lambda_2^{m-k}$$

$$=\frac{e^{-(\lambda_1+\lambda_2)}}{m!}(\lambda_1+\lambda_2)^m,$$

即

$$P\{X+Y=m\}=\frac{(\lambda_1+\lambda_2)^m}{m!}e^{-(\lambda_1+\lambda_2)},\quad m=0,1,2,\cdots.$$

那么，$X+Y\sim P(\lambda_1+\lambda_2)$. 证毕.

该结论称为泊松分布的可加性.

3.3.2 连续型随机变量函数的分布

设(X,Y)的概率密度为 $f(x,y)$，$Z=g(X,Y)$是随机变量 X,Y 的函数，下面由(X,Y)的概率密度函数 $f(x,y)$来确定随机变量 Z 的概率密度 $f_Z(z)$.

用分布函数法[式(3-15)]求 Z 的分布函数务必记住，并灵活应用.

我们知道，对于任意的实数 z，随机变量 Z 的分布函数为

$$F_Z(z)=P\{Z\leqslant z\}=P\{g(X,Y)\leqslant z\}.$$

记 $G=\{(x,y)\mid g(x,y)\leqslant z\}$，那么

$$F_Z(z)=P\{(X,Y)\in G\}=\iint_G f(x,y)\mathrm{d}x\mathrm{d}y.\tag{3-15}$$

然后，由式(3-15)通过求导可以求出随机变量 Z 的概率密度函数 $f_Z(z)$，这种方法称为**分布函数法**.

例 3-15 设 X,Y 是相互独立的随机变量，且均服从 $N(0,\sigma^2)$的正态分布. 求 $Z=\sqrt{X^2+Y^2}$ 的概率密度.

解 X 与 Y 相互独立，故(X,Y)的概率密度为

$$f(x,y)=f_X(x)\cdot f_Y(y)=\frac{1}{2\pi\sigma^2}\exp\left\{-\frac{1}{2\sigma^2}(x^2+y^2)\right\},$$

下面确定 Z 的分布函数 $F_Z(z)$.

(1) 当 $z\leqslant 0$ 时，$F_Z(z)=P\{Z\leqslant z\}=P\{\sqrt{X^2+Y^2}\leqslant z\}=0$.

(2) 当 $z>0$ 时，

$$F_Z(z)=P\{\sqrt{X^2+Y^2}\leqslant z\}=\iint\limits_{\sqrt{x^2+y^2}\leqslant z} f(x,y)\mathrm{d}x\mathrm{d}y=\int_0^{2\pi}\mathrm{d}\theta\int_0^z\frac{1}{2\pi\sigma^2}e^{-\frac{r^2}{2\sigma^2}}r\mathrm{d}r=1-e^{-\frac{z^2}{2\sigma^2}},$$

则 Z 的分布函数

$$F_Z(z)=\begin{cases}1-e^{-\frac{z^2}{2\sigma^2}}, & z\geqslant 0,\\ 0, & z<0.\end{cases}$$

因

$$F_Z'(z)=\begin{cases}\dfrac{z}{\sigma^2}e^{-\frac{z^2}{2\sigma^2}}, & z>0,\\ 0, & z\leqslant 0,\end{cases}$$

那么 Z 的概率密度为

$$f_Z(z)=\begin{cases}\dfrac{z}{\sigma^2}\mathrm{e}^{-\frac{z^2}{2\sigma^2}}, & z>0,\\ 0, & z\leqslant 0.\end{cases}$$

我们称 Z 服从参数为 $\sigma(\sigma>0)$ 的瑞利(Rayleigh)分布.

下面介绍随机变量 X 与 Y 的和 $X+Y$ 的分布.

若 (X,Y) 的概率密度 $f(x,y)$ 已知,则 X,Y 的和函数 $Z=X+Y$ 的分布函数为

$$F_Z(z)=P\{Z\leqslant z\}=P\{X+Y\leqslant z\}=\iint\limits_{x+y\leqslant z}f(x,y)\mathrm{d}x\mathrm{d}y.$$

这里积分区域 $G=\{(x,y)\mid x+y\leqslant z\}$ 是直线 $x+y=z$ 左下方的半平面(见图 3-6),则

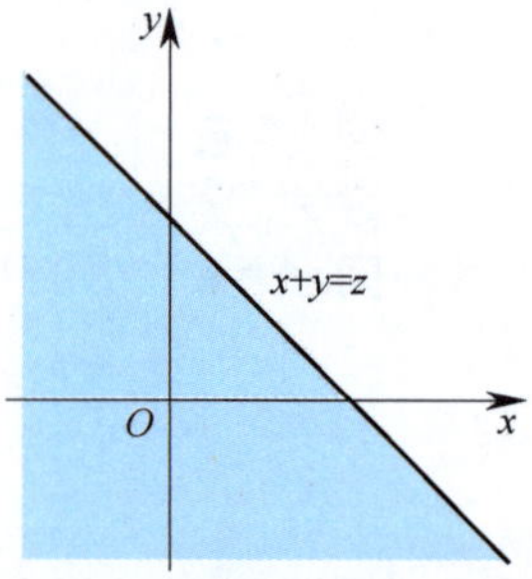

图 3-6

$$F_Z(z)=\int_{-\infty}^{+\infty}\left[\int_{-\infty}^{z-y}f(x,y)\mathrm{d}x\right]\mathrm{d}y,$$

或 $$F_Z(z)=\int_{-\infty}^{+\infty}\left[\int_{-\infty}^{z-x}f(x,y)\mathrm{d}y\right]\mathrm{d}x.$$

由此可得随机变量 Z 的概率密度为

$$f_Z(z)=\int_{-\infty}^{+\infty}f(z-y,y)\mathrm{d}y, \tag{3-16}$$

或

$$f_Z(z)=\int_{-\infty}^{+\infty}f(x,z-x)\mathrm{d}x. \tag{3-17}$$

当 X,Y 相互独立时,式(3-16)、式(3-17)即为

$$f_Z(z)=\int_{-\infty}^{+\infty}f_X(z-y)f_Y(y)\mathrm{d}y, \tag{3-18}$$

或 $$f_Z(z)=\int_{-\infty}^{+\infty}f_X(x)f_Y(z-x)\mathrm{d}x. \tag{3-19}$$

这两个公式称为**卷积公式**,记为 $f_X * f_Y$,其中 $f_X(x)$,$f_Y(y)$ 为 (X,Y) 关于 X,Y 的边缘概率密度.

例 3-16 的结论记住:正态分布的线性组合仍服从正态分布.

例 3-16 设 X,Y 是两个相互独立的随机变量,且 $X\sim N(\mu_1,\sigma_1^2)$,$Y\sim N(\mu_2,\sigma_2^2)$,求 $Z=X+Y$ 的概率密度.

解 由题设知

$$f_X(x)=\frac{1}{\sqrt{2\pi}\sigma_1}\mathrm{e}^{-\frac{(x-\mu_1)^2}{2\sigma_1^2}},\quad -\infty<x<+\infty,$$

$$f_Y(y)=\frac{1}{\sqrt{2\pi}\sigma_2}\mathrm{e}^{-\frac{(y-\mu_2)^2}{2\sigma_2^2}},\quad -\infty<y<+\infty.$$

由式(3-19),$Z=X+Y$ 的密度函数为

$$f_Z(z)=\int_{-\infty}^{+\infty}f_X(x)f_Y(z-x)\mathrm{d}x$$

$$=\int_{-\infty}^{+\infty}\frac{1}{2\pi\sigma_1\sigma_2}\mathrm{e}^{-\frac{(x-\mu_1)^2}{2\sigma_1^2}}\cdot\mathrm{e}^{-\frac{(z-x-\mu_2)^2}{2\sigma_2^2}}\mathrm{d}x$$

$$=\frac{1}{2\pi\sigma_1\sigma_2}\int_{-\infty}^{+\infty}\mathrm{e}^{-Ax^2+2Bx-C}\mathrm{d}x,$$

其中 $A=\dfrac{\sigma_1^2+\sigma_2^2}{2\sigma_1^2\sigma_2^2}$， $B=\dfrac{\mu_1}{2\sigma_1^2}+\dfrac{z-\mu_2}{2\sigma_2^2}$， $C=\dfrac{\mu_1^2}{2\sigma_1^2}+\dfrac{(z-\mu_2)^2}{2\sigma_2^2}$. 由于

$$\int_{-\infty}^{+\infty}\mathrm{e}^{-Ax^2+2Bx-C}\mathrm{d}x=\sqrt{\frac{\pi}{A}}\mathrm{e}^{-\frac{(AC-B^2)}{A}},$$

则

$$f_Z(z)=\frac{1}{2\pi\sigma_1\sigma_2}\sqrt{\frac{2\pi\sigma_1^2\sigma_2^2}{\sigma_1^2+\sigma_2^2}}\mathrm{e}^{-\frac{(z-\mu_1-\mu_2)^2}{2(\sigma_1^2+\sigma_2^2)}}$$

$$=\frac{1}{\sqrt{2\pi}\sqrt{\sigma_1^2+\sigma_2^2}}\mathrm{e}^{-\frac{(z-\mu_1-\mu_2)^2}{2(\sigma_1^2+\sigma_2^2)}},\quad -\infty<z<+\infty,$$

即 $X+Y\sim N(\mu_1+\mu_2,\sigma_1^2+\sigma_2^2)$.

上述结论可推广到几个相互独立且服从正态分布的情况. 进一步地，有限个相互独立且服从正态分布的随机变量的线性组合仍服从于正态分布.

例 3-17　设 X,Y 相互独立，且 $X\sim\Gamma(\lambda,\alpha_1)$，$Y\sim\Gamma(\lambda,\alpha_2)$，即 X,Y 的概率密度分别为

例 3-17 称为 Γ 分布的可加性，结论很重要.

$$f_X(x)=\begin{cases}\dfrac{\lambda^{\alpha_1}}{\Gamma(\alpha_1)}x^{\alpha_1-1}\mathrm{e}^{-\lambda x}, & x>0,\\ 0, & x\leqslant 0\end{cases}\quad(\alpha_1>0,\lambda>0),$$

$$f_Y(y)=\begin{cases}\dfrac{\lambda^{\alpha_2}}{\Gamma(\alpha_2)}y^{\alpha_2-1}\mathrm{e}^{-\lambda y}, & y>0,\\ 0, & y\leqslant 0\end{cases}\quad(\alpha_2>0,\lambda>0).$$

证明：$X+Y\sim\Gamma(\lambda,\alpha_1+\alpha_2)$.

证　由式(3-19)知，$z\leqslant 0$ 时，$Z=X+Y$ 的概率密度 $f_Z(z)=0$，当 $z>0$ 时，$Z=X+Y$ 的概率密度为

$$f_Z(z)=\int_{-\infty}^{+\infty}f_X(x)f_Y(z-x)\mathrm{d}x$$

$$=\int_0^z\frac{\lambda^{\alpha_1}}{\Gamma(\alpha_1)}x^{\alpha_1-1}\mathrm{e}^{-\lambda x}\cdot\frac{\lambda^{\alpha_2}}{\Gamma(\alpha_2)}(z-x)^{\alpha_2-1}\mathrm{e}^{-\lambda(z-x)}\mathrm{d}x$$

$$=\frac{\lambda^{\alpha_1+\alpha_2}\mathrm{e}^{-\lambda z}}{\Gamma(\alpha_1)\Gamma(\alpha_2)}\int_0^z x^{\alpha_1-1}(z-x)^{\alpha_2-1}\mathrm{d}x$$

$$\xlongequal{x=zt}\frac{\lambda^{\alpha_1+\alpha_2}}{\Gamma(\alpha_1)\Gamma(\alpha_2)}z^{\alpha_1+\alpha_2-1}\mathrm{e}^{-\lambda z}\int_0^1 t^{\alpha_1-1}(1-t)^{\alpha_2-1}\mathrm{d}t$$

$$=Az^{\alpha_1+\alpha_2-1}\mathrm{e}^{-\lambda z},$$

其中 $A=\dfrac{1}{\Gamma(\alpha_1)\Gamma(\alpha_2)}\lambda^{\alpha_1+\alpha_2}\int_0^1 t^{\alpha_1-1}(1-t)^{\alpha_2-1}\mathrm{d}t$. 下面来求 A，因

$$\int_{-\infty}^{+\infty} f_Z(z)\mathrm{d}z=1,$$

因此

$$A=\frac{1}{\Gamma(\alpha_1+\alpha_2)}\lambda^{\alpha_1+\alpha_2},$$

那么

$$f_Z(z)=\begin{cases}\dfrac{\lambda^{\alpha_1+\alpha_2}}{\Gamma(\alpha_1+\alpha_2)}z^{\alpha_1+\alpha_2-1}\mathrm{e}^{-\lambda z}, & z>0,\\ 0, & z\leqslant 0,\end{cases}$$

则可得 $X+Y\sim\Gamma(\lambda,\alpha_1+\alpha_2)$. 证毕.

该结论还能推广到若干个相互独立的服从 Γ 分布随机变量之和的情形，即若 $X_1,X_2,\cdots,X_n$ 相互独立，且 $X_i\sim\Gamma(\lambda,\alpha_i)$，$i=1,2,\cdots,n$，则 $X_1+X_2+\cdots+X_n\sim\Gamma\left(\lambda,\sum\limits_{i=1}^{n}\alpha_i\right)$，这称为 Γ 分布的可加性.

上面介绍的是随机变量和的分布. 同样也可以导出随机变量差的概率密度函数.

设随机变量 (X,Y) 的概率密度函数为 $f(x,y)$，则 $Z=X-Y$ 的概率密度函数为

$$f_Z(z)=\int_{-\infty}^{+\infty} f(x,x-z)\mathrm{d}x=\int_{-\infty}^{+\infty} f(y+z,y)\mathrm{d}y. \quad (3\text{-}20)$$

同样也可以考虑随机变量商的概率密度函数，看以下实例.

例 3-18 给出了柯西分布的本质.

例 3-18 设随机变量 $X\sim N(0,1)$，$Y\sim N(0,1)$ 且相互独立，求 $Z=\dfrac{Y}{X}$ 的概率分布密度函数.

解 设随机变量 (X,Y) 的概率密度函数为 $f(x,y)$，则 Z 的分布函数为

$$F_Z(z)=P\left\{\frac{Y}{X}\leqslant z\right\}=\iint\limits_{y/x\leqslant z} f(x,y)\mathrm{d}x\mathrm{d}y$$

$$=\iint\limits_{\substack{y/x\leqslant z\\ x<0}} f(x,y)\mathrm{d}x\mathrm{d}y+\iint\limits_{\substack{y/x\leqslant z\\ x>0}} f(x,y)\mathrm{d}x\mathrm{d}y.$$

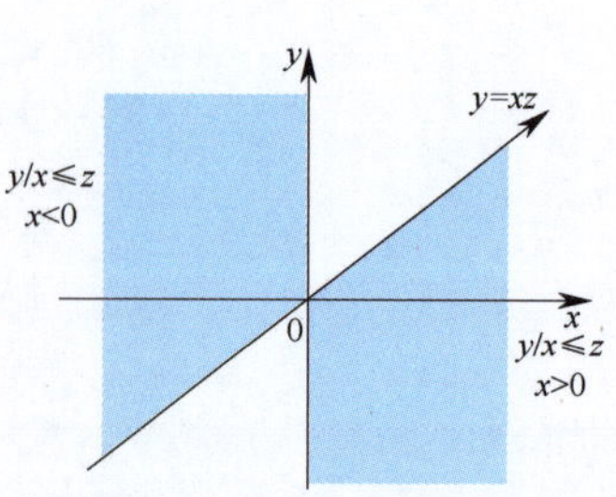

图 3-7

由图 3-7，上述积分可写成

$$F_Z(z)=\int_{-\infty}^{0}\left[\int_{xz}^{+\infty} f(x,y)\mathrm{d}y\right]\mathrm{d}x+\int_{0}^{+\infty}\left[\int_{-\infty}^{xz} f(x,y)\mathrm{d}y\right]\mathrm{d}x,$$

所以

$$f_Z(z)=F_Z'(z)=\int_{-\infty}^{0}[-xf(x,xz)]\mathrm{d}x+\int_{0}^{+\infty} xf(x,xz)\mathrm{d}x,$$

即

$$f_Z(z)=\int_{-\infty}^{+\infty}|x|f(x,xz)\mathrm{d}x. \tag{3-21}$$

式(3-21)为商 $Z=Y/X$ 的概率密度函数的一般公式.

试总结本章所学内容.

在本题中,

$$f_Z(z)=\int_{-\infty}^{+\infty}|x|\cdot\frac{1}{2\pi}\mathrm{e}^{-\frac{1}{2}x^2-\frac{1}{2}x^2z^2}\mathrm{d}x=\frac{1}{\pi(1+z^2)},$$

即 Z 服从柯西分布.

习题 3.3

10. 设(X,Y)的分布律为

X \ Y	-1	1
-1	$\frac{1}{4}$	$\frac{1}{8}$
1	$\frac{1}{4}$	$\frac{3}{8}$

试求 $Z_1=X+Y, Z_2=\dfrac{Y}{X}$ 的分布律.

11. 设随机变量 X,Y 相互独立,分布律分别为

X	-3	-2	-1
$P(X)$	$\frac{1}{4}$	$\frac{1}{4}$	$\frac{2}{4}$

,

Y	1	2	3
$P(Y)$	$\frac{2}{5}$	$\frac{1}{5}$	$\frac{2}{5}$

求:(1)(X,Y)的分布律;

(2)$Z_1=2X+Y$ 的分布律;

(3)$Z_2=X-Y$ 的分布律.

12. 设 X_1,X_2 相互独立服从同一分布,若 X_1 的分布律为$P\{X_1=i\}=\dfrac{1}{3}(i=1,2,3)$,又$X=\max\{X_1,X_2\}$,$Y=\min\{X_1,X_2\}$,求 X 与 Y 的分布律.

13. 设 X,Y 相互独立,其密度函数分别为

$$f_X(x)=\begin{cases}1, & 0\leqslant x\leqslant 1,\\ 0, & \text{其他},\end{cases}\qquad f_Y(y)=\begin{cases}\mathrm{e}^{-y}, & y>0,\\ 0, & y\leqslant 0,\end{cases}$$

求 $X+Y$ 及 $X-Y$ 的概率密度.

14. 设二维随机变量(X,Y)的概率密度为

$$f(x,y)=\begin{cases}3x, & 0<x<1,\quad 0<y<x,\\ 0, & \text{其他},\end{cases}$$

求 $Z=X-Y$ 的概率密度.

15. 设(X,Y)的密度函数为 $f(x,y)=\dfrac{1}{2\pi}\mathrm{e}^{-\frac{x^2+y^2}{2}}\,(x,y\in\mathbf{R})$,

$Z=X^2+Y^2$,求 Z 的概率密度.

复习题 3

16. 设(X,Y)的概率密度为

$$f(x,y)=\begin{cases}A(x+y), & 0<x<1,0<y<2,\\ 0, & \text{其他},\end{cases}$$

则 $A=($ $)$.

a. 3 b. $\frac{1}{3}$ c. 2 d. $\frac{1}{2}$

17. 设 X 与 Y 相互独立,概率分布为

X	0	1
$P(X)$	0.3	0.7

Y	0	1
$P(Y)$	0.2	0.8

则必有( ).

a. $X=Y$ b. $P\{X=Y\}=1$

c. $P\{X=Y\}=0.62$ d. $P\{X=Y\}=0$

18. 设随机变量 X_1,X_2,X_3 相互独立,且 $X_i\sim P(\lambda_i)$,则 $P\{X_1+X_2+X_3=m\}=($ $)$, $m=0,1,2,\cdots$.

a. 0 b. $\frac{(\lambda_1\lambda_2\lambda_3)^m}{m!}e^{-\lambda_1\lambda_2\lambda_3}$

c. $\frac{\frac{1}{3}(\lambda_1+\lambda_2+\lambda_3)}{m!}e^{-\frac{1}{3}(\lambda_1+\lambda_2+\lambda_3)}$ d. $\frac{(\lambda_1+\lambda_2+\lambda_3)^m}{m!}e^{-(\lambda_1+\lambda_2+\lambda_3)}$

19. 已知 X 与 Y 的联合分布如下表所示,则有( )(本题为多选题).

X \ Y	0	1	2
0	0.3	0.05	0.05
1	0	0.1	0.2
2	0.2	0.1	0

a. X 与 Y 不独立 b. X 与 Y 独立

c. X 的边缘概率分布为

X	0	1	2
$P(X)$	0.4	0.3	0.3

d. Y 的边缘概率分布为

Y	0	1	2
$P(Y)$	0.4	0.3	0.3

20. X_1, X_2 相互独立，X_1 服从 $B(1,0.6)$，X_2 服从 $\lambda=2$ 的泊松分布，则 X_1+X_2(　　).

a. 服从泊松分布　　b. 仍是离散型随机变量

c. 为二维随机变量　　d. 是连续型随机变量

21. 盒子里装有 3 只黑球，2 只白球，2 只红球，在其中任取 4 只球，以 X 表示取到黑球的只数，以 Y 表示取到红球的只数. 求(X,Y)的概率分布.

22. 假设电子显示牌上有 3 个灯泡在第一排，5 个灯泡在第二排，令 X, Y 分别表示在某一规定的时间内第一排和第二排烧坏的灯泡数，若 X 与 Y 的联合分布表如下：

X \ Y	0	1	2	3	4	5
0	0.01	0.01	0.03	0.05	0.07	0.09
1	0.01	0.02	0.04	0.05	0.06	0.08
2	0.01	0.03	0.05	0.05	0.05	0.06
3	0.01	0.01	0.04	0.06	0.06	0.05

试计算在规定时间内下列事件的概率.

(1) 第一排烧坏的灯泡数不超过 1 个；

(2) 第一排与第二排烧坏的灯泡数相等；

(3) 第一排烧坏的灯泡数不超过第二排烧坏的灯泡数.

23. (X,Y)只取下列数组中的值

$$(0,0),(-1,1),\left(-1,\frac{1}{3}\right),(2,0),$$

且相应的概率依次为$\frac{1}{6},\frac{1}{3},\frac{1}{12},\frac{5}{12}$. 列出$(X,Y)$的概率分布表并写出$(X,Y)$关于 Y 的边缘分布.

24. 已知(X,Y)的概率密度为

$$f(x,y)=\begin{cases} c\sin(x+y), & 0\leqslant x\leqslant\frac{\pi}{4},\quad 0\leqslant y\leqslant\frac{\pi}{4}, \\ 0, & \text{其他}, \end{cases}$$

试确定常数 c，并求(X,Y)关于 Y 的边缘概率密度.

25. 已知(X,Y)的分布函数为

$$F(x,y)=\begin{cases} c(1-\mathrm{e}^{-2x})(1-\mathrm{e}^{-y}), & x,y>0, \\ 0, & \text{其他}, \end{cases}$$

试求：(1) 常数 c；(2) (X,Y)的密度函数；(3) $P\{X+Y\leqslant 1\}$.

26. 求第 1 题中随机变量(X,Y)的边缘分布律.

27. 设二维随机变量(X,Y)的密度函数为

$$f(x,y)=\begin{cases}e^{-y}, & 0<x<y,\\ 0, & 其他,\end{cases}$$

求边缘概率密度.

28. 设二维随机变量(X,Y)的概率密度为

$$f(x,y)=\begin{cases}cx^2y, & 0\leqslant x\leqslant 1,\ x^2\leqslant y\leqslant 1,\\ 0, & 其他,\end{cases}$$

试求：(1) 常数c；(2)边缘概率密度.

29. X与Y相互独立，其概率分布如下：

X	-2	-1	0	$\frac{1}{2}$
$P(X)$	$\frac{1}{4}$	$\frac{1}{3}$	$\frac{1}{12}$	$\frac{1}{3}$

Y	$-\frac{1}{2}$	1	3
$P(Y)$	$\frac{1}{2}$	$\frac{1}{4}$	$\frac{1}{4}$

求(X,Y)的概率分布，$P\{X+Y=1\}$，$P\{X+Y\neq 0\}$.

30. 设随机变量(X,Y)的概率密度为

$$f(x,y)=\begin{cases}1, & 0<x<1,|y|<x,\\ 0 & 其他.\end{cases}$$

求条件概率密度函数$f_{Y|X}(y|x)$，$f_{X|Y}(x|y)$，并判断X和Y是否相互独立.

31. 设X和Y是两个相互独立的随机变量，X在$[0,1]$上服从均匀分布，Y的概率密度为

$$f_Y(y)=\begin{cases}\frac{1}{2}e^{-\frac{y}{2}}, & y>0,\\ 0, & y\leqslant 0.\end{cases}$$

(1) 求X和Y的联合概率密度；

(2) 设含有a的二次方程$a^2+2a+Y=0$，试求a有实根的概率.

32. 现将两封信投入编号为1、2、3、4的4个邮筒. 设X，Y分别表示投入第1号和第2号邮筒的信的数目，求：

(1) (X,Y)的联合分布，并判断X与Y的独立性；

(2) 随机变量$Z_1=2X+Y$与$Z_2=XY$的概率分布.

33. 一个商店星期四进货，以备星期五～星期日3天销售. 根据多周统计，这3天销售件数X_1，X_2，X_3彼此独立，且有如下分布.

X_1	10	11	12
$P(X_1)$	0.2	0.7	0.1

X_2	13	14	15
$P(X_2)$	0.3	0.6	0.1

X_3	17	18	19
$P(X_3)$	0.1	0.8	0.1

(1) 3 天的销售总量 $X=\sum_{i=1}^{3}X_i$，这个随机变量可以取哪些值？

(2) 如果进货 45 件，则不够卖的概率多大？

(3) 如果进货 40 件，则够卖的概率是多少？

34. 已知 $P\{X=k\}=\dfrac{a}{k}$，$P\{Y=-k\}=\dfrac{b}{k^2}$ $(k=1,2,3)$，X 与 Y 独立，试确定 a，b 的值并求出 (X,Y) 的概率分布以及 $X+Y$ 的概率分布.

第4章 随机变量的数字特征

数字技术的世界

随机变量的分布函数能够完整描述一个随机变量的统计规律性. 但在很多实际问题中，我们无法或并不要求了解这个规律性的全貌，只能或只需知道随机变量的某些特征. 例如，在检查灯泡或其他电子产品的质量时，我们首先关心的是它们的平均寿命，所谓随机变量的数字特征是指描述随机变量的某些特征的量(如平均值). 本章将介绍随机变量的常用数字特征：数学期望、方差、相关系数和矩.

4.1 数学期望

4.1.1 数学期望的定义

1. 离散型随机变量的数学期望

先看一个具体的例子.

例 4-1 某一班级有 N 个学生，进行数学期终考试，成绩统计如下：

X(学生成绩)	x_1	x_2	…	x_k
得 X 分的人数	N_1	N_2	…	N_k
P(得 X 分的人数)	$p_1=N_1/N$	$p_2=N_2/N$	…	$p_k=N_k/N$

求全班数学的平均成绩(其中 $N_1+N_2+\cdots+N_k=N$).

解 平均成绩等于总分数除总人数，因此平均成绩 μ 为

$$\mu=\frac{x_1N_1+x_2N_2+\cdots+x_kN_k}{N}=\sum_{i=1}^{k}x_i\frac{N_i}{N}=\sum_{i=1}^{k}x_ip_i.$$

由此可以看出，随机变量的均值是这个随机变量取得一切可能数值与相应概率乘积的总和，也是以相应的概率为权重的加权平均. 由此引出离散型随机变量的均值即数学期望的概念.

数学期望的本质是均值. 严格定义出于圣彼得堡悖论. 扫描这两页二维码，了解数学期望严格定义的来源.

定义 4-1 设离散型随机变量 X 的分布律为

X	x_1	x_2	…	x_k	…
$P(X)$	p_1	p_2	…	p_k	…

即 $P\{X=x_k\}=p_k, k=1,2,\cdots$. 若级数 $\sum\limits_{k=1}^{\infty}|x_k|p_k$ 收敛，则称级数 $\sum\limits_{k=1}^{\infty}x_k p_k$ 为随机变量 X 的**数学期望**或**均值**，记为 $E(X)$（或 EX），即

$$E(X)=\sum_{k=1}^{\infty}x_k p_k.$$

若级数 $\sum\limits_{k=1}^{\infty}|x_k|p_k$ 发散，则称 $E(X)$ 不存在.

例 4-2 说明在关注收益时要注意风险.

例 4-2　在有奖销售彩票活动中，每张彩票面值 2 元，一千万张设有一等奖 20 名，奖金 20 万或红旗轿车；二等奖 1000 名，奖金 3000 元或 25 寸彩电；三等奖 2000 名，奖金 1000 元或洗衣机；四等奖 100 万名，奖金 2 元. 买一张彩票收益的数学期望（平均收益）是多少？

解　设 X 为获奖的数值，则 X 的分布律为

X	0	2	1000	3000	200000
$P(X)$	899698/10000000	100/1000	2/10000	1/10000	20/10000000

$$E(X)=200000\times20/10000000+3000\times1/10000+$$
$$1000\times2/10000+2\times100/1000=1.100.$$

例 4-3　有甲、乙两个射手，他们的射击技术用下表数据来表示.

	甲射手(X_1)			乙射手(X_2)		
击中环数 X	8	9	10	8	9	10
$P\{X=x_k\}$	0.3	0.1	0.6	0.2	0.5	0.3

哪一个射手本领较高？

解　上面虽然用分布列描述了随机变量 X_1, X_2 的分布律，但是却不能明显地分出两射手本领的高低，所以有必要找出一个量，更集中更概括地反映随机变量的变化情况.

由甲射手的分布表得甲射手平均命中环数

$$E(X_1)=10\times0.6+9\times0.1+8\times0.3=9.3(\text{环}).$$

同样，对于乙射手平均命中环数为

$$E(X_2)=10\times0.3+9\times0.5+8\times0.2=9.1(\text{环}).$$

由以上讨论可以看到，从平均命中环数看，甲射手的射击水平比乙射手高.

例 4-4 是医学领域中应用的实例，说明概率统计具有应用价值.

例 4-4　在一个人数很多的团体中普查某种疾病，为此要抽验 N 个人的血，可以用两种方法进行. ①将每个人的血都分别去

验,这就需验 N 次;②按 k 个人一组进行分组,把 k 个人抽来的血混合在一起进行检验,如果这混合血液呈阴性,则这 k 个人的血就只需验一次,若呈阳性,则再对这 k 个人的血液分别进行化验. 这样,k 个人的血总共要化验 $k+1$ 次. 假设每个人化验呈阳性的概率为 p,且这些人的试验反应是相互独立的. 试说明当 p 较小时,选取适当的 k,按第二种方法可以减少化验的次数,并说明 k 取什么值时最适宜.

解 各人的血呈阴性反应的概率为 $q=1-p$,因而 k 个人的混合血呈阴性反应的概率为 q^k,k 个人的混合血呈阳性反应的概率为 $1-q^k$.

设以 k 个人为一组时,组内每人化验的次数为 X,则 X 是一个随机变量,其分布律为

X	$\frac{1}{k}$	$\frac{k+1}{k}$
$P(X)$	q^k	$1-q^k$

X 的数学期望为

$$E(X)=\frac{1}{k}q^k+\left(1+\frac{1}{k}\right)(1-q^k)=1-q^k+\frac{1}{k}.$$

N 个人平均需化验的次数为 $\left(1-q^k+\frac{1}{k}\right)N$.

由此可知,只要选择 k 使

$$1-q^k+\frac{1}{k}<1,$$

则 N 个人平均需化验的次数 $<N$. 当 p 固定时,选取 k 使得

$$L=1-q^k+\frac{1}{k}$$

小于 1 且取到最小值,这时就能得到最好的分组方法.

例如,$p=0.1$,则 $q=0.9$,当 $k=4$ 时,$L=1-q^k+\frac{1}{k}$ 取到最小值,此时得到最好的分组方法. 若 $N=1000$,此时以 $k=4$ 分组,则按第二方案平均只需化验

$$1000\left(1-0.9^4+\frac{1}{4}\right)=594(次),$$

这样平均来说,可以减少 40%的工作量.

下面来计算一些重要离散型随机变量的数学期望.

(1)0-1 分布 $B(1,p)$

若随机变量 $X\sim B(1,p)$,则其分布律为

X	0	1
$P(X)$	$1-p$	p

则

$$E(X)=0\times(1-p)+1\times p=p.$$

(2)二项分布 $B(n,p)$

若随机变量 $X\sim B(n,p)$,则其分布律为

$$P\{X=k\}=\mathrm{C}_n^k p^k q^{n-k},k=0,1,\cdots,n;q=1-p,$$

则

$$\begin{aligned}E(X) &= \sum_{k=0}^{n} kp_k \\ &= \sum_{k=1}^{n} k\cdot\frac{n!}{k!(n-k)!}p^k q^{n-k} \\ &= np\sum_{k=1}^{n}\frac{(n-1)!}{(k-1)!(n-k)!}p^{k-1}q^{n-k} \\ &= np\sum_{k=1}^{n}\mathrm{C}_{n-1}^{k-1}p^{k-1}q^{n-k} \\ &= np[\mathrm{C}_{n-1}^{0}p^0q^{n-1}+\mathrm{C}_{n-1}^{1}p^1q^{n-2}+\cdots+\mathrm{C}_{n-1}^{n-1}p^{n-1}q^0] \\ &= np(p+q)^{n-1} \\ &= np.\end{aligned}$$

(3)泊松分布 $P(\lambda)$

重点记住三个常用离散型分布的密度函数和数学期望.

若随机变量 $X\sim P(\lambda)$,则其分布律为

$$P\{X=k\}=\frac{\lambda^k}{k!}\mathrm{e}^{-\lambda},k=0,1,\cdots,$$

则

$$\begin{aligned}E(X) &= \sum_{k=0}^{\infty} kp_k \\ &= \sum_{k=1}^{\infty} k\cdot\frac{\lambda^k}{k!}\mathrm{e}^{-\lambda} \\ &= \lambda\sum_{k=1}^{\infty}\frac{\lambda^{k-1}}{(k-1)!}\mathrm{e}^{-\lambda} \\ &= \lambda\sum_{m=0}^{\infty}\frac{\lambda^m}{m!}\mathrm{e}^{-\lambda} = \lambda.\end{aligned}$$

2. 连续型随机变量的数学期望

对于连续型随机变量,其概率密度函数为 $f(x)$,注意到 $P\{x<X\leqslant x+\Delta x\}\approx f(x)\Delta x$ 相当于离散型随机变量中的 p_k,再考虑到随机变量 X 取值的连续性,可得连续型随机变量数学期望的定义.

记住连续型随机变量数学期望的定义,与离散型随机变量数学期望的定义,本质上是一致的.

定义 4-2　设连续型随机变量 X 的概率密度为 $f(x)$,若积分 $\int_{-\infty}^{+\infty}|x|f(x)\mathrm{d}x$. 收敛,则称积分 $\int_{-\infty}^{+\infty}xf(x)\mathrm{d}x$ 为 X 的数学期望或均值,记为 $E(X)$, 即

$$E(X)=\int_{-\infty}^{+\infty}xf(x)\mathrm{d}x,$$

若积分 $\int_{-\infty}^{+\infty} |x| f(x)\mathrm{d}x$ 发散，则 $E(X)$ 不存在.

下面来计算一些重要连续型随机变量的数学期望.

(1) 均匀分布 $U[a,b]$

若随机变量 $X \sim U[a,b]$，则其分布密度函数为

$$f(x)=\begin{cases}\dfrac{1}{b-a}, & a \leqslant x \leqslant b, \\ 0, & \text{其他}, \end{cases}$$

则

$$E(X)=\int_{-\infty}^{+\infty} x f(x)\mathrm{d}x=\int_a^b \frac{x}{b-a}\mathrm{d}x=\frac{a+b}{2}.$$

(2) 指数分布 $\mathrm{Exp}(\lambda)$

若随机变量 $X \sim \mathrm{Exp}(\lambda)$，则其分布密度函数为

$$f(x)=\begin{cases}\lambda \mathrm{e}^{-\lambda x}, & x>0, \\ 0, & x \leqslant 0\end{cases} \quad (\lambda>0),$$

则

$$E(X)=\int_{-\infty}^{+\infty} x f(x)\mathrm{d}x=\int_0^{+\infty} x\lambda \mathrm{e}^{-\lambda x}\mathrm{d}x=\lambda^{-1}.$$

记住常用连续型随机变量的概率密度函数与数学期望.

(3) 正态分布 $N(\mu,\sigma^2)$

若随机变量 $X \sim N(\mu,\sigma^2)$，则其分布密度函数为

$$f(x)=\frac{1}{\sqrt{2\pi}\sigma}\mathrm{e}^{-\frac{(x-\mu)^2}{2\sigma^2}}, \quad -\infty<x<+\infty, \quad \sigma>0,$$

则

$$\begin{aligned} E(X) &= \int_{-\infty}^{+\infty} x f(x)\mathrm{d}x \\ &= \int_{-\infty}^{+\infty}(x-\mu)f(x)\mathrm{d}x+\mu\int_{-\infty}^{+\infty} f(x)\mathrm{d}x \\ &= \int_{-\infty}^{+\infty}(x-\mu)\cdot\frac{1}{\sqrt{2\pi}\sigma}\mathrm{e}^{-\frac{1}{2\sigma^2}(x-\mu)^2}\mathrm{d}x+\mu \\ &\xlongequal{x-\mu=t} \int_{-\infty}^{+\infty} t\cdot\frac{1}{\sqrt{2\pi}\sigma}\mathrm{e}^{-\frac{1}{2\sigma^2}t^2}\mathrm{d}t+\mu \\ &= \mu. \end{aligned}$$

上面最后一步用到奇函数在对称区间上积分为0的性质.

4.1.2 随机变量函数的数学期望

在实际问题与理论研究中，常遇到求随机变量函数的数学期望问题. 可先求出随机变量函数的分布，然后根据定义求数学期望. 但随机变量函数的分布一般计算较繁，可以通过下面的定理来计算随机变量函数的数学期望.

定理 4-1 设随机变量 X 的函数 $Y=g(X)$ 为连续函数，则

1）若 X 为离散型随机变量，分布律为 $P\{X=x_k\}=p_k, k=1, 2,\cdots$，且 $\sum\limits_{k=1}^{\infty} |g(x_k)| p_k$ 收敛，则

$$E(Y)=E[g(X)]=\sum_{k=1}^{\infty} g(x_k) p_k .$$

2）若 X 为连续型随机变量，概率密度为 $f(x)$，且

$$\int_{-\infty}^{+\infty} |g(x)| f(x) \mathrm{d} x$$

收敛. 那么

$$E(Y)=E[g(X)]=\int_{-\infty}^{+\infty} g(x) f(x) \mathrm{d} x .$$

定理 4-1、定理 4-2 是求随机变量函数数学期望的重要定理，记住并灵活应用.

特别地，当 $Y=g(X)=X$ 时，定理 4-1 与前面引入的随机变量的数学期望的定义是一致的.

定理 4-2 设随机变量 (X,Y) 的函数 $Z=g(X,Y)$ 为连续函数，则

1）若 (X,Y) 为离散型随机变量，分布律为

$$P\{X=x_i, Y=y_j\}=p_{ij}, \quad i,j=1,2,\cdots,$$

且 $\sum\limits_{i=1}^{\infty}\sum\limits_{j=1}^{\infty} |g(x_i, y_j)| p_{ij}$ 收敛，那么

$$E(Z)=E[g(X,Y)]=\sum_{i=1}^{\infty}\sum_{j=1}^{\infty} g(x_i, y_j) p_{ij} .$$

2）若 (X,Y) 为连续型随机变量，概率密度为 $f(x,y)$，且

$$\int_{-\infty}^{+\infty}\int_{-\infty}^{+\infty} |g(x,y)| f(x,y) \mathrm{d} x \mathrm{d} y$$

收敛，那么

$$E(Z)=E[g(X,Y)]=\int_{-\infty}^{+\infty}\int_{-\infty}^{+\infty} g(x,y) f(x,y) \mathrm{d} x \mathrm{d} y .$$

特别地，当 $Z=g(X,Y)=X$ 与 $Z=g(X,Y)=Y$ 时，$E[g(X,Y)]$ 为二维随机变量 (X,Y) 的分量 X 与 Y 的数学期望.

例 4-5 假定国际市场每年对我国某种产品的需求量是一个随机变量 X（单位：t），它服从 $[2000,4000]$ 上的均匀分布. 已知每售出 1t 该商品，就可以赚回外汇 3 万美元，但若销售不出，则每吨仓储需费用 1 万美元. 那么，外贸部门每年应组织多少货源，才能使收益最大？

解 收益是销售量与组织的货源数量共同决定的. 以 y 记组织的货源数量，问题是要确定一个最优的 y，为此需确定这些量之间的关系. 由于销售量与需求量有关，后者是一个随机变量 X，因此收益是 X 的函数，并且也是一个随机变量，记之为 Y. 显然可以只考

虑供应量 $2000\leqslant y\leqslant 4000$ 的情况,则可有下述关系式

$$Y=g(X)=\begin{cases}3y, & \text{当 } X\geqslant y \text{ 时},\\ 3X-(y-X), & \text{当 } X<y \text{ 时}.\end{cases}$$

这是因为,当需求量 $X\geqslant$ 供给量 y 时,货物可全部售出,而当供货量大于需求量时,需付出仓储费用.则

$$\begin{aligned}E(Y)&=\int_{-\infty}^{+\infty}g(x)f(x)\mathrm{d}x\\&=\frac{1}{2000}\int_{2000}^{4000}g(x)\mathrm{d}x\\&=\frac{1}{2000}\int_{2000}^{y}(4x-y)\mathrm{d}x+\frac{1}{2000}\int_{y}^{4000}3y\mathrm{d}x\\&=\frac{1}{1000}(-y^2+7000y-4\times 10^6).\end{aligned}$$

由于 Y 是一个随机变量,因此收益最大也就是使平均收益 $E(Y)$ 最大.上式在 $y=3500\mathrm{t}$ 时达到最大值,因此外贸部门应组织 3500t 该种商品.

4.1.3 数学期望的性质

下面给出数学期望的几个性质,并假设所提到的数学期望都存在.

性质1 (线性性质)$E(C_1X+C_2Y)=C_1E(X)+C_2E(Y)$ (C_1,C_2 为常数).

证 (只证(X,Y)是连续型随机变量的情况,离散型情况类似,由读者自证).设(X,Y)的概率密度为 $f(x,y)$,边缘分布为 $f_X(x)$,$f_Y(y)$,由上式得

$$\begin{aligned}E(C_1X+C_2Y)&=\int_{-\infty}^{+\infty}\int_{-\infty}^{+\infty}(C_1x+C_2y)f(x,y)\mathrm{d}x\mathrm{d}y\\&=C_1\int_{-\infty}^{+\infty}\int_{-\infty}^{+\infty}xf(x,y)\mathrm{d}x\mathrm{d}y+C_2\int_{-\infty}^{+\infty}\int_{-\infty}^{+\infty}yf(x,y)\mathrm{d}x\mathrm{d}y\\&=C_1\int_{-\infty}^{+\infty}xf_X(x)\mathrm{d}x+C_2\int_{-\infty}^{+\infty}yf_Y(y)\mathrm{d}y\\&=C_1E(X)+C_2E(Y),\end{aligned}$$

证毕.

这一性质可以推广到任意有限个随机变量和的情形,见推论3.

推论1 C 为常数,则 $E(C)=C$.

推论2 设 X 是一个随机变量,C 是常数,则有 $E(CX)=CE(X)$.

推论3 1) $E\left(\sum_{i=1}^{n}C_iX_i\right)=\sum_{i=1}^{n}C_iE(X_i)$;

$$2)E\left(\sum_{i=1}^{n}X_i\right)=\sum_{i=1}^{n}E(X_i),E\left(\frac{1}{n}\sum_{i=1}^{n}X_i\right)=\frac{1}{n}\sum_{i=1}^{n}E(X_i),$$

其中 C_i 为常数，X_i 为随机变量，$i=1,2,\cdots,n$.

性质 2　设 X 和 Y 是两个相互独立的随机变量，则有

$$E(XY)=E(X)E(Y).$$

性质 2 反之未必成立. 试举出反例. 参看课件.

证　根据 X 与 Y 相互独立的假设，(X,Y) 的概率密度与边缘概率密度之间存在关系式 $f(x,y)=f_X(x)f_Y(y)$，则

$$\begin{aligned}E(XY)&=\int_{-\infty}^{+\infty}\int_{-\infty}^{+\infty}xyf(x,y)\mathrm{d}x\mathrm{d}y\\&=\int_{-\infty}^{+\infty}\int_{-\infty}^{+\infty}xyf_X(x)f_Y(y)\mathrm{d}x\mathrm{d}y\\&=\left[\int_{-\infty}^{+\infty}xf_X(x)\mathrm{d}x\right]\left[\int_{-\infty}^{+\infty}yf_Y(y)\mathrm{d}y\right]\\&=E(X)E(Y),\end{aligned}$$

证毕.

这一性质也可以推广到任意有限个相互独立的随机变量之积的情形，若 $X_1,X_2,\cdots,X_n$ 相互独立，则

$$E(X_1X_2\cdots X_n)=E(X_1)E(X_2)\cdots E(X_n).$$

值得注意的是：性质 2 的逆命题未必成立. 例如设 $X\sim N(0,1)$，$Y=X^2$，显然随机变量 X,Y 不独立，可验证 $E(XY)=E(X)E(Y)$ 成立.

例 4-6　伯努利试验中，事件 A 发生的概率为 p，将此试验独立重复进行 n 次，即 n 重伯努利试验，以 X 表示 n 重伯努利试验中事件 A 发生的次数，则 $X\sim B(n,p)$，求 $E(X)$.

解　设 $X_i=\begin{cases}1, & \text{第 } i \text{ 次伯努利试验中 } A \text{ 发生},\\0, & \text{第 } i \text{ 次伯努利试验中 } A \text{ 不发生},\end{cases}$ $i=1,2,\cdots,n$，显然 $X_1,X_2,\cdots,X_n$ 独立同服从 0-1 分布 $B(1,p)$，即

X_i	0	1
p	$1-p$	p

，　$i=1,2,\cdots,n$，且 $E(X_i)=p$.

根据题意有

$$X=\sum_{i=1}^{n}X_i\sim B(n,p).$$

根据数学期望的线性性质有

$$E(X)=\sum_{i=1}^{n}E(X_i)=np.$$

总结本节内容，扫描二维码.

由此可以看出，求二项分布的数学期望利用期望的性质要比直接用定义来做要简单得多.

习题 4.1

1. 设离散型随机变量 X 的分布为

X	0	1	2
$P(X)$	$\frac{1}{3}$	$\frac{1}{6}$	$\frac{1}{2}$

求 $E(X)$.

2. 设离散型随机变量 X 的分布为

X	4	5	6	7	8	9	10
$P(X)$	0.5	0.2	0.1	0.1	0.04	0.03	0.03

求 $E(X)$.

3. 在同样的条件下,用甲、乙两种方法测量某一零件的长度(单位:mm),由大量测量结果得到它们的分布为

长度 ρ/mm	48	49	50	51	52
P(甲)	0.1	0.1	0.6	0.1	0.1
P(乙)	0.2	0.2	0.2	0.2	0.2

试求它们的数学期望.

4. 设随机变量 X 的分布为

X	-1	0	2	3
$P(X)$	$\frac{1}{8}$	$\frac{1}{4}$	$\frac{3}{8}$	$\frac{1}{4}$

求 $E(X)$,$E(X^2)$.

5. 设 X 的分布函数为

$$F(x)=\begin{cases}0, & x<-1,\\ 0.2, & 1\leqslant x<2,\\ 0.3, & 2\leqslant x<3,\\ 0.9, & 3\leqslant x<4,\\ 1, & x\geqslant 4,\end{cases}$$

求 X 的概率分布及 $E(X)$.

6. 设 X 的分布函数为

$$F(x)=\begin{cases}0, & x<-1,\\ \dfrac{1}{2}+\dfrac{1}{\pi}\arcsin x, & -1\leqslant x\leqslant 1,\\ 1, & x>1,\end{cases}$$

求 $E(X)$.

7. 设 X 的分布函数为

$$F(x)=\begin{cases}0, & x<0,\\ Ax^2, & 0\leqslant x\leqslant 1,\\ 1, & x>1,\end{cases}$$

求常数 A 及 X 的数学期望 $E(X)$.

8. 设 X 的概率密度为

$$f(x)=\begin{cases}x, & 0\leqslant x<1,\\ 2-x, & 1\leqslant x<2,\\ 0, & \text{其他}.\end{cases}$$

求 X 的数学期望 $E(X)$.

9. 设 X 的概率密度为

$$f(x)=\begin{cases}\dfrac{3}{(x+1)^4}, & x>0,\\ 0, & x\leqslant 0,\end{cases}$$

求 X 的数学期望 $E(X)$.

10. 设随机变量 X 的概率密度为

$$f(x)=\begin{cases}e^{-x}, & x>0,\\ 0, & x\leqslant 0,\end{cases}$$

求：(1) $Y=2X$；(2) $Y=e^{-2X}$ 的数学期望.

4.2 方差

随机变量的数学期望表示随机变量 X 的均值，是随机变量的一个重要的数字特征，但在许多实际问题中，还需要了解随机变量 X 的取值对期望值 $E(X)$ 的偏离程度. 为此，引进随机变量的另一个重要数字特征——方差.

4.2.1 方差的定义

定义 4-3 设 X 为随机变量，若 $E\{[X-E(X)]^2\}$ 存在，则称之为随机变量 X 的**方差**，用 $D(X)$ 或 $\mathrm{Var}(X)$ 表示，即

$$D(X)=E\{[X-E(X)]^2\}.$$

方差 $D(X)$ 反映了随机变量 X 取值关于 $E(X)$ 的离散程度，方差越大，则 X 取值越分散；方差越小，则 X 的取值越集中. 对于方差，做以下几点说明：

1)方差是非负的常数.

2)方差与 X 的量纲不一致，为与 X 的量纲一致我们使用方差的算术平方根来计量随机变量 X 取值的离散程度，称这个数字特征为 X 的**标准差**或称**均方差**，记作 $\mathrm{Std}(X)$，即

$$\text{Std}(X)=\sqrt{D(X)}=\sqrt{E\{[X-E(X)]^2\}}.$$

记住方差的定义，并记住重要公式：$DX=E(X^2)-[E(X)]^2$.

3）对离散型随机变量 X，若分布律为 $p_k=P\{X=x_k\},k=1,2,\cdots$，则由定义知

$$D(X)=\sum_{k=1}^{\infty}[x_k-E(X)]^2p_k.$$

对于连续型随机变量 X，若概率密度为 $f(x)$，则由定义知

$$D(X)=\int_{-\infty}^{+\infty}[x-E(X)]^2f(x)\mathrm{d}x.$$

4）由于 $E(X)$ 是一个常数，因此根据数学期望的线性性质，有

$$\begin{aligned}D(X)&=E\{[X-E(X)]^2\}\\&=E\{X^2-2XE(X)+[E(X)]^2\}\\&=E(X^2)-2E(X)E(X)+[E(X)]^2\\&=E(X^2)-[E(X)]^2,\end{aligned}$$

即 $D(X)=E(X^2)-[E(X)]^2$.

我们常常利用这个公式计算方差 $D(X)$.

下面计算一些重要分布的方差，为书写方便，一律假定相应的随机变量为 X.

1. 0-1分布 $B(1,p)$

若随机变量 $X\sim B(1,p)$，其分布律为

X	0	1
$P(X)$	$1-p$	p

则

推导并记住0-1分布的方差.

$$E(X^2)=p,\quad D(X)=p(1-p).$$

2. 二项分布 $B(n,p)$

若随机变量 $X\sim B(n,p)$，其分布律为

$$P\{X=k\}=\mathrm{C}_n^kp^kq^{n-k},\quad k=0,1,\cdots,n,\quad q=1-p,$$

则

$$\begin{aligned}E(X^2)&=E[X(X-1)+X]\\&=\sum_{k=0}^{n}k(k-1)\cdot\frac{n!}{k!(n-k)!}p^kq^{n-k}+np\\&=\sum_{k=2}^{n}\frac{n(n-1)(n-2)!}{(k-2)!(n-k)!}p^kq^{n-k}+np\\&=n(n-1)p^2\sum_{k=2}^{n}\mathrm{C}_{n-2}^{k-2}p^{k-2}q^{n-k}+np\\&=n(n-1)p^2+np\\&=n^2p^2+np(1-q)+np\\&=n^2p^2+npq,\end{aligned}$$

推导并记住二项分布的方差.

$$D(X)=E(X^2)-[E(X)]^2=npq+n^2p^2-n^2p^2=npq.$$

3. 泊松分布 $P(\lambda)$

若随机变量 $X\sim P(\lambda)$，其分布律为

$$P\{X=k\}=\frac{\lambda^k}{k!}e^{-\lambda},\quad k=0,1,2,\cdots,$$

则

$$\begin{aligned}E(X^2)&=E[X(X-1)+X]\\&=\sum_{k=0}^{\infty}k(k-1)\cdot\frac{\lambda^k}{k!}e^{-\lambda}+E(X)\\&=\sum_{k=2}^{\infty}\frac{\lambda^k}{(k-2)!}e^{-\lambda}+E(X)\\&=\lambda^2e^{-\lambda}\sum_{k=2}^{\infty}\frac{\lambda^{k-2}}{(k-2)!}+\lambda\\&=\lambda^2e^{-\lambda}\cdot e^{\lambda}+\lambda\\&=\lambda^2+\lambda,\end{aligned}$$

$$D(X)=E(X^2)-[E(X)]^2=\lambda^2+\lambda-\lambda^2=\lambda.$$

推导并记住泊松分布的方差.

4. 均匀分布 $U[a,b]$

若随机变量 $X\sim U[a,b]$，其分布密度函数为

$$f(x)=\begin{cases}\dfrac{1}{b-a}, & a\leqslant x\leqslant b,\\ 0, & \text{其他},\end{cases}$$

则

$$E(X^2)=\int_a^b x^2\frac{1}{b-a}dx=\frac{1}{3}(b^2+ab+a^2),$$

$$\begin{aligned}D(X)&=E(X^2)-[E(X)]^2\\&=\frac{1}{3}(b^2+ab+a^2)-\left(\frac{a+b}{2}\right)^2\\&=\frac{(b-a)^2}{12}.\end{aligned}$$

推导并记住均匀分布的方差.

5. 指数分布 $\mathrm{Exp}(\lambda)$

若随机变量 $X\sim \mathrm{Exp}(\lambda)$，其分布密度函数为

$$f(x)=\begin{cases}\lambda e^{-\lambda x}, & x>0,\\ 0, & x\leqslant 0\end{cases}\quad(\lambda>0),$$

$$E(X^2)=\int_0^{+\infty}x^2\lambda e^{-\lambda x}dx=2\lambda^{-2},$$

$$D(X)=E(X^2)-[E(X)]^2=2\lambda^{-2}-(\lambda^{-1})^2=\lambda^{-2}.$$

推导并记住指数分布的方差.

6. 正态分布 $N(\mu,\sigma^2)$

若随机变量 $X\sim N(\mu,\sigma^2)$，其分布密度函数为

$$f(x)=\frac{1}{\sqrt{2\pi}\sigma}e^{-\frac{(x-\mu)^2}{2\sigma^2}},\quad -\infty<x<+\infty,\quad \sigma>0,$$

则

$$D(X)=E\{[X-E(X)]^2\}$$
$$=E[(X-\mu)^2]$$
$$=\int_{-\infty}^{+\infty}\frac{(x-\mu)^2}{\sqrt{2\pi}\sigma}e^{-\frac{(x-\mu)^2}{2\sigma^2}}dx.$$

令 $y=\dfrac{x-\mu}{\sigma}$ 得

$$D(X)=\frac{\sigma^2}{\sqrt{2\pi}}\int_{-\infty}^{+\infty}y^2e^{-\frac{y^2}{2}}dy$$
$$=\frac{\sigma^2}{\sqrt{2\pi}}\int_{-\infty}^{+\infty}y\,d\left(-e^{\frac{1}{2}y^2}\right)$$
$$=\frac{\sigma^2}{\sqrt{2\pi}}\left[\left(-ye^{-\frac{y^2}{2}}\right)\Big|_{-\infty}^{+\infty}+\int_{-\infty}^{+\infty}e^{-\frac{y^2}{2}}dy\right]$$

推导并记住正态分布的方差.

$$=\frac{\sigma^2}{\sqrt{2\pi}}\sqrt{2\pi}=\sigma^2.$$

这结果表明,正态分布的随机变量 X 的方差是第二个参数 σ^2.

现将上面得到的几种重要分布的数学期望与方差汇集于下表:

务必记住该表格.

分布名称	分布律或概率密度	数学期望	方差
0-1分布 $B(1,p)$	$P\{X=0\}=1-p$ $P\{X=1\}=p$	p	$p(1-p)$
二项分布 $B(n,p)$	$P\{X=k\}=C_n^kp^k(1-p)^{n-k}$, $k=0,1,\cdots,n,0<p<1$	np	$np(1-p)$
泊松分布 $P(\lambda)$	$P\{X=k\}=\dfrac{\lambda^k}{k!}e^{-\lambda}$, $k=0,1,\cdots,\lambda>0$	λ	λ
均匀分布 $U[a,b]$	$f(x)=\begin{cases}\dfrac{1}{b-a}, & a\leqslant x\leqslant b,\\ 0, & 其他\end{cases}$	$\dfrac{a+b}{2}$	$\dfrac{(b-a)^2}{12}$
指数分布 $\mathrm{Exp}(\lambda)$	$f(x)=\begin{cases}\lambda e^{-\lambda x}, & x>0,\\ 0, & x\leqslant 0,\end{cases}$ $\lambda>0$	λ^{-1}	λ^{-2}
正态分布 $N(\mu,\sigma^2)$	$f(x)=\dfrac{1}{\sqrt{2\pi}\sigma}e^{-\frac{(x-\mu)^2}{2\sigma^2}}$, $-\infty<x<+\infty$, $-\infty<\mu<+\infty,\sigma>0$	μ	σ^2

例 4-7 设甲、乙两炮射击弹着点与目标的距离分别为 X_1、X_2(为方便起见,假定只取离散值)并有如下表所示的分布规律,问甲、乙两炮哪一个更为精确?

炮	甲(X_1)					乙(X_2)				
距离 X/m	80	85	90	95	100	85	87.5	90	95	92.5
概率 $P(X)$	0.2	0.2	0.2	0.2	0.2	0.2	0.2	0.2	0.2	0.2

解　$E(X_1)=90, E(X_2)=90$.

由此看出，甲、乙两炮有相同的期望值.

$$D(X_1)=(80-90)^2\times0.2+(85-90)^2\times0.2+(90-90)^2\times 0.2+(95-90)^2\times0.2+(100-90)^2\times0.2=50,$$

$$D(X_2)=(85-90)^2\times0.2+(87.5-90)^2\times0.2+(90-90)^2\times 0.2+(95-90)^2\times0.2+(92.5-90)^2\times0.2=12.5.$$

所以乙炮弹着点的离散程度比较小，乙炮较甲炮准确.

4.2.2　方差的性质

下面给出方差的性质，并假定所涉及随机变量的方差均存在.

性质 1　设 C 为常数，则 $D(C)=0$.

性质 2　设 X 与 Y 是相互独立的随机变量，则

$$D(C_1X+C_2Y)=C_1^2D(X)+C_2^2D(Y),$$

其中 C_1, C_2 为常数.

证　$D(C_1X+C_2Y)$

$$=E\{[(C_1X+C_2Y)-E(C_1X+C_2Y)]^2\}$$
$$=E\{[C_1(X-E(X))+C_2(Y-E(Y))]^2\}$$
$$=C_1^2D(X)+2C_1C_2E[(X-E(X))(Y-E(Y))]+C_2^2D(Y)$$

因

$$E\{[X-E(X)][Y-E(Y)]\}$$
$$=E[XY+E(X)E(Y)-XE(Y)-YE(X)]$$
$$=E(XY)+E(X)E(Y)-E(X)E(Y)-E(Y)E(X)$$
$$=E(XY)-E(X)E(Y),$$

由假设 X 与 Y 相互独立，故 $E(XY)=E(X)E(Y)$，从而上式右端为 0，于是由前式即得

$$D(C_1X+C_2Y)=C_1^2D(X)+C_2^2D(Y).$$

证毕.

推论 1　设 C_1, C_2 为常数，则

$$D(C_1X+C_2)=C_1^2D(X).$$

性质 2 中取 Y 为常数 1，即得推论 1.

推论 2　若随机变量 X, Y 独立，则

$$D(X\pm Y)=D(X)+D(Y).$$

性质 2 中 C_1, C_2 取 1，即可得推论 2.

推论 3　设 $X_1, X_2, \cdots, X_n$ 为相互独立的随机变量，则

利用性质 2，你能推出推论 3 吗?

$$D\left(\sum_{i=1}^{n}X_i\right)=\sum_{i=1}^{n}D(X_i),\quad D\left(\frac{1}{n}\sum_{i=1}^{n}X_i\right)=\frac{1}{n^2}\sum_{i=1}^{n}D(X_i).$$

性质 3 $D(X)=0$ 的充要条件是随机变量 X 依概率 1 取常数 C，即

$$P\{X=C\}=1.$$

证略. 显然，这里 $C=E(X)$.

性质 4 结论很重要，记牢.

性质 4 设随机变量 $X_1,X_2,\cdots,X_n$ 相互独立，且 $X_i\sim N(\mu_i,\sigma_i^2)$，$i=1,2,\cdots,n$，则随机变量

$$\sum_{i=1}^{n}C_iX_i\sim N(\mu,\sigma^2).$$

其中 $\mu=\sum_{i=1}^{n}C_i\mu_i$，$\sigma^2=\sum_{i=1}^{n}C_i^2\sigma_i^2$，$C_i$ 为常数，$i=1,2,\cdots,n$.

证 根据例 3-16 的结果，正态分布的线性组合仍服从正态分布，得

$$E\left(\sum_{i=1}^{n}C_iX_i\right)=\sum_{i=1}^{n}C_iE(X_i)=\sum_{i=1}^{n}C_i\mu_i=\mu,$$

$$D\left(\sum_{i=1}^{n}C_iX_i\right)=\sum_{i=1}^{n}D(C_iX_i)=\sum_{i=1}^{n}C_i^2\sigma_i^2=\sigma^2,$$

所以

$$\sum_{i=1}^{n}C_iX_i\sim N(\mu,\sigma^2).$$

例 4-8 设 $X_1,X_2,\cdots,X_n$ 为相互独立的随机变量，均服从标准正态分布 $N(0,1)$，且 $Y=\frac{1}{n}\sum_{i=1}^{n}X_i$，试求随机变量 Y 的概率密度函数.

解 $E(Y)=\frac{1}{n}\sum_{i=1}^{n}E(X_i)=0$,

$$D(Y)=\frac{1}{n^2}\sum_{i=1}^{n}D(X_i)=\frac{1}{n^2}\sum_{i=1}^{n}1=\frac{1}{n}.$$

根据性质 4，有

$$f_Y(y)=\frac{1}{\sqrt{2\pi\cdot\frac{1}{n}}}\exp\left\{-\frac{1}{2\cdot\frac{1}{n}}y^2\right\}$$

$$=\sqrt{\frac{n}{2\pi}}\exp\left\{-\frac{n}{2}y^2\right\}.$$

例 4-9 设随机变量 (X,Y) 的分布密度函数为

$$f(x,y)=\begin{cases}\frac{2}{\pi}, & x^2+y^2\leqslant 1, y\geqslant 0,\\ 0, & \text{其他}.\end{cases}$$

求 $E(X),D(X),E(Y)$.

解

$$E(X)=\iint\limits_{x^2+y^2\leqslant 1,\ y\geqslant 0} xf(x,y)\mathrm{d}x\mathrm{d}y$$

$$=\int_0^1 \mathrm{d}y\int_{-\sqrt{1-y^2}}^{\sqrt{1-y^2}} x\cdot\frac{2}{\pi}\mathrm{d}x=0\text{（奇对称）},$$

$$E(X^2)=\frac{2}{\pi}\int_{-1}^{1}\mathrm{d}x\int_0^{\sqrt{1-x^2}} x^2\mathrm{d}y$$

$$=\frac{2}{\pi}\int_{-1}^{1} x^2\sqrt{1-x^2}\,\mathrm{d}x$$

$$\xlongequal{x=\sin t}\frac{2}{\pi}\int_{-\frac{\pi}{2}}^{\frac{\pi}{2}}\sin^2 t\cos^2 t\,\mathrm{d}t$$

$$=\frac{1}{\pi}\int_0^{\frac{\pi}{2}}\sin^2 2t\,\mathrm{d}t$$

$$=\frac{1}{\pi}\int_0^{\frac{\pi}{2}}\frac{1-\cos 4t}{2}\mathrm{d}t=\frac{1}{4},$$

$$D(X)=E(X^2)-(EX)^2=\frac{1}{4},$$

$$E(Y)=\frac{2}{\pi}\int_{-1}^{1}\mathrm{d}x\int_0^{\sqrt{1-x^2}} y\mathrm{d}y=\frac{1}{\pi}\int_{-1}^{1} y^2\Big|_0^{\sqrt{1-x^2}}\mathrm{d}x$$

$$=\frac{1}{\pi}\int_{-1}^{1}(1-x^2)\mathrm{d}x=\frac{4}{3\pi}.$$

例 4-10　设随机变量(X,Y)相互独立，均服从 $N(0,1)$，求 $Z=\sqrt{X^2+Y^2}$的数学期望 $E(Z)$.

解　$(X,Y)\sim f(x,y)=\dfrac{1}{2\pi}\mathrm{e}^{-\frac{x^2+y^2}{2}}$.

所以，

$$E(Z)=\iint\limits_D Z\cdot f(x,y)\mathrm{d}\sigma\qquad (D\text{ 为全平面})$$

$$=\int_0^{2\pi}\mathrm{d}\theta\int_0^{+\infty}\frac{1}{2\pi}\mathrm{e}^{-\frac{r^2}{2}}r^2\mathrm{d}r$$

$$=\int_0^{+\infty}\mathrm{e}^{-\frac{r^2}{2}}r\mathrm{d}\frac{r^2}{2}$$

$$=-\int_0^{+\infty} r\mathrm{d}\mathrm{e}^{-\frac{r^2}{2}}$$

$$=-\left[r\mathrm{e}^{-\frac{r^2}{2}}\Big|_0^{+\infty}-\sqrt{2\pi}\int_0^{+\infty}\frac{1}{\sqrt{2\pi}}\mathrm{e}^{-\frac{r^2}{2}}\mathrm{d}r\right]$$

$$=\frac{\sqrt{2\pi}}{2}\left(\text{用到}\int_{-\infty}^{+\infty}\frac{1}{\sqrt{2\pi}}\mathrm{e}^{-\frac{x^2}{2}}\mathrm{d}x=1\right).$$

习题 4.2

11. 设离散型随机变量 X 的概率分布为

X	0	1	2
$P(X)$	1/3	1/6	1/2

求 $D(X)$.

12. 离散型随机变量 X 的概率分布为

X	4	5	6	7	8	9	10
$P(X)$	0.5	0.2	0.1	0.1	0.04	0.03	0.03

求 $D(X)$.

13. 设随机变量 X 的概率分布为

X	-1	0	2	3
$P(X)$	$\frac{1}{8}$	$\frac{1}{4}$	$\frac{3}{8}$	$\frac{1}{4}$

求 $D(X)$.

14. 设 X 的概率密度函数为

$$f(x)=\begin{cases}\dfrac{1}{\pi\sqrt{1-x^2}}, & -1<x<1,\\ 0, & \text{其他},\end{cases}$$

求 $D(X)$.

15. 设 X 的概率密度函数为

$$f(x)=\begin{cases}2x, & 0<x<1,\\ 0, & \text{其他},\end{cases}$$

求 X 的方差 $D(X)$.

16. 设 X 的概率密度函数为

$$f(x)=\begin{cases}x, & 0\leqslant x<1,\\ 2-x, & 1\leqslant x<2,\\ 0, & \text{其他},\end{cases}$$

求 $E(X^2)$及 X 的方差 $D(X)$.

17. 设随机变量 X 具有分布 $P\{X=k\}=\dfrac{1}{2^k}(k=1,2,\cdots)$. 求 $E(X)$及 $D(X)$.

18. 设随机变量 X 的概率密度函数为

$$f(x)=\begin{cases}\dfrac{2}{\pi}\cos^2 x, & |x|<\dfrac{\pi}{2},\\ 0, & |x|\geqslant\dfrac{\pi}{2},\end{cases}$$

求 $E(X),D(X)$.

4.3 协方差、相关系数和矩

4.3.1 协方差

对于二维随机变量(X,Y)，除了讨论 X 与 Y 的数学期望和方差外，还要讨论 X 与 Y 之间的相互关系. 若 X,Y 独立，则

$$E\{[X-E(X)][Y-E(Y)]\}=E(XY)-E(X)E(Y)=0.$$

这意味着 $E\{[X-E(X)][Y-E(Y)]\}=E(XY)-E(X)E(Y)\neq 0$ 时，X,Y 不独立，因此 $E\{[X-E(X)][Y-E(Y)]\}$ 可以用来刻画 X,Y 之间的关系.

定义 4-4 若(X,Y)为二维随机变量，$E\{[X-E(X)]\cdot[Y-E(Y)]\}$存在，则称它为**协方差**，记为 $\mathrm{Cov}(X,Y)$，即

$$\mathrm{Cov}(X,Y)=E\{[X-E(X)][Y-E(Y)]\}.$$

协方差的计算常采用下面的公式

$$\mathrm{Cov}(X,Y)=E(XY)-E(X)E(Y).$$

记住协方差定义及常用公式，灵活应用其性质.

协方差具有下列性质：

1) $\mathrm{Cov}(X,Y)=\mathrm{Cov}(Y,X)$；

2) $\mathrm{Cov}(aX,bY)=ab\mathrm{Cov}(X,Y)$，其中 a,b 是常数；

3) $\mathrm{Cov}(X_1+X_2,Y)=\mathrm{Cov}(X_1,Y)+\mathrm{Cov}(X_2,Y)$；

4) $\mathrm{Cov}(X,X)=D(X)$.

(上面性质由读者自行证明)

定义 4-5 对于方差非零的两个随机变量 X,Y 满足 $\mathrm{Cov}(X,Y)=0$，则称随机变量 X 与随机变量 Y **不相关**.

记住不相关的定义，理解不相关与独立性之间的关系.

若 X 与 Y 相互独立，则 X 与 Y 不相关. 反之未必成立.

例 4-11 设二维随机变量(X,Y)的概率密度为

$$f(x,y)=\begin{cases}\dfrac{1}{\pi}, & x^2+y^2\leqslant 1,\\ 0, & \text{其他}.\end{cases}$$

X 与 Y 是否相互独立？是否不相关？

解 边缘概率密度为

$$f_X(x)=\begin{cases}\dfrac{2}{\pi}\sqrt{1-x^2}, & |x|\leqslant 1,\\ 0, & \text{其他},\end{cases}$$

$$f_Y(y)=\begin{cases}\dfrac{2}{\pi}\sqrt{1-y^2}, & |y|\leqslant 1,\\ 0, & \text{其他},\end{cases}$$

$$f_X(x)f_Y(y)=\begin{cases}\frac{4}{\pi^2}\sqrt{1-x^2}\sqrt{1-y^2}, & |x|\leqslant 1, |y|\leqslant 1,\\ 0, & 其他.\end{cases}$$

因此 $f_X(x)f_Y(y)\neq f(x,y)$，即 X 与 Y 不独立.

$$E(X)=\int_{-1}^{1}x\frac{2}{\pi}\sqrt{1-x^2}\,\mathrm{d}x=0,\quad 同理\ E(Y)=0.$$

$$\begin{aligned}\mathrm{Cov}(X,Y)&=E(XY)-E(X)E(Y)=E(XY)\\&=\iint_{x^2+y^2\leqslant 1}xy\frac{1}{\pi}\mathrm{d}x\mathrm{d}y=0,\end{aligned}$$

即 X 与 Y 不相关.

4.3.2 相关系数

定义 4-6 若(X,Y)为二维随机变量，协方差 $\mathrm{Cov}(X,Y)$存在且$D(X)>0$，$D(Y)>0$，则

相关系数又称皮尔逊相关系数，牢记定义，扫描二维码，了解发明者皮尔逊生平.

$$\rho_{XY}=\frac{\mathrm{Cov}(X,Y)}{\sqrt{D(X)}\sqrt{D(Y)}}$$

称为随机变量 X 与 Y 的**相关系数**或**标准协方差**.

显然相关系数为一个量纲为一的量. 它反映了随机变量 X,Y 之间的相关程度. 为讨论相关系数的性质，首先给出下列引理 4-1.

引理 4-1 **柯西-许瓦兹**(Cauchy-Schwarz)**不等式** 对任意方差不全为 0 随机变量 U 与 V，若 $E(U^2)$，$E(V^2)$均存在，则

$$[E(UV)]^2\leqslant E(U^2)E(V^2).$$

上式等号成立当且仅当

$$P\{U=t_0V\}=1,$$

其中 t_0 是某个常数.

扫描二维码，了解柯西-许瓦兹不等式的若干版本，加以证明.

证 不妨假设随机变量 V 的方差不为 0，对任意实数 t，定义

$$\begin{aligned}g(t)&=E[(tV-U)^2]\\&=t^2E(V^2)-2tE(UV)+E(U^2).\end{aligned}$$

显然对一切 t，有 $g(t)\geqslant 0$，因此二次方程 $g(t)=0$ 或者没有实根或者有一个重根，所以

$$\Delta=4[E(UV)]^2-4E(U^2)E(V^2)\leqslant 0,$$

此式就是所证不等式. 此外，方程 $g(t)=0$ 有一个重根 t_0 存在的充要条件是

$$[E(UV)]^2-E(U^2)E(V^2)=0.$$

这时 $E[(t_0V-U)^2]=0$，因此 $P\{t_0V-U=0\}=1$，即

$$P\{U=t_0V\}=1,$$

证毕.

如果取 $U=\dfrac{X-E(X)}{\sqrt{D(X)}}$，$V=\dfrac{Y-E(Y)}{\sqrt{D(Y)}}$，利用上面的定理可以得

到相关系数 ρ_{XY} 的如下重要性质：

记住并自证相关系数的性质.

(1) $|\rho_{XY}|\leqslant 1$.

(2) $|\rho_{XY}|=1$ 的充要条件是 X 与 Y 依概率 1 线性相关，即 $P\{Y=aX+b\}=1$，a，b 是常数.

相关系数 ρ_{XY} 反映了两个随机变量 X，Y 的线性相依程度，如果 $\rho_{XY}\neq 0$，则 X 与 Y 相关；如果 $\rho_{XY}=0$，则 X 与 Y 不相关；若 $\rho_{XY}=\pm 1$，则 X 与 Y 有线性关系.

(3) 对方差非零随机变量 X 与 Y，下面事实是等价的：

1) $\mathrm{Cov}(X,Y)=0$；

2) $\rho_{XY}=0$；

3) X 与 Y 不相关；

4) $E(XY)=E(X)E(Y)$；

5) $D(X+Y)=D(X)+D(Y)$.

下面例 4-12 可以看到当 (X,Y) 服从二维正态分布时，X 与 Y 不相关和 X 与 Y 相互独立是等价的.

例 4-12　设 (X,Y) 服从二维正态分布 $N(\mu_1,\mu_2,\sigma_1^2,\sigma_2^2,\rho)$，它的概率密度为

$$f(x,y)=\frac{1}{2\pi\sigma_1\sigma_2\sqrt{1-\rho^2}}\mathrm{e}^{-\frac{1}{2(1-\rho^2)}\left[\frac{(x-\mu_1)^2}{\sigma_1^2}-2\rho\frac{(x-\mu_1)(y-\mu_2)}{\sigma_1\sigma_2}+\frac{(y-\mu_2)^2}{\sigma_2^2}\right]},$$

求 X 和 Y 的相关系数.

解　(X,Y) 的边缘分布为 $X\sim N(\mu_1,\sigma_1^2)$，$Y\sim N(\mu_2,\sigma_2^2)$，则

$$E(X)=\mu_1,E(Y)=\mu_2,D(X)=\sigma_1^2,D(Y)=\sigma_2^2,$$

而

$$\begin{aligned}\mathrm{Cov}(X,Y)&=E\{[X-E(X)][Y-E(Y)]\}\\&=\int_{-\infty}^{+\infty}\int_{-\infty}^{+\infty}(x-\mu_1)(y-\mu_2)f(x,y)\mathrm{d}x\mathrm{d}y.\end{aligned}$$

令 $\begin{cases}\dfrac{x-\mu_1}{\sigma_1}=t_1,\\[2ex]\dfrac{y-\mu_2}{\sigma_2}=t_2,\end{cases}$ 则 $\mathrm{d}x\mathrm{d}y=\sigma_1\sigma_2\mathrm{d}t_1\mathrm{d}t_2$，于是

$$\begin{aligned}\mathrm{Cov}(x,y)&=\int_{-\infty}^{+\infty}\int_{-\infty}^{+\infty}\frac{\sigma_1\sigma_2t_1t_2}{2\pi\sqrt{1-\rho^2}}\exp\left[-\frac{1}{2(1-\rho^2)}(t_1^2-2\rho t_1t_2+t_2^2)\right]\mathrm{d}t_1\mathrm{d}t_2\\&=\sigma_1\sigma_2\int_{-\infty}^{+\infty}\int_{-\infty}^{+\infty}\frac{t_1t_2}{2\pi\sqrt{1-\rho^2}}\exp\left[-\frac{1}{2(1-\rho^2)}(t_1-\rho t_2)^2-\frac{1}{2}t_2^2\right]\mathrm{d}t_1\mathrm{d}t_2\\&=\sigma_1\sigma_2\int_{-\infty}^{+\infty}\left\{\int_{-\infty}^{+\infty}\frac{t_1}{\sqrt{2\pi}\sqrt{1-\rho^2}}\exp\left[-\frac{1}{2(1-\rho^2)}(t_1-\rho t_2)^2\right]\mathrm{d}t_1\right\}\cdot\\&\quad\frac{t_2}{\sqrt{2\pi}}\mathrm{e}^{-\frac{1}{2}t_2^2}\mathrm{d}t_2\end{aligned}$$

$$=\sigma_1\sigma_2\int_{-\infty}^{+\infty}\rho\, t_2\cdot\frac{t_2}{\sqrt{2\pi}}\mathrm{e}^{-\frac{1}{2}t_2^2}\,\mathrm{d}t_2$$

$$=\rho\sigma_1\sigma_2\int_{-\infty}^{+\infty}t_2^2\cdot\frac{1}{\sqrt{2\pi}}\mathrm{e}^{-\frac{1}{2}t_2^2}\,\mathrm{d}t_2$$

$$=\rho\sigma_1\sigma_2.$$

于是

$$\rho_{XY}=\frac{\operatorname{Cov}(X,Y)}{\sqrt{D(X)}\sqrt{D(Y)}}=\frac{\rho\sigma_1\sigma_2}{\sigma_1\sigma_2}=\rho.$$

这就是说二维正态随机变量(X,Y)的概率密度的参数ρ就是X和Y的相关系数,因而二维正态随机变量的分布完全可由它们各自的数学期望、方差以及相关系数所确定.

由例4-12可知,若(X,Y)服从正态分布,那么X与Y相互独立的充要条件是$\rho=0$.现在知道$\rho_{XY}=\rho$,故知对于二维正态随机变量(X,Y)来说,X和Y不相关与X和Y相互独立是等价的.

4.3.3 矩

上述协方差是对两个随机变量而言的,对于n个随机变量$(n\geqslant 2)$的情况,我们可以定义协方差矩阵.

定义4-7 设$(X_1,X_2,\cdots,X_n)$为n维随机变量,记$C_{ij}=\operatorname{Cov}(X_i,X_j)$为$X_i$与$X_j$的协方差,$\rho_{ij}=\operatorname{Cov}(X_i,X_j)/(\sqrt{DX_i}\sqrt{DX_j})$为$X_i$与$X_j$的相关系数,令

$$\boldsymbol{C}=\begin{pmatrix}C_{11}&C_{12}&\cdots&C_{1n}\\C_{21}&C_{22}&\cdots&C_{2n}\\\vdots&\vdots&&\vdots\\C_{n1}&C_{n2}&\cdots&C_{nn}\end{pmatrix},\quad \boldsymbol{R}=\begin{pmatrix}\rho_{11}&\rho_{12}&\cdots&\rho_{1n}\\\rho_{21}&\rho_{22}&\cdots&\rho_{2n}\\\vdots&\vdots&&\vdots\\\rho_{n1}&\rho_{n2}&\cdots&\rho_{nn}\end{pmatrix},$$

称$\boldsymbol{C}$为$(X_1,X_2,\cdots,X_n)$的**协方差矩阵**,$\boldsymbol{R}$为$(X_1,X_2,\cdots,X_n)$的**相关系数矩阵**.

注意到$C_{ii}=\operatorname{Cov}(X_i,X_i)=D(X_i)$,$\rho_{ii}=1$,$i=1,2,\cdots,n$.

特别地,二维正态分布对应的协方差矩阵为 $\boldsymbol{C}=\begin{pmatrix}\sigma_1^2&\rho\sigma_1\sigma_2\\\rho\sigma_1\sigma_2&\sigma_2^2\end{pmatrix}$.

扫描二维码,将协方差、相关系数推广.

数学期望、方差、协方差都是随机变量的数字特征,它们都是某种矩.矩是最广泛的一种数字特征,在概率论和数理统计中占有重要地位,最常用的矩有两种:一种是原点矩.对整数k,若

$$E(X^k),\quad k=1,2,\cdots$$

存在,称它为X的k**阶原点矩**.数学期望是一阶原点矩.

另一种是中心矩.对整数k,若

$$E\{[X-E(X)]^k\},\quad k=1,2,\cdots$$

存在，称它为 X 的 k **阶中心矩**，方差为二阶中心矩.

例 4-13　设 X 服从 $N(0,\sigma^2)$ 的随机变量，其概率密度函数为

$$f(x)=\frac{1}{\sqrt{2\pi}\sigma}e^{-\frac{x^2}{2\sigma^2}},$$

求 X 的 k 阶原点矩和 k 阶中心矩.

解　因为 $E(X)=0$，故 k 阶原点矩就是 k 阶中心矩.

(1)若 k 为奇数，则根据奇函数在对称区间上积分为 0 的性质，有

$$E(X^k)=\int_{-\infty}^{+\infty}x^k\cdot\frac{1}{\sqrt{2\pi}\sigma}e^{-\frac{1}{2\sigma^2}x^2}dx=0.$$

(2)若 k 为偶数，不妨设 $k=2m$，则

$$E(X^k)=2\int_0^{+\infty}x^k\cdot\frac{1}{\sqrt{2\pi}\sigma}e^{-\frac{1}{2\sigma^2}x^2}dx$$

$$\xlongequal{\frac{1}{2\sigma^2}x^2=t}2\int_0^{+\infty}\left(\sqrt{2\sigma^2}t^{\frac{1}{2}}\right)^k\cdot\frac{1}{\sqrt{2\pi}\sigma}e^{-t}d\left(\sqrt{2\sigma^2}t^{\frac{1}{2}}\right)$$

$$=\frac{(\sqrt{2})^k}{\sqrt{\pi}}\Gamma\left(\frac{k-1}{2}\right)\sigma^k.$$

根据 Γ 函数的性质有

$$E(X^k)=\begin{cases}\sigma^k(k-1)(k-3)\cdot\cdots\cdot3\cdot1, & k\text{ 为偶数},\\0, & k\text{ 为奇数}.\end{cases}$$

习题 4.3

19. 随机变量 (X,Y) 的概率密度为

$$f(x,y)=\begin{cases}Ax^2y, & 0\leqslant x\leqslant1,0\leqslant y\leqslant1,\\0, & \text{其他}.\end{cases}$$

求：(1) 常数 A；(2) $E(X)$；(3) (X,Y) 的协方差及相关系数.

20. 直接验证：若 $Y=a+bX$，则相关系数 $\rho=\begin{cases}1, & \text{当 } b>0,\\-1, & \text{当 } b<0.\end{cases}$

21. 已知随机变量 X 与 Y 的相关系数为 ρ，求 $X_1=aX+b$ 与 $Y_1=cY+d$ 的相关系数，其中 a,b,c,d 均为常数.

*22. 设随机向量 (X,Y) 具有概率密度函数

$$f(x,y)=\begin{cases}x+y, & 0\leqslant x\leqslant1,0\leqslant y\leqslant1,\\0, & \text{其他},\end{cases}$$

求 (X,Y) 的协方差矩阵及相关系数矩阵.

复习题4

23. 设 X 的分布律为

X	-1	0	1	2
$P(X)$	0.3	a	0.2	b

$E(X)=0.5$，求 $P\{X^2\geqslant 1\}$.

24. 设随机变量 X 的概率密度为

$$f(x)=\begin{cases}A\sqrt{1-x^2}, & -1\leqslant x\leqslant 1,\\ 0, & \text{其他}.\end{cases}$$

求：(1)常数 A；(2)$E(X)$.

25. 一批零件中有9个合格品与3个次品，在安装机器时，从这批零件中任取1个，如果取出的是次品就不放回去，求在取得合格品以前，已经取出的次品数的数学期望和方差.

26. 某旅行社计划举办一次"一日游"活动，有三种方案，具体如下：

方　案	整天下雨	阴有阵雨	晴　天
Ⅰ野外游览	−350	300	500
Ⅱ野外游览准备躲雨	0	450	450
Ⅲ室内活动	100	150	−100

"−350"表示这项活动亏本350元，"300"表示获利300元，其余类推.根据气象预报，晴天的概率为70%，阴有阵雨为20%，整天下雨为10%.试做出决策，哪一个方案最佳.

27. 设射击手甲与乙在相同条件下进行射击，其命中的环数是一随机变量，有下面的分布：

射手	甲(X_1)							乙(X_2)						
环数	10	9	8	7	6	5	0	10	9	8	7	6	5	0
概率	0.5	0.2	0.1	0.1	0.04	0.03	0.03	0.45	0.2	0.2	0.05	0.04	0.03	0.03

试计算 $E(X_1+X_2)$ 及 $E(X_1X_2)$.

28. 随机变量 X 的分布密度函数为

$$f(x)=\frac{1}{2}\mathrm{e}^{-|x|},\quad -\infty<x<+\infty.$$

求 $E(X)$，$E(X^2)$，$D(X)$.

29. 设随机变量 X 的概率分布为 $P\{X=k\}=\frac{1}{5}$，$k=1,2,3,4,5$.求 $E(X)$，$E(X^2)$，$E(X+2)^2$.

30. 设在时间$(0,t)$内经搜索发现沉船的概率为

$$p(t)=1-e^{-vt},\quad v>0,$$

求发现沉船所需的平均搜索时间.

31. 某人的一串钥匙有 n 把，其中只有一把能开自己的门，它随意地试用这些钥匙. 试求试用次数的数学期望与方差. 假设：(1) 每次把试用过的钥匙分开；(2) 每次把试用过的钥匙又混杂进去.

32. 轮船横向摇摆的随机振幅 X 的密度函数为

$$f(x)=\begin{cases}Axe^{-x^2/2\sigma^2}, & x>0,\\ 0, & 其他.\end{cases}$$

试求：(1) $E(X)$；(2)遇到大于其振幅均值的概率.

33. 设 15000 件产品中有 1000 件废品，从中抽取 150 件进行检查，求查得的废品数的数学期望.

34. 地下铁道列车的运行间隔时间为 2min，一旅客在任意时刻进入月台，求候车时间的数学期望和方差.

35. 在伯努利试验中，每次试验成功的概率为 p，试验进行到成功与失败均出现为止，求平均试验次数.

36. 设二维随机向量(X,Y)只能取下列数组中的值：$(0,0)$，$(1,1)$，$\left(1,\frac{1}{3}\right)$，$(2,0)$，且取这些组值的概率依次为$\frac{1}{6}$，$\frac{1}{3}$，$\frac{1}{12}$，$\frac{5}{12}$. 求$E(X)$，$E(Y)$及$(X,Y)$的协方差 $\mathrm{Cov}(X,Y)$.

37. 设(X,Y)服从区域 D 上的均匀分布(见图 4-1). 求：(1)X，Y 的联合概率密度；(2) 数学期望$E(X)$，$E(Y)$，$E(XY)$.

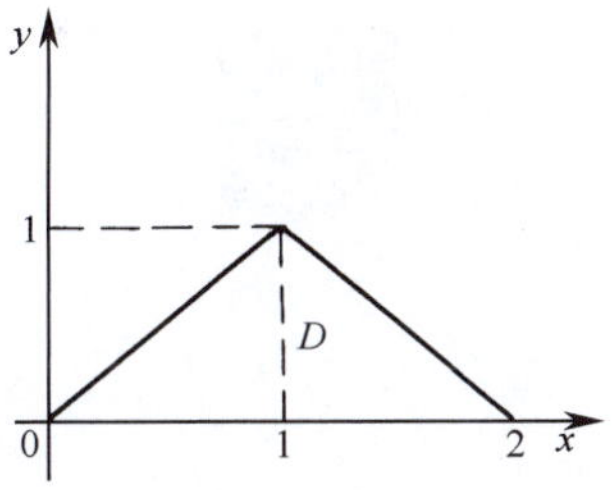

图　4-1

38. 随机向量(X,Y)在矩形区域 D 内，

$$D=\{(x,y)\mid a<x<b,c<y<d\}$$

服从均匀分布. 求(X,Y)的相关系数，并问随机变量 X 与 Y 是否相关？是否相互独立？

39. 设随机向量(X,Y)具有联合概率密度函数

$$f(x,y)=\begin{cases}\dfrac{1}{\pi R^2}, & x^2+y^2\leqslant R^2,\\ 0, & x^2+y^2>R\end{cases}\quad (R>0).$$

试证：X 与 Y 不相关，但不独立.

第5章 大数定律与中心极限定理

5.1 大数定律

大数定律(LLN)与中心极限定理(CLT)是概率论中重要内容,在统计学上有很广泛的应用.

第1章中概率的统计定义指出:n次独立重复试验中随机事件发生的频率具有稳定性,即随着试验次数n的增多,随机事件发生的频率逐渐稳定在某个常数附近.本节所介绍的大数定律将从理论上对频率的稳定性加以证明.为此,先介绍下面的一个重要的不等式.

5.1.1 切比雪夫不等式

扫描二维码,了解切比雪夫作为"俄罗斯数学之父"的伟大贡献.

定理 5-1 设随机变量X有数学期望$E(X)=\mu$,方差$D(X)=\sigma^2$,则对于任意给定的正数ε,有不等式

$$P\{|X-\mu|\geqslant\varepsilon\}\leqslant\frac{\sigma^2}{\varepsilon^2} \tag{5-1}$$

成立.此不等式称为切比雪夫(Tchebycheff)不等式.

证 下面就X为连续型随机变量的情况来证明.

设X的密度函数为$f(x)$,则有

$$\begin{aligned}P\{|X-\mu|\geqslant\varepsilon\}&=\int_{|x-\mu|\geqslant\varepsilon}f(x)\mathrm{d}x\\&\leqslant\int_{|x-\mu|\geqslant\varepsilon}\frac{(x-\mu)^2}{\varepsilon^2}f(x)\mathrm{d}x\\&\leqslant\frac{1}{\varepsilon^2}\int_{-\infty}^{+\infty}(x-\mu)^2f(x)\mathrm{d}x\\&=\frac{\sigma^2}{\varepsilon^2}.\end{aligned}$$

证毕.

X是离散型随机变量的情形读者可自己证明.

不等式(5-1)的等价形式是

$$P\{|X-\mu|<\varepsilon\}\geqslant1-\frac{\sigma^2}{\varepsilon^2}. \tag{5-2}$$

用切比雪夫不等式,可以粗略估计随机变量X取值落在以其期望

$E(X)$为中心的某区间的概率的大小. 容易看到,方差越小,X 在区间 $(E(X)-\varepsilon,E(X)+\varepsilon)$取值的可能性越大,也就是 X 的取值越集中在 $E(X)$附近.

例 5-1　已知随机变量 X 的期望 $E(X)=14$,方差 $D(X)=\frac{35}{3}$,试估计 $P\{10<X<18\}$的大小.

解　因为

$$\begin{aligned}P\{10<X<18\}&=P\{10-E(X)<X-E(X)<18-E(X)\}\\&=P\{-4<X-14<4\}\\&=P\{|X-14|<4\},\end{aligned}$$

由切比雪夫不等式,得

$$P\{|X-14|<4\}\geqslant 1-\frac{35/3}{4^2}\approx 0.271,$$

即 $P\{10<X<18\}\geqslant 0.271$.

5.1.2　大数定律

定义 5-1　设$X_1,X_2,\cdots,X_n,\cdots$是一个随机变量序列,如果存在一个常数 C,使得对任意给定的 $\varepsilon>0$,有

$$\lim_{n\to\infty}P\{|X_n-C|<\varepsilon\}=1,$$

则称序列$\{X_n\}$依概率收敛于 C,记作 $X_n\xrightarrow{P}C$. 意即只要 n 充分大,X_n 的取值可以很大的概率与 C 接近.

记住定义 5-1,是数列极限的推广.

定理 5-2　(切比雪夫大数定律) 设 $X_1,X_2,\cdots,X_n,\cdots$为独立的随机变量序列,且存在 $E(X_n)=\mu_n$, $D(X_n)=\sigma_n^2$, $|D(X_n)|\leqslant C(n=1,2,\cdots)$, 其中 C 为与 n 无关的常数,则有

$$\frac{1}{n}\sum_{i=1}^{n}X_i\xrightarrow{P}\frac{1}{n}\sum_{i=1}^{n}\mu_i.$$

记住并证明定理 5-2,利用定理 5-1.

证　记 $X=\frac{1}{n}\sum_{i=1}^{n}X_i$,则 $E(X)=\frac{1}{n}\sum_{i=1}^{n}\mu_i$,注意到 $X_1,X_2,\cdots,X_n,\cdots$ 相互独立及条件$|D(X_n)|\leqslant C(n=1,2,\cdots)$, 则

$$D(X)=\frac{1}{n^2}\sum_{i=1}^{n}\sigma_i^2\leqslant\frac{1}{n^2}\cdot nC=\frac{1}{n}C.$$

从而由切比雪夫不等式得

$$P\left\{\left|\frac{1}{n}\sum_{i=1}^{n}X_i-\frac{1}{n}\sum_{i=1}^{n}\mu_i\right|\geqslant\varepsilon\right\}\leqslant\frac{\frac{1}{n}C}{\varepsilon^2}\to 0,\quad n\to\infty.$$

故有$\lim\limits_{n\to\infty}P\left\{\left|\frac{1}{n}\sum_{i=1}^{n}X_i-\frac{1}{n}\sum_{i=1}^{n}\mu_i\right|<\varepsilon\right\}=1$. 证毕.

此定理称为切比雪夫大数定律. 由此定理,容易得到如下推论.

推论 1　(辛钦大数定律) 设随机变量 $X_1,X_2,\cdots,X_n,\cdots$ 相互

推论 1、推论 2 实质上是两个重要定理. 扫描二维码.

独立且服从同一分布，$E(X_i)=\mu, D(X_i)=\sigma^2<\infty$，则

$$\frac{1}{n}\sum_{i=1}^{n}X_i \xrightarrow{P} \mu,$$

即 n 个相互独立同分布的随机变量的算术平均值依概率收敛于随机变量的期望值. 需要指出的是，辛钦大数定律可以去掉 $D(X_i)=\sigma^2<\infty$ 这个条件.

推论 2 （伯努利大数定律）设 μ_n 是 n 次独立重复试验中事件 A 发生的次数，p 是事件 A 在每次试验中发生的概率，则有 $\frac{\mu_n}{n}\xrightarrow{P} p$.

证 设 $X_i=\begin{cases}0, & \text{若在第 } i \text{ 次试验中 } A \text{ 不发生},\\ 1, & \text{若在第 } i \text{ 次试验中 } A \text{ 发生},\end{cases}$ $i=1,2,\cdots,$

则 $\mu_n=X_1+X_2+\cdots+X_n=\sum_{i=1}^{n}X_i$. 由试验的独立性知，$X_1, X_2, \cdots, X_n, \cdots$ 相互独立，且有 $E(X_i)=p, D(X_i)=p(1-p), i=1,2,\cdots$.

由定理 5-2，对于任意给定的 $\varepsilon>0$，有

$$\lim_{n\to\infty}P\left\{\left|\frac{\mu_n}{n}-p\right|<\varepsilon\right\}=\lim_{n\to\infty}P\left\{\left|\frac{1}{n}\sum_{i=1}^{n}X_i-\frac{1}{n}\sum_{i=1}^{n}p\right|<\varepsilon\right\}=1,$$

即 $\frac{\mu_n}{n}\xrightarrow{P} p$. 证毕.

伯努利大数定律表明：n 次独立重复试验中，事件 A 发生的频率 $\frac{\mu_n}{n}$ 以 p 为稳定中心. 这在理论上保证了概率的统计定义的合理性，同时也说明，当 n 充分大时，可用事件发生的频率近似代替该事件发生的概率.

习题 5.1

1. 设随机变量 X 的数学期望 $E(X)=\mu$，方差 $D(X)=\sigma^2$. 试利用切比雪夫不等式估计下列概率值. $P\{|X-\mu|<k\sigma\}$，k 分别为 2，3，4.

2. 设 $X_1, X_2, \cdots, X_9$ 相互独立，$E(X_i)=1, D(X_i)=1$ $(i=1,2,\cdots,9)$. 试利用切比雪夫不等式估计概率

(1) $P\left\{\left|\sum_{i=1}^{9}X_i-9\right|<\varepsilon\right\}$；(2) $P\left\{\left|\frac{1}{9}\sum_{i=1}^{9}X_i-1\right|<\varepsilon\right\}$.

3. 将一枚均匀硬币抛 800 次，利用切比雪夫不等式估计正面（有字的一面）朝上的次数在 350～450 次间的概率.

4. 用切比雪夫不等式确定一枚均匀硬币至少需要抛多少次，才能保证正面出现的频率在 0.4～0.6 间的概率不小于 90%.

5.2 中心极限定理

第 2 章中，我们提到在自然现象和社会现象中，大量的随机变量都是服从或近似服从正态分布的. 中心极限定理就是以此为背景的关于“在一定条件下大量的相互独立的随机变量和的极限分布是正态分布”的一系列定理. 在这里只介绍其中的两个定理. 为叙述方便，首先给出一个定义.

定义 5-2 当随机变量 X 的均值、方差都存在时，则

$$Y=\frac{X-E(X)}{\sqrt{D(X)}}$$

称为随机变量 X 的**标准化随机变量**. 显然随机变量 Y 的均值为 0，方差为 1.

根据第 2 章知识可知，若 $X\sim N(\mu,\sigma^2)$，则 X 的标准化随机变量

$$Y=[X-E(X)]/\sqrt{D(X)}=(X-\mu)/\sigma\sim N(0,1).$$

若 $X_1,X_2,\cdots,X_n$ 为相互独立的随机变量都服从 $N(\mu,\sigma^2)$，即 $X_i\sim N(\mu,\sigma^2)$，$i=1,2,\cdots,n$，则 $\sum\limits_{i=1}^{n}X_i\sim N(n\mu,n\sigma^2)$，于是 $\sum\limits_{i=1}^{n}X_i$ 的标准化随机变量为

$$\frac{\sum\limits_{i=1}^{n}X_i-E\left(\sum\limits_{i=1}^{n}X_i\right)}{\sqrt{D\left(\sum\limits_{i=1}^{n}X_i\right)}}=\frac{\sum\limits_{i=1}^{n}X_i-n\mu}{\sqrt{n}\sigma}\sim N(0,1).$$

更一般地，对于随机变量序列 $X_1,X_2,\cdots,X_n,\cdots$，有下面的关于标准化随机变量的近似分布的中心极限定理.

定理 5-3 设 $X_1,X_2,\cdots,X_n,\cdots$ 独立同分布，且 $E(X_i)=\mu$，$D(X_i)=\sigma^2>0$，则对于一切实数 x，有

$$\lim_{n\to\infty}P\left\{\frac{\sum\limits_{i=1}^{n}X_i-n\mu}{\sqrt{n}\sigma}\leqslant x\right\}=\frac{1}{\sqrt{2\pi}}\int_{-\infty}^{x}\mathrm{e}^{-\frac{t^2}{2}}\mathrm{d}t=\Phi(x).\quad(5\text{-}3)$$

此定理说明，独立同分布，但不一定服从正态分布的随机变量 $X_1,X_2,\cdots,X_n,\cdots$ 的 n 项和的标准化随机变量

$$\frac{\sum\limits_{i=1}^{n}X_i-E\left(\sum\limits_{i=1}^{n}X_i\right)}{\sqrt{D\left(\sum\limits_{i=1}^{n}X_i\right)}}\triangleq Z_n.\quad(5\text{-}4)$$

在 n 充分大时，Z_n 近似服从标准正态分布，n 项和 $\sum\limits_{i=1}^{n}X_i$ 近似服从

正态分布 $N(n\mu, n\sigma^2)$.

进一步还有以下结论. 在一定的条件下，定理 5-1 中的 $X_1, X_2, \cdots, X_n, \cdots$ 服从同一分布的条件可以去掉，只要 $X_1, X_2, \cdots, X_n, \cdots$ 独立，$E(X_i)=\mu_i$，$D(X_i)=\sigma_i^2\,(i=1,2,\cdots)$ 存在且满足一定的条件，则 n 充分大时同样有式(5-4)成立. 在很多问题中，所考虑的随机变量经常可以表示成这样的大量相互独立的随机变量之和，因而近似服从正态分布. 这就是为什么正态分布在概率论中占有重要地位的主要原因.

由定理 5-3 不难得到下面的推论.

推论 （棣莫弗-拉普拉斯定理） 设随机变量 X 服从二项分布 $B(n,p)$，则

棣莫弗(De Moivre)《机遇论》中首先研究中心极限定理，扫描二维码，了解棣莫弗.

$$\lim_{n\to\infty} P\left\{\frac{X-np}{\sqrt{np(1-p)}} \leqslant x\right\} = \frac{1}{\sqrt{2\pi}}\int_{-\infty}^{x} \mathrm{e}^{-\frac{t^2}{2}}\,\mathrm{d}t$$
$$= \Phi(x). \tag{5-5}$$

此推论表明，当 n 充分大时，二项分布 $B(n,p)$ 可近似地用正态分布 $N(np, \{\sqrt{np(1-p)}\}^2)$ 来代替. 因此，当 $X\sim B(n,p)$，且 n 充分大时，有

$$P\{a<X\leqslant b\}\approx\Phi\left(\frac{b-np}{\sqrt{npq}}\right)-\Phi\left(\frac{a-np}{\sqrt{npq}}\right), \tag{5-6}$$

其中 $q=1-p$. 由此，利用积分中值定理可以进一步证明对于随机变量 $X\sim B(n,p)$，n 充分大时，

$$P\{X=k\}\approx\frac{1}{\sqrt{2\pi npq}}\mathrm{e}^{-\frac{(k-np)^2}{2npq}}$$
$$=\frac{1}{\sqrt{npq}}\varphi\left(\frac{k-np}{\sqrt{npq}}\right). \tag{5-7}$$

正态分布和泊松分布虽然都是二项分布的极限分布，但后者以"$n\to\infty$ 同时 $p\to 0$，$np\to\lambda$"为条件，而前者只要求 $n\to\infty$ 这一条件. 一般来说，对于 n 很大，p(或 q)很小($np\leqslant 5$)的二项分布，用泊松分布计算的近似程度较好. 而当 n 较大($n\geqslant 50$，或放松到 $n\leqslant 30$)且 p 不太接近 0 或1(一般 $0.1\leqslant p\leqslant 0.9$，$\sqrt{npq}\geqslant 3$)时，常用定理 5-3 及其推论中推出的一系列式子来近似计算.

例 5-2 每颗炮弹命中飞机的概率都为 0.01. 求：(1) 500 发炮弹中命中 5 发的概率；(2) 500 发炮弹至少命中 2 发的概率.

解 (1) 500 发炮弹命中飞机的炮弹数 $X\sim B(n,p)$，

$$n=500,\quad p=0.01,\quad np=5,\quad \sqrt{npq}\approx 2.225.$$

下面用三种方法计算并加以比较：

1) 用二项分布公式计算

$$P\{X=5\}=C_{500}^{5}\times 0.01^{5}\times 0.99^{495}=0.17635.$$

2) 用泊松分布公式近似计算

$$P\{X=5\}\approx\frac{5^5}{5!}e^{-5}\approx 0.175467.$$

3) 用式(5-7)计算

$$P\{X=5\}\approx\frac{1}{\sqrt{npq}}\varphi\left(\frac{5-np}{\sqrt{npq}}\right)\approx 0.1793.$$

比较上述结果可见此时用泊松分布比用正态分布要好.

(2) 要求的是 $P\{X\geqslant 2\}$,

1) 用二项分布公式计算

$$\begin{aligned}P\{X\geqslant 2\}&=1-P\{X=0\}-P\{X=1\}\\&=1-C_{500}^{0}\times 0.01^{0}\times 0.99^{500}-C_{500}^{1}\times 0.01^{0}\times 0.99^{499}\\&\approx 0.96024.\end{aligned}$$

2) 用泊松分布计算　$\lambda=np=500\times 0.01=5$,

$$\begin{aligned}P\{X\geqslant 2\}&\approx 1-\frac{\lambda^0}{0!}e^{-\lambda}-\frac{\lambda^1}{1!}e^{-\lambda}\\&=1-e^{-5}(1+5)\approx 0.95957.\end{aligned}$$

3) 用式(5-5)计算

$$\begin{aligned}P\{X\geqslant 2\}&=1-P\{X<2\}=1-P\{X\leqslant 1\}\\&\approx 1-\Phi\left(\frac{1-np}{\sqrt{npq}}\right)\\&=1-\Phi(-1.7978)\\&=0.96327.\end{aligned}$$

例 5-3　设 $X_1, X_2, \cdots, X_{20}$ 相互独立且都服从均匀分布 $U[0,1]$,记

$$Y_{20}=\sum_{i=1}^{20}X_i,$$

求:(1) $P\{Y_{20}<9.1\}$;(2) $P\{8.5<Y_{20}<11.7\}$.

解　容易知道 $E(X_i)=\frac{1}{2}$, $D(X_i)=\frac{1}{12}$, $i=1,2,\cdots,20$, 因 $n=20$ 较大,由定理 5-3 得 Y_{20} 近似服从正态分布 $N\left(10,\left(\sqrt{20\times\frac{1}{12}}\right)^2\right)$, 所以,

$$\begin{aligned}(1)\ P\{Y_{20}<9.1\}&=P\left\{\frac{Y_{20}-10}{\sqrt{20\times\frac{1}{12}}}<\frac{9.1-10}{\sqrt{20\times\frac{1}{12}}}\right\}\approx\Phi(-0.7)\\&=0.2420.\end{aligned}$$

$$(2)\ P\{8.5<Y_{20}<11.7\}=P\left\{\frac{-1.5}{\sqrt{20\times\frac{1}{12}}}<\frac{Y_{20}-10}{\sqrt{20\times\frac{1}{12}}}<\frac{1.7}{\sqrt{20\times\frac{1}{12}}}\right\}$$

$$\approx \Phi(1.7\sqrt{20/12})-\Phi(-1.5\sqrt{20/12})$$
$$=0.7836.$$

例 5-4 有一批灯泡，一等品占$\frac{1}{5}$，从中任取 1000 只，问：(1) 能以 0.95 的概率保证其中一等品的比例与$\frac{1}{5}$相差不超过多少？(2) 能以 95%的概率断定在这 1000 只灯泡中一等品的个数在什么范围内？

解 (1) 设 $X_k=\begin{cases}1, & \text{第 } k \text{ 只灯泡为一等品,}\\ 0, & \text{第 } k \text{ 只灯泡不是一等品,}\end{cases}$ $k=1,2,\cdots,1000,$ 则

$$X=\sum_{k=1}^{n} X_k \sim B(n,p).$$

其中 $n=1000, p=\frac{1}{5}$.

由题意，欲估计 ε，使 $P\left\{\left|\frac{X}{n}-p\right|<\varepsilon\right\}=\beta=0.95$.

由定理 5-3 推论知，$\frac{X-np}{\sqrt{npq}}$近似服从正态分布 $N(0,1)$，故由

$$P\left\{\left|\frac{X-np}{\sqrt{npq}}\right| \leqslant \frac{n\varepsilon}{\sqrt{npq}}\right\}=\beta$$

得 $2\Phi\left(\frac{n\varepsilon}{\sqrt{npq}}\right)-1=\beta$，即 $\Phi\left(\frac{n\varepsilon}{\sqrt{npq}}\right)=\frac{1+\beta}{2}=\frac{1+0.95}{2}=0.975$.

查标准正态分布表得 $\Phi(1.96)=0.975$.

所以 $\frac{n\varepsilon}{\sqrt{npq}}=\frac{\sqrt{n}\varepsilon}{\sqrt{pq}}=1.96$，即

$$\varepsilon=\frac{1.96\sqrt{pq}}{\sqrt{n}}=\frac{1.96\times\sqrt{0.2\times 0.8}}{\sqrt{1000}}=0.0248,$$

即能以 95%的可靠度保证一等品的比例与$\frac{1}{5}$相差不超过 0.0248.

(2) 因 $\beta=0.95$，由(1) 已算得 $\varepsilon=0.0248$，所以

$$0.95=P\left\{\left|\frac{X}{1000}-\frac{1}{5}\right|<0.0248\right\}=P\{|X-200|<24.8\}$$
$$=P\{175.2<X<224.8\},$$

故能以 95%的概率断定这 1000 只灯泡中一等品的个数在 176 与 224 之间.

习题 5.2

5. 从一大批废品率为 0.01 的产品中任取 400 件. 试求：(1) 其

中有 4 件废品的概率；(2)至少有 2 件废品的概率.

6. 计算机在进行加法时每个加数取整数(取最接近它的整数). 设所有的取整误差是相互独立的，且它们都在[-0.5，0.5]上服从均匀分布. 若将 1500 个数相加，求误差总和的绝对值超过 15 的概率.

7. 用棣莫弗-拉普拉斯定理确定一枚均匀硬币至少需要抛多少次，才能保证正面出现的频率在 0.4～0.6 间的概率不小于 90%.

8. 设随机变量 $X_1, X_2, \cdots, X_{1000}$ 独立同分布，且 X_i $(i=1,2,\cdots,1000)$ 服从参数 $\lambda=0.1$ 的泊松分布. 试用中心极限定理计算 $P\left\{110<\sum_{i=1}^{1000} X_i<130\right\}$.

复习题 5

9. 现有某种农作物的种子，其发芽率为 95%. 利用切比雪夫不等式估计是否可以用大于 95% 的概率保证在 1000 粒这样的种子中发芽的种子数在 905 到 995 之间.

10. 在 n 重独立重复试验中，已知每次试验中事件 A 发生的概率为 0.75，试分别利用切比雪夫不等式和棣莫弗-拉普拉斯定理估计 n，使 A 发生的频率在 0.74 至 0.76 之间的概率不小于 0.90.

11. 某学校有二年级学生 2000 人，在某时间内，每个学生想借某种教学参考书的概率都是 0.1. 试估计图书馆至少应准备多少本这样的书，才能以 97% 的概率保证满足同学的借书需要.

12. 袋装味精用机器装袋，每袋的净重为随机变量，且相互独立，其期望值为 100g，标准差为 10g. 一纸箱内装 200 袋，求一纸箱内味精净重大于 20.5kg 的概率.

6

第6章 样本及抽样分布

扫描二维码，了解统计学研究内容.

前几章介绍了概率论的基本内容. 只要知道了某随机变量的分布，就可计算出随机变量落在某区间的概率，也可计算出随机变量的数字特征(如果存在的话). 在实际问题中，很多随机变量的分布可由其数字特征决定，但随机变量的分布和数字特征往往是未知的，这就需要我们对相应的随机现象进行观测与分析. 从本章我们开始学习数理统计的一些基本内容. 数理统计是以概率论为基础的，研究如何合理地、有效地收集观测数据，并采用合理有效的数学方法对数据加以整理与分析，从而对随机变量的分布或数字特征做出合理估计和推断的一门学科.

6.1 样本与统计量

6.1.1 总体与样本

总体(Population)如何定义？什么是个体(Object)？它们之间的关系是什么？

研究对象的全体称为**总体**，组成总体的每个元素称为**个体**. 例如，如果研究对象是一批灯泡，那么，这批灯泡就是一个总体，其中的每个灯泡就是个体. 如果研究的是某一天的气温，那么这一天的气温就是一个总体，而各个时刻的气温就是个体. 若一个总体只有有限个个体，就称该总体为有限总体，否则称为无限总体. 上面两例中，前者是有限总体，而后者是无限总体. 当个体数相当多时，可以把有限总体近似看成无限总体.

数字技术的世界

在数理统计中，研究某个总体，是指研究总体的每个个体特征的数量标志. 也就是说，这种数量标志是我们研究的直接对象. 以“一批灯泡”这个总体为例，考察灯泡的质量，灯泡的使用寿命就是这样一个数量标志. 如果采取随机抽取的方法来观测灯泡的使用寿命，那么使用寿命可看成一个随机变量 X. X 的分布情况就反映了这批灯泡使用寿命的整体状况. 因此，在这种意义下，我们以后将直接用随机变量 X 来表示一个总体.

采用对每个个体逐个观测来获取整体 X 的分布情况的方法往往是不切实际的. 因为，一方面，在一些问题中，观测 X 的取值的试验具有破坏性，灯泡寿命的观测即如此，一旦某灯泡的使用寿命被测得，该灯泡就报废了；另一方面，有的观测耗费大量的时间与人力、物力，或由于技术条件的限制，或不可能逐个观察，或因为回答问题没有必要过于精确，从而只进行有限次观测．以灯泡为例，每次观测，若随机地从总体中抽取一个个体，其使用寿命值在观测前不可预知，因此，每次观测的使用寿命值也可看作是一个随机变量．若观测 n 次，则依次对应着 n 个随机变量 $X_1, X_2, \cdots, X_n$．X_i 的取值 x_i 表示第 i 次观测所得结果．称这组随机变量 $X_1, X_2, \cdots, X_n$ 为来自总体 X 的一个样本，记为 $(X_1, X_2, \cdots, X_n)$，称 n 为样本容量，称 $(x_1, x_2, \cdots, x_n)$ 为样本观测值，简称样本值．由于抽取的随机性，在一个总体中，两次抽取相同容量的样本，所得的样本值 $(x_1, x_2, \cdots, x_n)$ 及 $(x'_1, x'_2, \cdots, x'_n)$ 不一定相同．因此，样本 $(X_1, X_2, \cdots, X_n)$ 是一个 n 维随机变量．

数字技术的世界

抽取样本的目的是根据样本的取值情况来推断总体的情况．由于样本取值的随机性会使推断带有一定程度的不确定性，因此，应尽可能使在有限次观测中所抽取的样本能反映总体的状况．这就要求样本具有以下两个性质：

1) 代表性：样本中的每个随机变量 X_i 与总体 X 有相同的分布；

2) 独立性：$X_1, X_2, \cdots, X_n$ 相互独立，即每次观测结果互不影响．

样本的两个重要的属性是：代表性与独立性．

满足上述两个条件的样本 $(X_1, X_2, \cdots, X_n)$ 称为简单随机样本，简称样本，由此可以看出 $X_1, X_2, \cdots, X_n$ 是独立且同分布的．本书以后所说的样本，都是指简单随机样本．

综上所述，给出如下定义：

定义 6-1 设总体 X 是一个随机变量，$X_1, X_2, \cdots, X_n$ 是一组相互独立且与 X 同分布的随机变量，称 n 维随机变量 $(X_1, X_2, \cdots, X_n)$ 为来自总体 X 的一个**简单随机样本**，简称**样本**，称 n 为**样本容量**．

注 1 由定义易知，如果总体 X 为连续型随机变量，其密度函数为 $f(x)$，分布函数为 $F(x)$，那么，样本 $(X_1, X_2, \cdots, X_n)$ 的联合密度函数与分布函数就分别为

$$\prod_{i=1}^{n} f(x_i) \text{ 与 } \prod_{i=1}^{n} F(x_i).$$

如果总体 X 是离散型随机变量，其概率分布为 $P\{X = x_k\} = p_k, k = 1, 2, \cdots$，则样本 $(X_1, X_2, \cdots, X_n)$ 的概率分布为

$$P\{X_1 = x_{i_1}, X_2 = x_{i_2}, \cdots, X_n = x_{i_n}\} = p_{i_1} p_{i_2} \cdots p_{i_n},$$

其中 $i_1, i_2, \cdots, i_n = 1, 2, \cdots n$.

注 2 不难理解，对有限总体，若有放回地随机抽取个体，所得的样本就是简单随机样本；若是无放回地随机抽取，只要样本容量与总体所含个体数相比很小，所得样本也可近似看成简单随机样本. 对无限总体，只要随机抽取，所得样本就可看成简单随机样本.

6.1.2 统计量

抽样的目的是利用样本值来推断总体的情况，而抽样所得的样本值初看起来是杂乱无章的，所以必须先对这些数据进行加工与整理，然后才能加以利用. 整理与加工的方法有多种，其中之一就是根据问题的需要相应地构造出样本的某种函数. 这样的函数，在数理统计中称为统计量. 一般地，有如下定义：

统计量是统计学中最重要的概念. 记住该定义.

定义 6-2 设 $(X_1, X_2, \cdots, X_n)$ 为总体的一个样本，$U = f(X_1, X_2, \cdots, X_n)$ 为样本的函数，若 $f(X_1, X_2, \cdots, X_n)$ 中不含未知参数，则称 $f(X_1, X_2, \cdots, X_n)$ 为样本 $(X_1, X_2, \cdots, X_n)$ 的一个**统计量**，统计量的分布称为**抽样分布**.

例 6-1 设 (X_1, X_2) 是来自总体 $N(\mu, \sigma^2)$ 的一个样本，参数 μ 已知，σ 未知，则 $\sum_{i=1}^{2} X_i^2$，$\frac{1}{2}\sum_{i=1}^{2} X_i$，$X_1 + \mu$ 都是统计量，而 $\frac{1}{\sigma}(X_1 + X_2)$，$\frac{X_1 - \mu}{\sigma}$ 不是统计量，因为其中含未知参数 σ.

6.1.3 几个常用的统计量

最常用的统计量是样本均值与样本方差.

设 $(X_1, X_2, \cdots, X_n)$ 是来自 X 的一个样本，则

$$\overline{X} = \frac{1}{n}\sum_{i=1}^{n} X_i,$$

$$S^2 = \frac{1}{n-1}\sum_{i=1}^{n}(X_i - \overline{X})^2,$$

$$S = \sqrt{\frac{1}{n-1}\sum_{i=1}^{n}(X_i - \overline{X})^2},$$

$$m_k = \frac{1}{n}\sum_{i=1}^{n} X_i^k,$$

$$M_k = \frac{1}{n}\sum_{i=1}^{n}(X_i - \overline{X})^k,\ k = 1, 2, \cdots n$$

都是统计量，分别称为样本均值、样本方差、样本均方差（或样本标准差）、样本 k 阶原点矩、样本 k 阶中心矩. 这些统计量称为样本的数字特征.

易见，m_1 就是 $\overline{X}$，$M_2 = \frac{n-1}{n}S^2$，当 n 较大时，$M_2 \approx S^2$. 根据上

述定义，可得如下性质：

性质　如果总体 X 的期望为 μ，方差为 σ^2，则

(1) $E(\overline{X})=E(X)=\mu$；

(2) $D(\overline{X})=\dfrac{D(X)}{n}=\dfrac{\sigma^2}{n}$；

(3) $E(S^2)=D(X)=\sigma^2$.

证　性质(1)、性质(2)的证明留给读者，下面证明性质(3).

$$\begin{aligned}
E(S^2) &= E\left[\frac{1}{n-1}\sum_{i=1}^{n}(X_i-\overline{X})^2\right]\\
&= \frac{1}{n-1}E\sum_{i=1}^{n}(X_i^2-2\overline{X}X_i+\overline{X}^2)\\
&= \frac{1}{n-1}E\left[\sum_{i=1}^{n}X_i^2-2\overline{X}\sum_{i=1}^{n}X_i+\sum_{i=1}^{n}\overline{X}^2\right]\\
&= \frac{1}{n-1}E\left[\sum_{i=1}^{n}X_i^2-2\overline{X}\cdot n\overline{X}+n\overline{X}^2\right]\\
&= \frac{1}{n-1}E\left[\sum_{i=1}^{n}X_i^2-n\overline{X}^2\right]\\
&= \frac{1}{n-1}\left[\sum_{i=1}^{n}E(X_i^2)-nE(\overline{X})^2\right]\\
&= \frac{1}{n-1}\left[\sum_{i=1}^{n}(\mu^2+\sigma^2)-n\left(\mu^2+\frac{1}{n}\sigma^2\right)\right]\\
&=\sigma^2.
\end{aligned}$$

证毕.

随着学习的深入，我们还会学习到其他一些统计量，并将介绍如何利用统计量进一步对总体做分析与推断.

习题 6.1

1. 设$(X_1,X_2,\cdots,X_n)$是来自总体 X 的一个样本，且已知 $X\sim N(\mu,\sigma^2)$，其中 μ 未知，σ^2 已知. $\sum\limits_{i=1}^{n}(X_i-\overline{X})$，$\dfrac{1}{\sigma^2}\sum\limits_{i=1}^{n}(X_i-\overline{X})^2$，$\dfrac{1}{\sigma^2}\sum\limits_{i=1}^{n}(X_i-\mu)^2$，$\dfrac{1}{n-1}\sum\limits_{i=1}^{n}(X_i-\mu)^2$ 中哪些是统计量？哪些不是统计量？

2. 设样本$(X_1,X_2,\cdots,X_n)$来自总体 X，且 $E(X)=\mu$，$D(X)=\sigma^2$，试证：

(1) $E(\overline{X})=\mu$；(2) $D(\overline{X})=\dfrac{\sigma^2}{n}$；(3) $E\left[\dfrac{1}{n}\sum\limits_{i=1}^{n}(X-\overline{X})^2\right]=$

$\frac{n-1}{n}\sigma^2$.

3. 样本的数字特征是常数吗？

4. 设$(X_1,X_2,\cdots,X_n)$是来自总体X的一个样本，而X服从参数为λ的指数分布. 试写出n维随机变量$(X_1,X_2,\cdots,X_n)$的联合密度函数.

5. 设$(X_1,X_2,\cdots,X_n)$是来自总体X的一个样本，而X服从参数为p的0-1分布. 试写出n维随机变量$(X_1,X_2,\cdots,X_n)$的概率分布.

6.2 直方图与经验分布函数

6.2.1 直方图

直方图(Histgram)反映概率分布的大体形状，扫描二维码.

与构造统计量一样，作直方图也是人们对统计数据加工整理的一种常用方法. 直方图能在一定程度上直观反映总体概率分布情况. 下面通过具体例子说明直方图的作法.

例 6-2 由于随机因素的影响，某铅球运动员的铅球出手速度可看成是一个随机变量. 下面是一组出手速度的观测统计数据. 试根据这组数据，作频数直方图、频率直方图及累积频率直方图.

数据(单位：m/s)如下：

13.51	14.08	13.82	13.40	13.77	13.41	13.56	14.08	13.23	13.35
13.09	13.86	13.07	13.39	13.30	13.58	13.95	13.59	13.45	13.76
13.58	13.47	13.39	13.35	13.37	13.46	13.20	13.18	13.21	13.38

解 步骤1，找出这组数据中的最小值$m=13.07$，最大值$M=14.08$，算出极差$M-m=14.08-13.07=1.01$.

步骤2，对数据进行分组、列表、统计.

为使分组数据的统计图形能反映分布的趋势，分组数k的大小应与样本容量n的大小相适应. 一般地，

若$30\leqslant n\leqslant 40$， 则取 $5\leqslant k\leqslant 6$；

若$40\leqslant n\leqslant 60$， 则取 $6\leqslant k\leqslant 8$；

若$60\leqslant n\leqslant 100$， 则取 $8\leqslant k\leqslant 10$；

若$100\leqslant n\leqslant 500$， 则取 $10\leqslant k\leqslant 20$.

本例中$n=30$，可取$k=5$.

通常采取等距分组(也可以不等距分组)，组距记为Δ，则等距分组时

$$\Delta=\frac{M-m}{k}\left(即\frac{极差}{分组数}\right).$$

本例中 $\Delta=\frac{1.01}{5}=0.202\approx0.21$（即可取比 0.202 稍大的数）.

取比最小值 m 稍小的数 a 作为最小的分点，本例中可取 $a=13.06$，其他分点随着 a 及组距 Δ 的确定而确定. 相邻两个分点决定一个区间或一组，分点称为组限. 统计各区间内所含样本数据的个数即组频数 f_i，算出组频率 $w_i=\frac{f_i}{n}$ 及累积频率，并列表如下：

分组编号	1	2	3	4	5
组限①	13.06～13.27	13.27～13.48	13.48～13.69	13.69～13.90	13.90～14.11
组频数 f_i	6	12	5	4	3
组频率 w_i(%)	20	40	16.7	13.3	10
累积频率(%)	20	60	76.7	90	100

① 不妨规定各小区间为左闭右开的.

步骤 3，作直方图

(1) 频数直方图（见图 6-1）.

(2) 在以样本值为横坐标，频率为纵坐标的直角坐标系中，以分组区间为底，以 ω_i 为高作一系列矩形，即得频率直方图，如图 6-2 所示.

(3) 类似地，可以作出累积频率直方图，如图 6-3 所示.

注 3　对于连续型随机变量，可以把频率直方图作为总体概率密度函数曲线的一种近似. 对于离散型随机变量而言，由于没有密度曲线的概念，因此，对离散型随机变量，频率直方图只是直观地表明在各区间取值的概率的大小. 但累积频率直方图所代表的曲线 $F_n(x)$ 无论是对离散型还是连续型随机变量来说，都是总体分布函数曲线 $F(x)$ 的近似曲线.

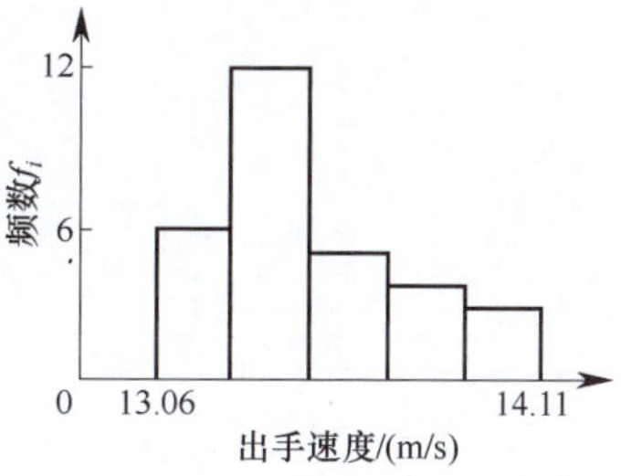

图　6-1

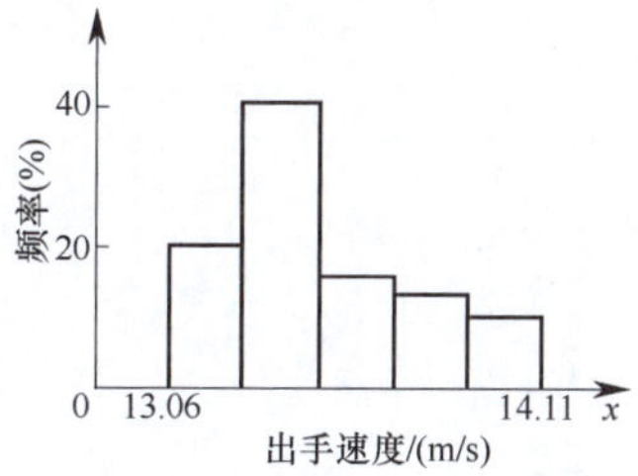

图　6-2

频率直方图与累积频率直方图是基本的统计报告图. 查阅资料并说明其意义.

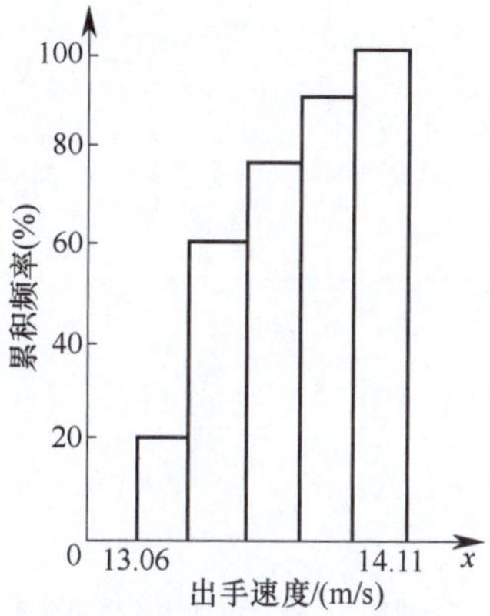

图　6-3

6.2.2　经验分布函数

如果对样本数据作不等距分组，那么，还可以有以下形式的样本分布函数 $F_n(x)$.

定义 6-3　设总体为 X，样本 $(X_1,X_2,\cdots,X_n)$ 的观察值为 $(x_1,x_2,\cdots,x_n)$，将 $x_1,x_2,\cdots,x_n$ 从小到大排列为 $x_{(1)}\leqslant x_{(2)}\leqslant\cdots\leqslant x_{(n)}$，令

$$F_n(x)=\begin{cases}0, & x<x_{(1)},\\ 1/n, & x_{(1)}\leqslant x<x_{(2)},\\ 2/n, & x_{(2)}\leqslant x<x_{(3)},\\ \vdots & \vdots\\ k/n, & x_{(k)}\leqslant x<x_{(k+1)},\\ \vdots & \vdots\\ 1, & x\geqslant x_{(n)}\end{cases}=\sum_{i=1}^{n}I(x_i\leqslant x)/n,$$

经验分布函数(Empirical distribution function)也称样本分布函数是统计学中基本概念之一.

则称 $F_n(x)$ 为**经验分布函数**.

对于任何实数 x，$F_n(x)$ 等于样本的 n 个观察值 $x_1, x_2, \cdots, x_n$ 中不超过 x 的观察值的个数除以样本容量 n. 由频率与概率的关系知，$F_n(x)$ 可作为总体分布函数 $F(x)$ 的近似，n 越大，近似程度越好.

例 6-3 设总体 X 的一个样本 $(X_1, X_2, \cdots, X_8)$ 的一组观察值为 3，−1，2，2.5，3，0，4，2.5，将它们从小到大排列为

$$-1<0<2<2.5=2.5<3=3<4.$$

则

$$F_8(x)=\begin{cases}0, & x<-1,\\ \dfrac{1}{8}, & -1\leqslant x<0,\\ \dfrac{2}{8}, & 0\leqslant x<2,\\ \dfrac{3}{8}, & 2\leqslant x<2.5,\\ \dfrac{5}{8}, & 2.5\leqslant x<3,\\ \dfrac{7}{8}, & 3\leqslant x<4,\\ 1, & x\geqslant 4.\end{cases}$$

定义 6-4 设样本 $(X_1, X_2, \cdots, X_n)$ 来自总体 X，样本观察值 $x_1, x_2, \cdots, x_n$ 从小到大排序为 $x_{(1)}\leqslant x_{(2)}\leqslant\cdots\leqslant x_{(n)}$. 当 $(X_1, X_2, \cdots, X_n)$ 取值为 $(x_1, x_2, \cdots, x_n)$ 时，定义一组新的随机变量 $X_{(1)}, X_{(2)}, \cdots, X_{(n)}$，使 $X_{(k)}$ 的取值为 $x_{(k)}$，$k=1,2,\cdots,n$，则称 $X_{(1)}\leqslant X_{(2)}\leqslant\cdots\leqslant X_{(n)}$ 为**顺序统计量**.

顺序统计量是统计学中最重要的概念之一. 务必掌握.

显然有：

(1) $X_{(1)}\leqslant X_{(2)}\leqslant\cdots\leqslant X_{(n)}$；

(2) $X_{(1)}=\min\limits_{1\leqslant i\leqslant n} X_i$，$X_{(n)}=\max\limits_{1\leqslant i\leqslant n} X_i$.

在例 6-3 中，$X_{(1)}, X_{(2)}, \cdots, X_{(8)}$ 的取值分别为 −1，0，2，2.5，2.5，3，3，4. 如果还有一组样本观察值为 3，−1，0，8，2，2.5，4，7. 将它们从小到大排序，得 $-1<0<2<2.5<3<4<7<8$，这时 $X_{(1)}, X_{(2)}, \cdots, X_{(8)}$ 的取值就分别是 −1，0，2，2.5，3，4，7，8.

例 6-4 $X_{(1)}, X_{(2)}, \cdots, X_{(n)}$ 是与总体 X 的一个样本 $(X_1, X_2, \cdots, X_n)$ 相对应的一个顺序统计量，总体 X 的分布函数为 $F(x)$. 试求 $X_{(n)}$ 及 $X_{(1)}$ 的分布函数.

解 $X_{(n)}$ 的分布函数为

$$\begin{aligned}F_{X_{(n)}}(x)&=P\{X_{(n)}\leqslant x\}=P\{\max\{X_1, X_2, \cdots, X_n\}\leqslant x\}\\&=P\{X_1\leqslant x, X_2\leqslant x, \cdots, X_n\leqslant x\}\end{aligned}$$

$$=P\{X_1\leqslant x\}P\{X_2\leqslant x\}\cdots P\{X_n\leqslant x\}$$
$$=[F(x)]^n,$$

$X_{(1)}$ 的分布函数为

$$\begin{aligned}F_{X_{(1)}}(x)&=P\{X_{(1)}\leqslant x\}=1-P\{X_{(1)}>x\}\\&=1-P\{\min\{X_1,X_2,\cdots,X_n\}>x\}\\&=1-P\{X_1>x,X_2>x,\cdots,X_n>x\}\\&=1-P\{X_1>x\}P\{X_2>x\}\cdots P\{X_n>x\}\\&=1-[1-F(x)]^n.\end{aligned}$$

习题 6.2

6. 由于随机因素的影响，某铅球运动员的铅球出手高度可看成一个随机变量，下面是一组出于高度的统计数据，试根据这组数据，作频率直方图.

2.00	1.95	2.10	2.11	2.01	1.92	1.77	1.89	2.10	1.89
2.05	1.85	1.97	1.83	1.76	2.02	2.04	1.88	2.06	1.97
2.02	2.00	2.01	1.91	1.95	1.83	1.98	1.89	2.03	1.94

7. 写出题 6 中的经验分布函数 $F_n(x)$.

6.3 常用统计量的分布

根据统计量的定义，统计量是随机变量，它的取值具有随机性. 因此，用统计量来对总体做推断时会由于这种取值的随机性使推断的结论带有一定程度的不确定性. 这种不确定性用概率的大小来衡量，称在一定的概率意义下做出的判断为统计推断.

为了了解用某个统计量 U 进行推断的效果如何，必须了解统计量 U 的概率分布及其性质，进而了解 U 取到所得的观察值 $f(x_1,x_2,\cdots,x_n)$ 的概率大小等情况，使我们能对统计量 U 的优劣及所做推断的可靠性做出恰当评价. 由于很多随机变量都服从正态分布，所以下面着重介绍在正态总体的统计推断中起重要作用的几个统计量的分布.

6.3.1 样本均值 $\overline{X}$ 的分布

定理 6-1　设 $X_1,X_2,\cdots,X_n$ 相互独立，且 $X_i\sim N(\mu_i,\sigma_i^2)$，$i=1,2,\cdots,n$，则它们的线性函数 $V=\sum\limits_{i=1}^{n}c_iX_i$（$c_i$ 不全为零）也服从正态分布，且 $V\sim N\left(\sum\limits_{i=1}^{n}c_i\mu_i,\ \sum\limits_{i=1}^{n}c_i^2\sigma_i^2\right)$.

再次提醒：正态分布的线性组合仍服从正态分布.

证明略.

由定理 6-1, 不难推出如下结论.

推论 1 设$(X_1, X_2, \cdots, X_n)$是来自总体 $X \sim N(\mu, \sigma^2)$的一个样本,则有

现代软件中标准正态分布常用 Z 表示.

(1) $\overline{X} \sim N\left(\mu, \dfrac{\sigma^2}{n}\right)$;

(2) $Z = \dfrac{\sqrt{n}(\overline{X}-\mu)}{\sigma} \sim N(0, 1)$.

证 在定理 6-1 中取 $a_i = \dfrac{1}{n}$,注意到 $X_i \sim N(\mu, \sigma^2)$, $i=1,2,\cdots,n$,且 X_1, X_2,$\cdots$, X_n 相互独立,即得(1),进而得(2). 证毕.

当 X 为任意总体时,如果 $E(X)=\mu$,$D(X)=\sigma^2$,由中心极限定理知,只要样本容量 n 充分大,此时也有 $\overline{X}$ 近似服从正态分布 $N\left(\mu, \dfrac{\sigma^2}{n}\right)$,见式(5-3).

与推论 1 证明方法类似, 可由定理 6-1 得到如下推论.

推论 2 设$(X_1, X_2, \cdots, X_{n_1})$和$(Y_1, Y_2, \cdots Y_{n_2})$为分别来自相互独立的正态总体 $N(\mu_1, \sigma_1^2)$, $N(\mu_2, \sigma_2^2)$的样本,则 $\overline{X} \pm \overline{Y} \sim N\left(\mu_1 \pm \mu_2, \dfrac{\sigma_1^2}{n_1} + \dfrac{\sigma_2^2}{n_2}\right)$.

6.3.2 χ^2 分布

χ^2 分布定义很重要,一般认为其发明者为德国学者赫尔默特(Helmert),扫描二维码.

定义 6-5 设$(X_1, X_2, \cdots, X_n)$ 是相互独立且服从 $N(0, 1)$的一组随机变量,则 $U = \sum\limits_{i=1}^{n} X_i^2$ 服从自由度为 n 的 χ^2 分布,记为 $U \sim \chi^2(n)$.

值得注意的是, 自由度 n 是指 $\sum\limits_{i=1}^{n} X_i^2$ 中独立变量的个数. 关于 χ^2 分布有如下性质.

性质 1 χ^2 分布的密度函数为

$$f(x) = \begin{cases} \dfrac{1}{2^{\frac{n}{2}}\Gamma\left(\dfrac{n}{2}\right)} x^{\frac{n}{2}-1} \mathrm{e}^{-\frac{x}{2}}, & x>0, \\ 0, & x \leqslant 0, \end{cases}$$

特别地,当 $n=1$ 时

$$f(x) = \begin{cases} \dfrac{1}{\sqrt{2\pi}} x^{-\frac{1}{2}} \mathrm{e}^{-\frac{x}{2}}, & x>0, \\ 0, & x \leqslant 0, \end{cases}$$

$f(x)$的图形如图 6-4 所示.

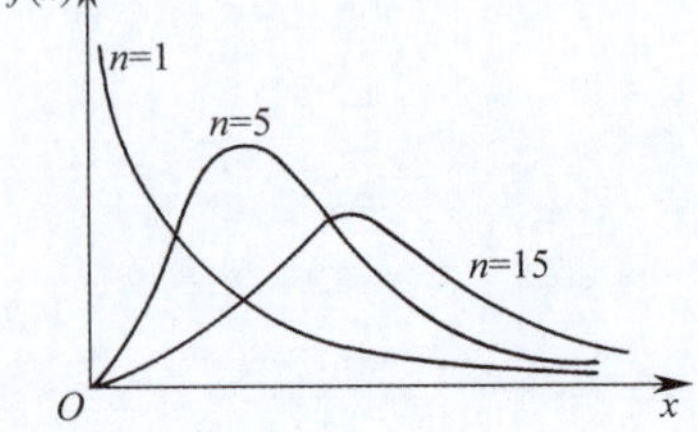

图 6-4

性质 2　(χ^2 分布可加性)若 $Y_1, Y_2, \cdots, Y_k$ 相互独立且都服从 χ^2 分布，自由度分别为 $n_1, n_2, \cdots, n_k$，则 $\sum_{i=1}^{k} Y_i$ 服从自由度为 $n=\sum_{i=1}^{k} n_i$ 的 χ^2 分布.

证明略，可根据例 2-18 及例 3-17 的结论加以证明，有兴趣的读者可自行验证.

χ^2 分布实际上是特殊的 $\Gamma(\lambda,\alpha)$ 分布，其中 $\lambda=\dfrac{1}{2}, \alpha=\dfrac{n}{2}$.

定理 6-2　(样本方差的分布)设 $(X_1, X_2, \cdots, X_n)(n\geqslant 2)$ 为来自总体 $X\sim N(\mu, \sigma^2)$ 的样本，则

定理 6-2 是统计学中核心定理之一. 也称为赫尔默特定理，扫描二维码.

(1) 样本均值 $\overline{X}$ 与样本方差 S^2 相互独立；

(2) $\dfrac{(n-1)S^2}{\sigma^2}=\sum_{i=1}^{n}(X_i-\overline{X})^2/\sigma^2 \sim \chi^2(n-1)$.

证明略.

定理 6-2 是本节甚至可以说是统计学中的核心定理，读者务必予以重视.

定义 6-6　(χ^2 分布的上 α 分位数)设 $U\sim\chi^2(n)$，对于给定的 $\alpha(0<\alpha<1)$ 称满足 $P\{U>\lambda\}=\alpha$ 的数 λ 为 $\chi^2(n)$ 分布的上 α 分位数，简称上 α 点，并记 λ 为 $\chi^2_\alpha(n)$，如图 6-5 所示.

关注 χ^2 分布与标准正态分布的上 α 分位数.

它与 α，n 有关，查附表可得到相应的上 α 分位数 $\chi^2_\alpha(n)$，但表中的 n 只列到 $n=45$ 为止. 费歇(R. A. Fisher)曾证明，当 n 充分大时，

$$\chi^2_\alpha(n)\approx\frac{1}{2}(z_\alpha+\sqrt{2n-1})^2,$$

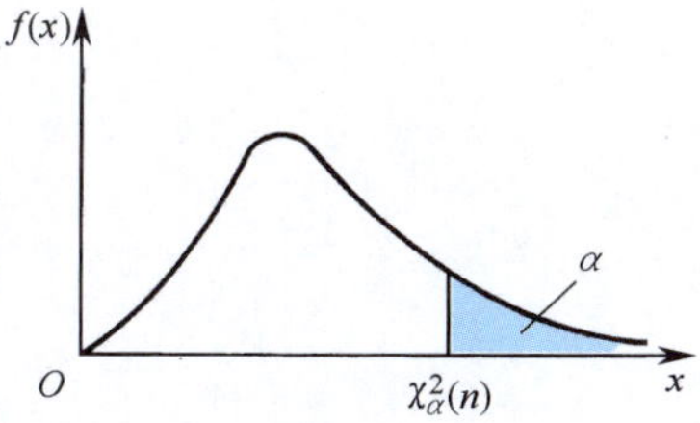

图　6-5

其中 z_α 是服从标准正态分布随机变量 Z 的上 α 分位点，即 z_α 满足 $P\{Z>z_\alpha\}=\alpha$. 利用上式可求 $n>45$ 时 $\chi^2(n)$ 分布的上 α 分位点的近似值，例如

$$\chi^2_{0.05}(50)\approx\frac{1}{2}(1.645+\sqrt{99})^2\approx 67.22.$$

例 6-5　已知 $X\sim\chi^2(10)$，求满足 $P\{X>\lambda_1\}=0.10$ 及 $P\{X<\lambda_2\}=0.75$ 的 λ_1 和 λ_2.

解　λ_1 即为 $\chi^2_{0.1}(10)$，查附表，由 $n=10, \alpha=0.1$ 查表得 $\lambda_1=15.987$，因为

$$P\{X<\lambda_2\}=1-P\{X\geqslant\lambda_2\}=1-P\{X>\lambda_2\}=0.75,$$

所以

$$P\{X>\lambda_2\}=0.25.$$

由 $n=10, \alpha=0.25$，查表得 $\lambda_2=12.549$.

6.3.3 t 分布

t 分布是统计学中重要分布之一，扫描二维码，了解具有里程碑意义的 t 分布的来源.

定义 6-7 设 $X \sim N(0, 1)$，$Y \sim \chi^2(n)$，且 X 与 Y 相互独立，则称随机变量

$$T = \frac{X}{\sqrt{Y/n}}$$

服从自由度为 n 的 t 分布，记为 $T \sim t(n)$. t 分布又称学生(student)分布.

关于 t 分布有如下性质.

性质 1 $t(n)$分布的密度函数为

$$h(t) = \frac{\Gamma[(n+1)/2]}{\sqrt{\pi n}\,\Gamma(n/2)}\left(1+\frac{t^2}{n}\right)^{-(n+1)/2}, \quad -\infty < t < +\infty;$$

性质 2 $\lim\limits_{n \to +\infty} h(t) = \frac{1}{\sqrt{2\pi}} e^{-\frac{t^2}{2}}$.

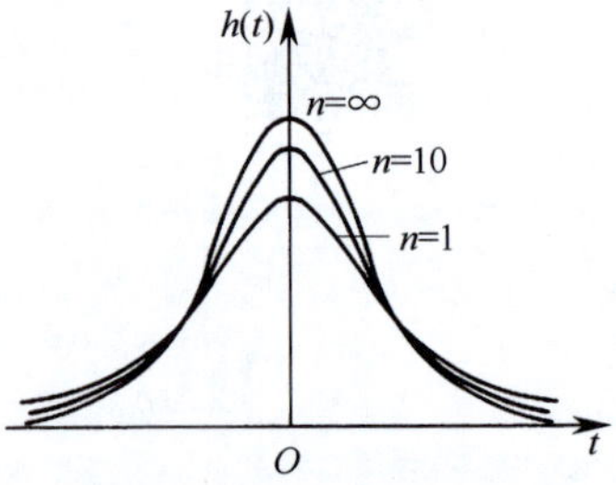

图 6-6

证明略.

上述性质表明 $h(t)$的图形关于直线 $t=0$ 对称且 $t(n)$分布以标准正态分布为极限分布. 所以，当 n 充分大时，$h(t)$的图形与标准正态分布的密度曲线近似. 图 6-6 所示为 $n=1$ 情形时 $h(t)$的图形.

由定理 6-1 的推论、定理 6-2 以及 t 分布的定义可推出如下结论.

定理 6-3 设$(X_1, X_2, \cdots, X_n)$$(n \geqslant 2)$为来自正态总体 $X \sim N(\mu, \sigma^2)$的样本，则

$$T = \frac{\sqrt{n}(\overline{X}-\mu)}{S} \sim t(n-1).$$

将此定理与定理 6-1 的推论比较可见，当用样本标准差 S 来代替 $\frac{\overline{X}-\mu}{\sigma/\sqrt{n}}$ 中的总体标准差 σ 时，所得的随机变量将不服从 $N(0,1)$，而服从$t(n-1)$.

定理 6-4 设$(X_1, X_2, \cdots, X_{n_1})$和$(Y_1, Y_2, \cdots, Y_{n_2})$分别是来自独立总体 $N(\mu_1, \sigma^2)$，$N(\mu_2, \sigma^2)$的相互独立的样本，则

$$T = \frac{\overline{X}-\overline{Y}-(\mu_1-\mu_2)}{\sqrt{\frac{(n_1-1)S_1^2+(n_2-1)S_2^2}{n_1+n_2-2}}\sqrt{\frac{1}{n_1}+\frac{1}{n_2}}} \sim t(n_1+n_2-2),$$

其中 S_1^2，S_2^2 分别为两个样本的方差，$\overline{X}$，$\overline{Y}$ 分别为两个样本的均值.

此定理可由定理 6-2、χ^2 分布的定义及定理 6-3 推出.

定义 6-8 (t 分布的上 α 分位数)设 $T \sim t(n)$，对于给定的 $\alpha(0<\alpha<1)$，称满足条件

$$P\{T>\lambda\} = \alpha$$

的数 λ 为自由度为 n 的 t 分布的上 α 分位数，简称上 α 点，记为 $t_\alpha(n)$，如图 6-7 所示. 书后有附表可供查用. n 较大时($n>45$)，可用标准正态分布代替 t 分布查 $t_\alpha(n)$ 的值，即 $t_\alpha(n)\approx u_\alpha$，其中 u_α 为标准正态分布的上 α 分位点. 由 $h(t)$ 的图形的对称性及上 α 分位点的定义知 $t_{1-\alpha}(n)=-t_\alpha(n)$.

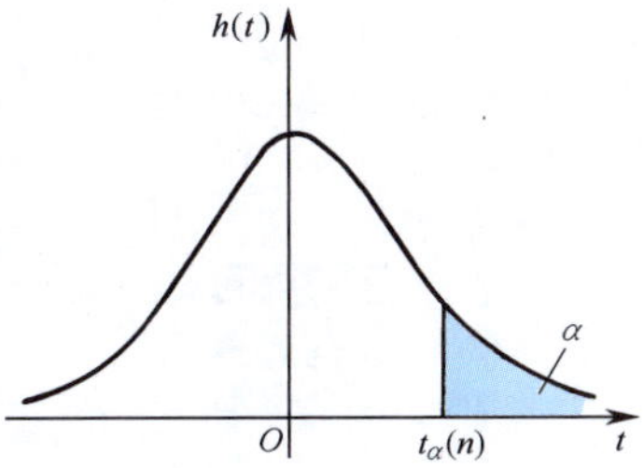

图　6-7

6.3.4　F 分布

定义 6-9　设 $X\sim\chi^2(n_1)$，$Y\sim\chi^2(n_2)$，且 X 与 Y 相互独立，则称随机变量

$$F=\frac{X/n_1}{Y/n_2}$$

服从第一自由度为 n_1，第二自由度为 n_2 的 F 分布，记作 $F\sim F(n_1, n_2)$.

F 分布、χ^2 分布与 t 分布并称为统计学三大分布. 扫描二维码，了解其来源.

可以证明 $F(n_1, n_2)$ 分布的密度函数为

$$f(x)=\begin{cases}\dfrac{\Gamma\left(\dfrac{n_1+n_2}{2}\right)}{\Gamma\left(\dfrac{n_1}{2}\right)\Gamma\left(\dfrac{n_2}{2}\right)}\left(\dfrac{n_1}{n_2}\right)^{\frac{n_1}{2}}x^{\frac{n_1}{2}-1}\left(1+\dfrac{n_1}{n_2}x\right)^{-\frac{n_1+n_2}{2}}, & x>0,\\ 0, & x\leqslant 0.\end{cases}$$

图 6-8 画出了 $f(x)$ 的图形.

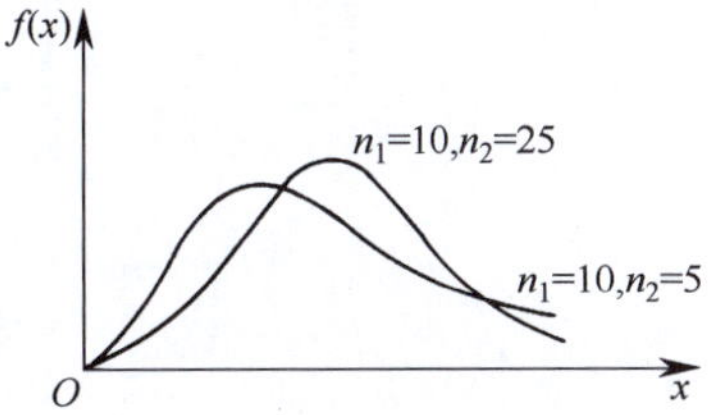

图　6-8

$f(x)$ 的图形是不对称的. 但当参数 n_1, n_2 增大时，图形趋于对称.

由定义易知：若 $F=\dfrac{X/n_1}{Y/n_2}\sim F(n_1, n_2)$，则 $\dfrac{1}{F}=\dfrac{Y/n_2}{X/n_1}\sim F(n_2, n_1)$.

定义 6-10　(F 分布的上 α 分位数)设 $F\sim F(n_1, n_2)$，对于给定的 $\alpha(0<\alpha<1)$ 称满足条件

$$P\{F>\lambda\}=\alpha$$

的数 λ 为 $F(n_1, n_2)$ 的上 α 分位数，记为 $F_\alpha(n_1, n_2)$，如图 6-9 所示，它与 α, n_1, n_2 有关. 书后有附表可查.

理解 F 分布上 α 分位数的概念，并会查表求出其具体数值.

应注意，当 $F\sim F(n_1, n_2)$ 时，有

$$P\{F>F_\alpha(n_1, n_2)\}=\alpha\Leftrightarrow P\left\{\frac{1}{F}>\frac{1}{F_\alpha(n_1, n_2)}\right\}=1-\alpha,$$

以及 $\dfrac{1}{F}\sim F(n_2, n_1)$，从而有

$$F_{1-\alpha}(n_2, n_1)=\frac{1}{F_\alpha(n_1, n_2)}.$$

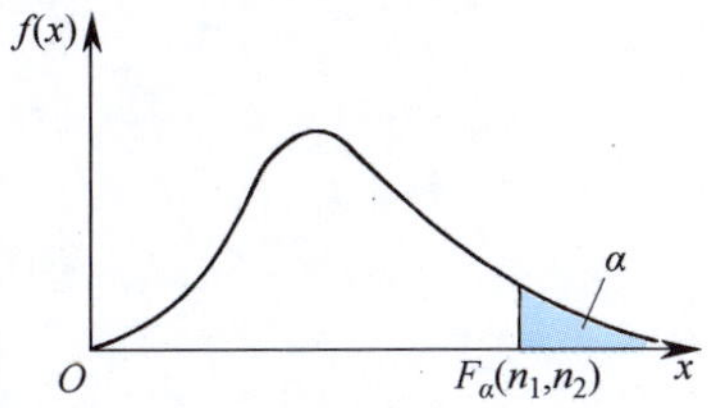

图　6-9

利用上式可求出一些表中未列出的上 α 点. 例如：

$$F_{0.95}(6, 4)=1/F_{0.05}(4, 6)=1/4.53\approx 0.221.$$

定理 6-5　设 S_1^2, S_2^2 为分别来自正态总体 $N(\mu_1, \sigma_1^2)$, $N(\mu_2, \alpha_2^2)$ 的两个相互独立的容量分别为 n_1, n_2 的样本的样本方

差,则

扫描二维码,并记住本节若干重要公式.

$$\frac{S_1^2/\sigma_1^2}{S_2^2/\sigma_2^2} \sim F(n_1-1,\ n_2-1).$$

特别地,当 $\sigma_1=\sigma_2$ 时,上式就是

$$\frac{S_1^2}{S_2^2} \sim F(n_1-1,\ n_2-1),$$

此定理可由定理 6-2 及 F 分布的定义推出.

习题 6.3

8. $(X_1,X_2,\cdots,X_9)$是来自正态总体 $X\sim N(2,\ 1)$的一个样本,$\overline{X}$ 为样本均值.试分别求出 X 和 $\overline{X}$ 在区间[1,3]上取值的概率,并指出 $3(\overline{X}-2)$服从什么分布.

9. 设$(X_1,X_2,\cdots,X_n)$为来自正态总体 $X\sim N(-1,\ \sigma^2)$的一个样本,且 $E(X^2)=4$.试指出 $\overline{X}$ 服从什么分布.

10. 设$(X_1,X_2,\cdots,X_6)$为来自正态总体 $N(2,\ (\sqrt{3})^2)$的一个样本,S^2 为样本方差,试指出$\frac{5S^2}{3}$服从什么分布.

11. 设$(X_1,X_2,\cdots,X_6)$为来自正态总体 $N(2,\ \sigma^2)$的一个样本,S 为样本标准差.试指出$\frac{\overline{X}-2}{S/\sqrt{6}}$服从什么分布.

12. 设$(X_1,X_2,\cdots,X_8)$及$(Y_1,Y_2,\cdots,Y_9)$为分别来自独立正态总体 $N(\mu_1,\ \sigma^2)$,$N(\mu_2,\ \sigma^2)$的样本,而 S_1^2,S_2^2 分别为两组样本的样本方差.试指出$\frac{S_1^2}{S_2^2}$服从什么分布.

13. 查表求出下面各式的上 α 分位数.

(1) $\chi^2_{0.95}(5)$;　　(2) $\chi^2_{0.75}(26)$;　　(3) $\chi^2_{0.95}(50)$;

(4) $t_{0.05}(20)$;　　(5) $t_{0.25}(45)$;　　(6) $t_{0.25}(50)$;

(7) $F_{0.1}(2,\ 3)$;　　(8) $F_{0.9}(3,\ 2)$;　　(9) $F_{0.025}(10,\ 9)$.

14. 设 $\overline{X}$ 及 S 为题 11 中的样本均值与样本均方差.试求 $P\{\sqrt{6}(\overline{X}-2)/S>\lambda\}=0.05$ 中的 λ.

15. 设某随机变量 X 服从 $\chi^2(n-1)$分布.对于给定的 $n=16$,$\alpha=0.05$.试求 λ_1,λ_2,满足 $P\{\lambda_1<X<\lambda_2\}=1-\alpha$ 且 $P\{X>\lambda_2\}=\frac{\alpha}{2}$.

复习题 6

16. 设$(X_1,X_2,\cdots,X_5)$为来自总体 $X\sim N(8,4)$的一个样本.

求 $P\{\overline{X}>9\}$.

17. 设总体 $X\sim N(\mu,4)$，从中抽取容量为 n 的样本，$\overline{X}$ 为样本均值. 问 n 为多少时，才能使 $P\{|\overline{X}-\mu|<0.1\}\geqslant 0.95$？

18. 已知 $U\sim\chi^2(8)$. 求满足 $P\{U>\lambda_1\}=0.05$ 及 $P\{U<\lambda_2\}=0.95$ 的 λ_1,λ_2.

19. 设 $X\sim N(0,1)$，$\overline{X}$，S^2 是 X 的一个样本的样本均值和样本方差.（样本容量 $n\geqslant 2$）. 试指出下面的统计量 $\sum\limits_{i=1}^{n}X_i^2$，$S^2$，$(n-1)\overline{X}^2$，$(n-1)S^2$ 中服从自由度为 $(n-1)$ 的 χ^2 分布的统计量.

20. 设 $(X_1,X_2,\cdots,X_{10})$ 为来自总体 $N(\mu,\sigma^2)$ 的一个样本，试求：

(1) $P\left\{0.26\sigma^2\leqslant\dfrac{1}{10}\sum\limits_{i=1}^{10}(X_i-\overline{X})^2\leqslant 2.3\sigma^2\right\}$；

(2) $P\left\{0.26\sigma^2\leqslant\dfrac{1}{10}\sum\limits_{i=1}^{10}(X_i-\mu)^2\leqslant 2.3\sigma^2\right\}$.

21. 设 X_1,X_2,X_3,X_4 为来自总体 $X\sim N(0,2^2)$ 的一个样本，且

$$Y=a(X_1-2X_2)^2+b(3X_3-4X_4)^2,\ a>0,b>0.$$

问：(1) X_1-2X_2 及 $3X_3-4X_4$ 分别服从什么分布？

(2) $(X_1-2X_2)/\sqrt{20}$ 及 $(3X_3-4X_4)/10$ 分别服从什么分布？

(3) a,b 为何值时，统计量 Y 服从 χ^2 分布，并指出其自由度.

22. 设随机变量 X 和 Y 相互独立且都服从正态分布 $N(0,3^2)$，而 $(X_1,X_2,\cdots,X_9)$ 和 $(Y_1,Y_2,\cdots,Y_9)$ 为分别来自总体 X 和 Y 的样本. 试指出统计量

$$U=\sum_{i=1}^{9}X_i\Big/\sqrt{\sum_{i=1}^{9}Y_i^2}$$

服从什么分布.

第7章 参数估计

参数估计是统计学中最重要的内容之一.

在实际问题中遇到的许多总体，根据以往的经验和理论分析可以知道它的分布类型，但分布中的参数未知，一旦参数确定以后，该总体的概率分布也就确定了. 例如，总体 $X\sim N(\mu,\sigma^2)$ 由参数 μ,σ^2 所确定等. 我们想借助从总体 X 中抽得的一个样本，对总体中的未知参数做出估计，这类问题就是参数估计.

本章主要讨论总体参数的点估计与区间估计.

7.1 点估计

设总体 X 的分布函数 $F(x,\theta)$ 形式已知，其中 θ 是未知参数（也可以是未知向量 $\boldsymbol{\theta}=(\theta_1,\theta_2,\cdots,\theta_{\mathrm{k}})^{\mathrm{T}}$）. 现从总体 X 中抽得一个样本 $(X_1,X_2,\cdots,X_n)$，相应的一个样本观察值为 $(x_1,x_2,\cdots,x_n)$. 点估计问题就是要构造一个适当的统计量 $\hat{\theta}(X_1,X_2,\cdots,X_n)$，用它的观察值 $\hat{\theta}(x_1,x_2,\cdots,x_n)$ 来估计未知参数 θ，称统计量 $\hat{\theta}(X_1,X_2,\cdots,X_n)$ 为 θ 的估计量，称 $\hat{\theta}(x_1,x_2,\cdots,x_n)$ 为 θ 的估计值. 在不致混淆的情况下统称估计量与估计值为估计，并都简记为 $\hat{\theta}$.

下面介绍两种常用的求参数点估计方法：矩估计法和极大似然估计法.

7.1.1 矩估计

矩估计法是 1900 年英国统计学家 K. Pearson 提出的一种参数估计方法，在统计学中具有广泛的应用. 下面介绍矩估计方法.

矩估计的基本思想：替换原理，即样本矩代替相应的总体矩. 本质是大数定律. 仔细阅读基本概念和矩估计如何得到.

设总体 X 的分布函数为 $F(x,\theta)$，$\theta=(\theta_1,\theta_2,\cdots,\theta_k)^{\mathrm{T}}$ 为 k 维未知参数，并设随机变量 X 的 k 阶矩原点存在，记 $\mu_i=E(X^i)$，$i=1,2,\cdots,k$，显然 μ_i 为 θ 的函数，记作 $\mu_i=E(X^i)=\mu_i(\theta_1,\theta_2,\cdots,\theta_k)$，$i=1,2,\cdots,k$.

矩估计的基本思想是：以样本矩作为相应的总体矩的估计，即

$$\begin{cases}\mu_1(\theta_1,\theta_2,\cdots,\theta_k)=\dfrac{1}{n}\sum\limits_{i=1}^{n}X_i,\\ \mu_2(\theta_1,\theta_2,\cdots,\theta_k)=\dfrac{1}{n}\sum\limits_{i=1}^{n}X_i^2,\\ \quad\vdots\\ \mu_k(\theta_1,\theta_2,\cdots,\theta_k)=\dfrac{1}{n}\sum\limits_{i=1}^{n}X_i^k.\end{cases}$$

上述方程组的解 $\hat{\theta}_i=\hat{\theta}_i(X_1,X_2,\cdots,X_n)$，$i=1,2,\cdots,k$，即为参数$\theta=(\theta_1,\theta_2,\cdots,\theta_k)^{\mathrm{T}}$ 的**矩估计**(ME)，记为 $\hat{\theta}_{\mathrm{ME}}$.

例 7-1　设总体 X 服从参数为 p 的(0-1)分布. 试根据样本 $X_1,X_2,\cdots,X_n$ 确定参数 p 的矩估计.

$EX^2=p$，按矩估计原理，p 的矩估计也可用$\frac{1}{n}\sum\limits_{i=1}^{n}X_i^2$，此例说明尽可能用较低阶的矩估计.

解　总体 X 的概率分布为

X	0	1
$P(X)$	$1-p$	p

只含有一个未知参数 p，且 $\mu_1=EX=p$，则 p 的矩估计为

$$\hat{p}_{\mathrm{ME}}=\frac{1}{n}\sum_{i=1}^{n}X_i=\overline{X}.$$

例 7-2　设总体 X 的概率密度为

$$f(x,\theta)=\begin{cases}\theta x^{\theta-1}, & 0<x<1,\\ 0, & \text{其他}.\end{cases}$$

其中 θ 为未知参数，且 $\theta>0$. $X_1,X_2,\cdots,X_n$ 是总体 X 的一个样本，试求 θ 的矩估计.

解　由于 $\mu_1=E(X)=\int_{-\infty}^{+\infty}xf(x)\mathrm{d}x=\dfrac{\theta}{\theta+1}$，所以

$$\frac{\hat{\theta}}{\hat{\theta}+1}=\overline{X},\quad \hat{\theta}_{\mathrm{ME}}=\frac{\overline{X}}{1-\overline{X}}.$$

例 7-3　设总体 X 的均值 μ 及方差 σ^2 都存在，μ,σ^2 均为未知，$X_1,X_2,\cdots,X_n$ 是总体的样本. 试求 μ,σ^2 的矩估计.

解　因 $\mu_1=E(X)=\mu$，$\mu_2=E(X^2)=\mu^2+\sigma^2$，则

$$\begin{cases}\hat{\mu}=\overline{X},\\ \hat{\mu}^2+\hat{\sigma}^2=\dfrac{1}{n}\sum\limits_{i=1}^{n}X_i^2.\end{cases}$$

解上述方程组，得 μ,σ^2 的矩估计分别为

$$\hat{\mu}_{\mathrm{ME}}=\overline{X},$$

$$\hat{\sigma}^2_{\mathrm{ME}}=\frac{1}{n}\sum_{i=1}^{n}X_i^2-\overline{X}^2=\frac{1}{n}\sum_{i=1}^{n}(X_i-\overline{X})^2.$$

所得结果表明，总体均值与方差的矩估计的表达式不因不同的

总体分布而异. 例如,$X\sim N(\mu,\sigma^2)$,μ,σ^2 未知,则 μ,σ^2 的矩估计为

$$\hat{\mu}=\overline{X},$$

$$\hat{\sigma}^2=\frac{1}{n}\sum_{i=1}^{n}X_i^2-\overline{X}^2=\frac{1}{n}\sum_{i=1}^{n}(X_i-\overline{X})^2.$$

例 7-4 灯泡厂生产的某种灯泡的寿命 $X\sim N(\mu,\sigma^2)$,现从中抽取 10 个进行寿命检验,测得数据如下(单位:h)

1200 1080 1050 1120 1100 1250 1200 1130 1300 1040

试用矩估计法估计总体均值 μ 和方差 σ^2.

解 由例 7-3 得

$$\hat{\mu}=\overline{X}=1147,$$

$$\hat{\sigma}^2=\frac{1}{n}\sum_{i=1}^{n}X_i^2-\overline{X}^2=\frac{1}{n}\sum_{i=1}^{n}(X_i-\overline{X})^2=6821.$$

7.1.2 极大似然估计

极大似然估计是参数估计的常用方法之一,扫描二维码,了解其来源. 理解掌握极大似然估计的基本思想.

极大似然估计最早是由高斯于 1821 年提出,但一般将之归功于英国统计学家费希尔,因为费希尔在 1922 年证明了极大似然估计的性质,并使得该方法得到了广泛的应用.

与矩估计方法一样,设总体 X 的概率分布类型已知,而其中含有未知参数,直观的想法是:小概率事件在一次实验中一般不会发生,而大概率事件常常会发生;反之,如果在一次实验中,随机事件“$X=x$”发生了,那么,对于离散型随机变量 X 而言,我们往往认为“$X=x$”的概率应较大,而对于连续型随机变量 X,我们往往认为 X 落在 x 附近的概率比较大. 下面分离散型和连续型两种情况进行讨论.

1. 离散型

若总体 X 是离散型随机变量,其分布律为

$$P\{X=x_i\}=p(x_i;\theta_1,\theta_2,\cdots,\theta_k),\quad i=1,2,\cdots,$$

其中 $\theta_1,\theta_2,\cdots,\theta_k$ 为待估参数. 设 $X_1,X_2,\cdots,X_n$ 是来自总体 X 的样本,则 $X_1,X_2,\cdots,X_n$ 的联合分布律为 $\prod\limits_{i=1}^{n}p(x_i;\theta_1,\theta_2,\cdots,\theta_k)$,其中 $x_1,x_2,\cdots,x_n$ 是相应样本 $X_1,X_2,\cdots,X_n$ 的一个样本值,则事件 $\{X_1=x_1,X_2=x_2,\cdots,X_n=x_n\}$ 发生的概率为

$$L(\theta_1,\theta_2,\cdots,\theta_k)=\prod_{i=1}^{n}p(x_i;\theta_1,\theta_2,\cdots,\theta_k),\tag{7-1}$$

它是 $\theta_1,\theta_2,\cdots,\theta_k$ 的函数,称 $L(\theta_1,\theta_2,\cdots,\theta_k)$ 为样本的**似然函数**.

由上面的讨论,在 $\theta_1,\theta_2,\cdots,\theta_k$ 取值的可能范围内,应挑选使概率 $L(\theta_1,\theta_2,\cdots,\theta_k)$ 达到最大的 $\hat{\theta}_1,\hat{\theta}_2,\cdots,\hat{\theta}_k$ 作为 $\theta_1,\theta_2,\cdots,\theta_k$ 的估

计，即

$$L(\hat{\theta}_1,\hat{\theta}_2,\cdots,\hat{\theta}_k)=\max L(\theta_1,\theta_2,\cdots,\theta_k). \tag{7-2}$$

这样得到的 $\hat{\theta}_1,\hat{\theta}_2,\cdots,\hat{\theta}_k$ 与样本值 $x_1,x_2,\cdots,x_n$ 有关，常记为 $\hat{\theta}_i(x_1,x_2,\cdots,x_n),i=1,2,\cdots,k$，称之为参数 $\theta_1,\theta_2,\cdots,\theta_k$ 的**极大似然估计**，而相应的统计量为 $\hat{\theta}_i(X_1,X_2,\cdots,X_n)$，　$i=1,2,\cdots,k$，称之为 $\theta_1,\theta_2,\cdots,\theta_k$ 的**极大似然估计量**.

如果 $p(x;\theta_1,\theta_2,\cdots,\theta_k)$ 关于 $\theta_1,\theta_2,\cdots,\theta_k$ 可导，这时 $\theta_1,\theta_2,\cdots,\theta_k$ 的参数估计常从方程组

$$\frac{\partial L}{\partial \theta_i}=0,\quad i=1,2,\cdots,k \tag{7-3}$$

解得，上述方程称为**似然方程**. 又因 L 与 $\ln L$ 在同一 $\theta_1,\theta_2,\cdots,\theta_k$ 处取得极值，因此，$\theta_1,\theta_2,\cdots,\theta_k$ 的极大似然估计也可以从方程组

$$\frac{\partial \ln L}{\partial \theta_i}=0,\quad i=1,2,\cdots,k \tag{7-4}$$

中解得，而由式(7-4)求解往往比式(7-3)方便得多. 上述方程称为对数似然方程.

例 7-5　设 $X\sim B(1,p)$，$X_1,X_2,\cdots,X_n$ 是来自 X 的一个样本. 试求参数 p 的极大似然估计量.

解　设 $x_1,x_2,\cdots,x_n$ 是相应于样本 $X_1,X_2,\cdots,X_n$ 的一个样本值，X 的分布律为

$$P\{X=x\}=p^x(1-p)^{1-x},\quad x=0,1.$$

故似然函数

$$L(p)=\prod_{i=1}^{n}p^{x_i}(1-p)^{1-x_i}$$
$$=p^{\sum\limits_{i=1}^{n}x_i}(1-p)^{n-\sum\limits_{i=1}^{n}x_i}.$$

而 $\ln L(p)=\left(\sum\limits_{i=1}^{n}x_i\right)\ln p+\left(n-\sum\limits_{i=1}^{n}x_i\right)\ln(1-p)$，令

$$\frac{\mathrm{d}\ln L(p)}{\mathrm{d}p}=\frac{\sum\limits_{i=1}^{n}x_i}{p}-\frac{n-\sum\limits_{i=1}^{n}x_i}{1-p}=0,$$

解得 p 的极大似然估计值

$$\hat{p}=\frac{1}{n}\sum_{i=1}^{n}x_i=\overline{X}.$$

p 有极大似然估计量为 $\hat{p}=\frac{1}{n}\sum\limits_{i=1}^{n}X_i=\overline{X}$，我们看到这一估计量与矩估计量是相同的，但这一结论不具有普遍性.

2. 连续型

若总体 X 是连续型随机变量,其概率密度为 $f(x;\theta_1,\theta_2,\cdots,\theta_k)$,$\theta_1,\theta_2,\cdots,\theta_k$ 为未知参数,根据第2章随机变量性质可知,随机变量 X 落在 $(x,x+\mathrm{d}x)$ 中的概率近似为 $f(x;\theta_1,\theta_2,\cdots,\theta_k)\mathrm{d}x$. 设 $X_1,X_2,\cdots,X_n$ 是来自 X 的样本,则 $X_1,X_2,\cdots,X_n$ 落在 $(x_1,x_1+\mathrm{d}x_1)\cap\cdots\cap(x_n,x_n+\mathrm{d}x_n)$ 中的概率为

$$\prod_{i=1}^{n} f(x_i;\theta_1,\cdots,\theta_k)\mathrm{d}x_1\cdots\mathrm{d}x_n.$$

称

$$L(\theta_1,\cdots,\theta_k)=\prod_{i=1}^{n} f(x_i;\theta_1,\cdots,\theta_k) \tag{7-5}$$

为样本的似然函数. 与离散型的情况一样,挑选使 $L(\theta_1,\theta_2,\cdots,\theta_k)$ 达到最大的 $\hat{\theta}_1,\hat{\theta}_2,\cdots,\hat{\theta}_k$,作为 $\theta_1,\theta_2,\cdots,\theta_k$ 的估计值,即使

$$L(\hat{\theta}_1,\cdots,\hat{\theta}_k)=\max\prod_{i=1}^{n} f(x_i;\theta_1,\cdots,\theta_k), \tag{7-6}$$

则称 $\hat{\theta}_1,\cdots,\hat{\theta}_k$ 为 $\theta_1,\theta_2,\cdots,\theta_k$ 的**极大似然估计**(MLE).

若 $f(x,\theta_1,\theta_2,\cdots,\theta_k)$ 关于 $\theta_1,\theta_2,\cdots,\theta_k$ 可导,求 $\hat{\theta}_1,\cdots,\hat{\theta}_k$ 的方法与离散型的情况类似,这里不再叙述.

例 7-6 设 $X\sim N(\mu,\sigma^2)$, μ, σ^2 为未知参数,$x_1,x_2,\cdots,x_n$ 是来自总体 X 的样本观察值. 求 μ,σ^2 的极大似然估计量.

解 似然函数为

$$L(\mu,\sigma^2)=\prod_{i=1}^{n}\frac{1}{\sqrt{2\pi}\sigma}\mathrm{e}^{-\frac{(x_i-\mu)^2}{2\sigma^2}}$$

$$=(2\pi\sigma^2)^{-n/2}\mathrm{e}^{-\frac{\sum\limits_{i=1}^{n}(x_i-\mu)^2}{2\sigma^2}},$$

对数似然函数为

$$\ln L=-\frac{n}{2}\ln(2\pi\sigma^2)-\frac{1}{2\sigma^2}\sum_{i=1}^{n}(x_i-\mu)^2.$$

由

$$\begin{cases}\dfrac{\partial \ln L}{\partial\mu}=0,\\[2mm] \dfrac{\partial \ln L}{\partial\sigma^2}=0,\end{cases}$$

得

$$\begin{cases}\dfrac{1}{\sigma^2}\left(\sum\limits_{i=1}^{n}x_i-n\mu\right)=0,\\[2mm] -\dfrac{n}{2\sigma^2}+\dfrac{1}{2(\sigma^2)^2}\sum\limits_{i=1}^{n}(x_i-\mu)^2=0.\end{cases}$$

由第一式解得 $\hat{\mu}=\sum_{i=1}^{n}x_i/n \triangleq \bar{x}$，代入第二式得 $\hat{\sigma}^2=\frac{1}{n}\sum_{i=1}^{n}(x_i-\bar{x})^2$，因此得 μ,σ^2 的极大似然估计量为

$$\hat{\mu}_{\mathrm{MLE}}=\overline{X},$$

$$\hat{\sigma}^2_{\mathrm{MLE}}=\frac{1}{n}\sum_{i=1}^{n}X_i^2-\overline{X}^2=\frac{1}{n}\sum_{i=1}^{n}(X_i-\overline{X})^2.$$

与相应的矩估计量也相同.

例 7-7　设总体 X 服从$[0,\theta]$上的均匀分布（$\theta>0$，未知）. 试求 θ 的极大似然估计量与矩估计量.

极大似然估计与矩估计未必相同. 问题：极大似然估计唯一吗？

解　似然函数

$$\begin{aligned}L(\theta)&=\prod_{i=1}^{n}f(x_i,\theta)\\&=\theta^{-n}I(0\leqslant x_1,x_2,\cdots,x_n\leqslant\theta)\\&=\theta^{-n}I(0\leqslant x_{(1)}\leqslant x_{(2)}\leqslant\cdots\leqslant x_{(n)}\leqslant\theta)\\&=\theta^{-n}I(\theta\geqslant x_{(n)})\cdot I(x_{(n)}\geqslant\cdots\geqslant x_{(1)}\geqslant 0).\end{aligned}$$

因此，θ 的最大似然估计值为

$$\hat{\theta}_{\mathrm{MLE}}=\max\{x_1,x_2,\cdots,x_n\}.$$

由此得 θ 的极大似然估计量为 $\hat{\theta}=\max\{X_1,X_2,\cdots,X_n\}$.

θ 的矩估计求法作为习题留给读者.

习题 7.1

1. 求例 7-7 中参数 θ 的矩估计量，并说明参数的矩估计与极大似然估计是否相同.

2. 设 X 的概率分布为 $P\{X=k\}=q^{k-1}p,k=1,2,\cdots,0<p<1,p+q=1$. 其中 p 是未知参数，$X_1,X_2,\cdots,X_n$ 是来自 X 的一个样本，$x_1,x_2,\cdots,x_n$ 是它的样本值. 试求 p 的矩估计量和极大似然估计量.

3. 设总体 X 服从参数为 $\lambda(\lambda>0)$ 的指数分布. 求参数 λ 的极大似然估计量.

7.2　估计量的优劣性

从上节例 7-7 可以看出，对于同一参数，用不同的估计方法求出的估计量可能不相同，而且，原则上这些估计量都可以作为未知参数的估计量，那么，这就产生了一个用什么样的标准评价估计量优劣的问题.

既然估计量是随机变量，所以要确定估计量的好坏就不能仅仅根据一次抽样结果 $x_1,x_2,\cdots,x_n$ 计算出的估计值接近真值的程度来衡量估计量的好坏，而应从估计量的整体(即它的概率分布)加以判断才是合理的，下面介绍几个常用的标准.

7.2.1 无偏性

设 θ 是总体分布中的未知参数，$\hat{\theta}$ 是它的估计量，既然 $\hat{\theta}$ 是样本的函数，因此对于不同的抽样结果 $x_1,x_2,\cdots,x_n$，$\hat{\theta}$ 的值也不一定相同，然而我们希望在多次试验中，用 $\hat{\theta}$ 作为 θ 的估计没有系统误差，即用 $\hat{\theta}$ 作为 θ 的估计，其平均偏差为0，用公式表示即

$$E(\hat{\theta}-\theta)=0,$$

即

$$E(\hat{\theta})=\theta.$$

这就是估计量的无偏性的概念.

了解无偏性的概念，扫描二维码，进一步了解渐近无偏性. 无偏估计未必存在，举反例.

定义 7-1 设 $\hat{\theta}$ 为未知数 θ 的一个估计量，若

$$E(\hat{\theta})=\theta,$$

则称 $\hat{\theta}$ 为参数 θ 的**无偏估计**.

例 7-8 设总体 X 的均值为 μ，方差为 σ^2. $X_1,X_2,\cdots,X_n$ 是来自总体 X 的一个样本. 求证：样本均值 $\overline{X}$ 是总体均值的无偏估计量，而 $\hat{\sigma}^2=\dfrac{1}{n}\sum\limits_{i=1}^{n}(X_i-\overline{X})^2$ 不是 σ^2 的无偏估计量.

证 因为

$$E(X_i)=E(X)=\mu,\quad i=1,2,\cdots,n,$$

所以

$$E(\overline{X})=\frac{1}{n}\sum_{i=1}^{n}E(X_i)=\mu.$$

即 $\overline{X}$ 是 μ 的无偏估计量，而

$$\begin{aligned}
E(\hat{\sigma}^2)&=E\left[\frac{1}{n}\sum_{i=1}^{n}(X_i-\overline{X})^2\right]\\
&=\frac{1}{n}E\left\{\sum_{i=1}^{n}[(X_i-\mu)-(\overline{X}-\mu)]^2\right\}\\
&=\frac{1}{n}E\left[\sum_{i=1}^{n}(X_i-\mu)^2-2(\overline{X}-\mu)\sum_{i=1}^{n}(X_i-\mu)+n(\overline{X}-\mu)^2\right]
\end{aligned}$$

$$= \frac{1}{n}E\left[\sum_{i=1}^{n}(X_i-\mu)^2 - n(\overline{X}-\mu)^2\right]$$
$$= \frac{1}{n}\sum_{i=1}^{n}E(X_i-\mu)^2 - E(\overline{X}-\mu)^2$$
$$= \frac{1}{n}\sum_{i=1}^{n}D(X_i) - D(\overline{X}).$$

因

$$D(X_i) = D(X) = \sigma^2,$$
$$D(\overline{X}) = D\left[\frac{1}{n}\sum_{i=1}^{n}X_i\right] = \frac{1}{n^2}\sum_{i=1}^{n}D(X_i) = \frac{\sigma^2}{n},$$

故

$$E(\hat{\sigma}^2) = \frac{1}{n}\cdot n\sigma^2 - \frac{\sigma^2}{n} = \frac{n-1}{n}\sigma^2.$$

由此可见，$\hat{\sigma}^2$ 不是 σ^2 的无偏估计量，但是，

$$E\left(\frac{n}{n-1}\hat{\sigma}^2\right) = \sigma^2,$$

而

$$S^2 = \frac{n}{n-1}\hat{\sigma}^2 = \frac{1}{n-1}\sum_{i=1}^{n}(X_i-\overline{X})^2,$$

其中 S^2 是样本方差. 故

$$E(S^2) = \sigma^2.$$

即 S^2 是 σ^2 的无偏估计量. 证毕.

例 7-9　设总体 X 的 k 阶矩 $\mu_k = E(X^k)(k \geqslant 1$ 存在)，又设 $X_1, X_2, \cdots, X_n$ 是 X 的一个样本. 试证明：不论总体服从什么分布，k 阶样本矩 $m_k = \frac{1}{n}\sum_{i=1}^{n}X_i^k$ 是 k 阶总体矩 μ_k 的无偏估计.

证　$X_1, X_2, \cdots, X_n$ 与 X 具有相同的分布，故有

$$E(X_i^k) = E(X^k) = \mu_k, \quad k = 1, 2, \cdots, n.$$

即有

$$E(m_k) = E\left(\frac{1}{n}\sum_{i=1}^{n}X_i^k\right)$$
$$= \frac{1}{n}\sum_{i=1}^{n}E(X_i^k)$$
$$= \mu_k.$$

特别说明，不论总体 X 服从什么分布，只要它的数学期望存在，$\overline{X}$ 总是总体 X 的数学期望 $\mu = E(X)$ 的无偏估计量. 证毕.

例 7-10　设总体 X 的数学期望 $E(X)=\mu$，$X_1, X_2, \cdots, X_n$ 是来自 X 的一个样本. 试证明：

例 7-10 说明无偏估计通常不唯一，甚至有无穷多个.

$$\hat{\mu} = a_1X_1 + a_2X_2 + \cdots + a_nX_n$$

是 μ 的无偏估计量，其中 $\alpha_1, \alpha_2, \cdots, \alpha_n$ 为任意常数，且满足 $\alpha_1+\alpha_2+\cdots+\alpha_n=1$.

证 因为

$$E(X_i)=E(X)=\mu, \quad i=1,2,\cdots,n,$$

所以

$$\begin{aligned} E(\hat{\mu}) &= E\left(\sum_{i=1}^{n}\alpha_i X_i\right) \\ &= \sum_{i=1}^{n}E(\alpha_i X_i) \\ &= \sum_{i=1}^{n}\alpha_i E(X_i) \\ &= \mu, \end{aligned}$$

故 $\hat{\mu}$ 是 μ 的无偏估计量. 证毕.

由此可见，一个未知参数可以有不同的无偏估计量. 因此，对于几个无偏估计量，应有个区别好坏的标准.

7.2.2 有效性

现在来比较参数 θ 的两个无偏估计量 $\hat{\theta}_1, \hat{\theta}_2$，如果在样本容量 n 相同的情况下，$\hat{\theta}_1$ 的观察值较 $\hat{\theta}_2$ 更密集在 θ 的附近，我们就认为 $\hat{\theta}_1$ 较 $\hat{\theta}_2$ 更为理想，而 $\hat{\theta}_1$ 取值偏离 θ 的程度用 $E(\hat{\theta}_1-\theta)^2$ 来表达，这个值越小，说明 $\hat{\theta}_1$ 的值越密集在 θ 的附近. 另外，由于 $\hat{\theta}_1, \hat{\theta}_2$ 是 θ 的无偏估计量，所以 $E(\hat{\theta}_1)=E(\hat{\theta}_2)=\theta$，从而有

$$E(\hat{\theta}_1-\theta)^2=D(\hat{\theta}_1), \quad E(\hat{\theta}_2-\theta)^2=D(\hat{\theta}_2).$$

务必记住有效性的定义. 方差越小越有效.

定义 7-2 设 $\hat{\theta}_1=\hat{\theta}_1(X_1,X_2,\cdots,X_n)$，$\hat{\theta}_2=\hat{\theta}_2(X_1,X_2,\cdots,X_n)$ 都是 θ 的无偏估计量，若有

$$D(\hat{\theta}_1)<D(\hat{\theta}_2),$$

则称 $\hat{\theta}_1$ 较 $\hat{\theta}_2$ 有效.

例 7-11 在例 7-10 中，对于 $\alpha_i(i=1,2,\cdots,n)$，且 $\sum\limits_{i=1}^{n}\alpha_i=1$，无偏估计 $\overline{X}$ 较 $\hat{\mu}$ 更有效.

证 由柯西- 施瓦兹不等式 $\left(\sum\limits_{i=1}^{n}\alpha_i b_i\right)^2 \leqslant \sum\limits_{i=1}^{n}\alpha_i^2 \cdot \sum\limits_{i=1}^{n}b_i^2$ 得

$$1=\left(\sum_{i=1}^{n}\alpha_i\right)^2 \leqslant \sum_{i=1}^{n}1^2 \cdot \sum_{i=1}^{n}\alpha_i^2 = n\sum_{i=1}^{n}\alpha_i^2,$$

即

$$\sum_{i=1}^{n}\alpha_i^2 \geqslant \frac{1}{n},$$

从而

$$D(\overline{X}) = \frac{1}{n}D(X) \leqslant \sum_{i=1}^{n}\alpha_i^2 D(X) = D\left(\sum_{i=1}^{n}\alpha_i X_i\right) = D(\hat{\mu}).$$

因此，$\overline{X}$ 较 $\hat{\mu}$ 更有效，正是由于这一原因，我们在实际问题中总是喜欢用 $\overline{X}$ 作为数学期望 $E(X)=\mu$ 的估计. 证毕.

7.2.3 相合性

前面讲的无偏性和有效性都是在样本容量 n 固定的前提下提出的，我们自然希望随着样本容量的增大，一个估计量的值稳定在待估参数真值的附近，这样，对估计量又有下述相合性的要求.

相合性定义非常重要.

定义 7-3 设 $\hat{\theta}(X_1,X_2,\cdots,X_n)$ 为参数 θ 的估计量，如果当 $n\to\infty$ 时，$\hat{\theta}$ 依概率收敛于 θ，即任给 $\varepsilon>0$，有

$$\lim_{n\to\infty}P\{|\hat{\theta}-\theta|<\varepsilon\}=1,$$

则称 $\hat{\theta}$ 为参数 θ 的**相合估计**.

根据大数定律，若总体 X 的 k 阶矩 μ_k 存在即 $\mu_k = E(X^k)$，则相应的样本矩 $m_k = \frac{1}{n}\sum_{i=1}^{n}X_i^k$，当 $n\to\infty$ 时，依概率收敛于总体矩 μ_k，即对于任意的 $\varepsilon>0$，有

$$\lim_{n\to\infty}P\{|m_k-\mu_k|<\varepsilon\}=1,$$

则 m_k 是总体 X 的 k 阶矩 μ_k 的相合估计.

估计量的相合性是参数估计的基本要求，如果一个估计量在样本容量相当大的情况下，不能将参数估计做到任意指定的精度，那么这个估计是不能考虑的. 参数估计的相合性可以应用大数定律或定义来加以证明. 下面给出参数估计相合性常用的判定定理.

定理 7-1 设 $\hat{\theta}_n(X_1,X_2,\cdots,X_n)$ 为参数 θ 的估计量，若

相合性的判定定理.

$$\lim_{n\to\infty}E(\hat{\theta}_n)=\theta,$$

则称 $\hat{\theta}_n$ 为 θ 的**渐近无偏估计**.

在上述条件下，$\lim\limits_{n\to\infty}D(\hat{\theta}_n)=0$，则 $\hat{\theta}_n$ 为 θ 的相合估计.

以上给出了估计量的三个评价标准. 通常情况下，参数的极大似然估计量比矩估计量具有更好的性质，在此，我们不准备做进一步的讨论.

习题 7.2

4. 若总体均值 μ 和 σ^2 均存在，试证统计量

$$\hat{\mu}=\frac{2}{n(n+1)}\sum_{i=1}^{n} iX_i$$

是 μ 的无偏估计，其中 $X_1, X_2, \cdots, X_n$ 为取自该总体的一个样本.

5. 设 $X \sim N(\mu,1)$，其中 μ 是未知参数，(X_1, X_2) 为取自 X 的样本. 试验证

$$\hat{\mu}_1=\frac{2}{3}X_1+\frac{1}{3}X_2,$$

$$\hat{\mu}_2=\frac{1}{4}X_1+\frac{3}{4}X_2,$$

$$\hat{\mu}_3=\frac{1}{2}X_1+\frac{1}{2}X_2$$

都是 μ 的无偏估计量，并指出哪一个更有效.

7.3 参数的区间估计

前面讨论了未知参数的点估计问题，它是用估计量 $\hat{\theta}(X_1, X_2, \cdots, X_n)$ 的值作为未知参数 θ 的估计，然而不管 $\hat{\theta}$ 是一个怎样优良的估计量，用 $\hat{\theta}$ 去估计 θ 也只是一定程度的近似，至于如何反映精确度，参数的点估计并没有回答，也就是说，对于未知参数 θ，除了求出它的点估计 $\hat{\theta}$ 外，我们还希望估计出一个范围，并希望知道这个范围包含参数 θ 真值的可信程度，这样的范围通常以区间的形式给出，同时还给出此区间包含参数 θ 真值的可信程度. 这种形式的估计称为**区间估计**，这样的区间即所谓**置信区间**.

牢记置信区间的定义，扫描二维码，了解理论的发明者.

定义 7-4 设总体 X 的分布函数 $F(x;\theta)$ 含有一个未知参数 θ，对于给定的 $\alpha(0<\alpha<1)$，若由样本 $X_1, X_2, \cdots, X_n$ 确定的两个统计量 $\hat{\theta}_1(X_1, X_2, \cdots, X_n)$ 和 $\hat{\theta}_2(X_1, X_2, \cdots, X_n)$ 满足

$$P\{\hat{\theta}_1(X_1, X_2, \cdots, X_n)<\theta<\hat{\theta}_2(X_1, X_2, \cdots, X_n)\}=1-\alpha, \qquad (7\text{-}7)$$

则称随机区间 $(\hat{\theta}_1, \hat{\theta}_2)$ 是 θ 的置信度为 $1-\alpha$ 的置信区间，$\hat{\theta}_1$ 和 $\hat{\theta}_2$ 分别称为置信度为 $1-\alpha$ 的双侧置信区间的**置信下限**和**置信上限**，$1-\alpha$ 称为**置信度**或**置信水平**.

从定义可以看出，置信度 $1-\alpha$ 的置信区间 $(\hat{\theta}_1, \hat{\theta}_2)$ 是一个随机

区间，它随样本的不同而不同，每个样本值确定一个区间$(\hat{\theta}_1,\hat{\theta}_2)$，每个这样的区间要么包含$\theta$的真值，要么不包含$\theta$的真值，由伯努利大数定律，若反复抽样多次（样本容量均为n），得到许多的置信区间$(\hat{\theta}_1,\hat{\theta}_2)$，在这些区间中，包含$\theta$真值的约占$100(1-\alpha)\%$，不包含$\theta$真值的约仅占$100\alpha\%$. 例如，若$\alpha=0.01$，反复抽样1000次，则得到的1000个区间中不包含θ真值的约仅为10个.

如果总体分布未知，方差已知，则可用切比雪夫不等式来求均值的置信区间.

例 7-12 某灯泡厂某天生产了一大批灯泡，从中抽取了10个进行寿命试验，得数据如下（单位：h）

1050 1100 1080 1120 1200 1250 1040 1130 1300 1200

如果已知该天生产的灯泡寿命的方差为8，试求以95%以上概率确定灯泡的平均寿命的置信区间.

解 设X表示该天灯泡的寿命，由已知得$D(X)=8$，由于X的分布未知，可用切比雪夫不等式来求均值的置信区间.

由切比雪夫不等式得

$$P\{|X-E(X)|<\varepsilon\}\geqslant 1-\frac{D(X)}{\varepsilon^2}. \tag{7-8}$$

其中，ε为任意给定的正数.

用$(X_1,X_2,\cdots,X_n)$表示从总体X中抽取的样本，令$\overline{X}=\frac{1}{n}\sum_{i=1}^{n}X_i$，则$E(\overline{X})=E(X)$，$D(\overline{X})=\frac{1}{n}D(X)$，利用式(7-8)有

$$P\{|\overline{X}-E(X)|<\varepsilon\}\geqslant 1-\frac{D(\overline{X})}{\varepsilon^2},$$

即

$$P\{|\overline{X}-E(X)|<\varepsilon\}\geqslant 1-\frac{D(X)}{n\varepsilon^2}.$$

令

$$1-\frac{D(X)}{n\varepsilon^2}=1-\alpha(\alpha=5\%),$$

即取$\varepsilon=\sqrt{20D(X)/n}$，则得

$$P\{|\overline{X}-E(X)|<\sqrt{20D(X)/n}\}\geqslant 95\%. \tag{7-9}$$

由式(7-9)可以看出，有95%以上的把握保证

$$|\overline{X}-E(X)|<\sqrt{20D(X)/n},$$

即$E(X)-\sqrt{20D(X)/n}<\overline{X}<E(X)+\sqrt{20D(X)/n}$.

由题设可得$\overline{X}=1147$，$\sqrt{20D(X)/n}=4$，于是$E(X)$的置信区间为$(1147-4,1147+4)$，即$(1143,1151)$.

下面我们仅讨论正态总体 $N(\mu,\sigma^2)$ 的均值 μ 和方差 σ^2 的置信区间.

7.3.1 均值 μ 的置信区间

1. 方差 σ^2 已知

因

$$X\sim N(\mu,\sigma^2),$$

则样本均值 $\overline{X}\sim N\left(\mu,\frac{\sigma^2}{n}\right)$，故

再次提醒：这个公式很重要.

$$Z=\frac{\sqrt{n}(\overline{X}-\mu)}{\sigma}\sim N(0,1).$$

对于给定的 α，由上 α 分位点的概念，知（见图 7-1）

$$P\left\{\left|\frac{\sqrt{n}(\overline{Z}-\mu)}{\sigma}\right|<z_{\alpha/2}\right\}=1-\alpha,$$

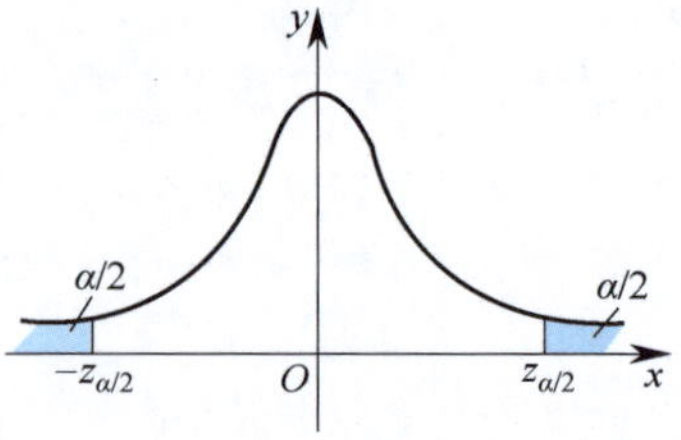

图 7-1

即

$$P\left\{\overline{X}-\frac{\sigma}{\sqrt{n}}z_{\alpha/2}<\mu<\overline{X}+\frac{\sigma}{\sqrt{n}}z_{\alpha/2}\right\}=1-\alpha. \tag{7-10}$$

这样就得到了 μ 的置信度为 $1-\alpha$ 的置信区间为

$$\left(\overline{X}-\frac{\sigma}{\sqrt{n}}z_{\alpha/2},\overline{X}+\frac{\sigma}{\sqrt{n}}z_{\alpha/2}\right). \tag{7-11}$$

如果取 $\alpha=0.05$，查表可得 $z_{\alpha/2}=z_{0.025}=1.96$，则 μ 的置信度为 0.95 的置信区间为

$$\left(\overline{X}-\frac{\sigma}{\sqrt{n}}\times 1.96,\overline{X}+\frac{\sigma}{\sqrt{n}}\times 1.96\right).$$

例 7-13 对例7-12，若灯泡的寿命服从正态分布 $X\sim N(\mu,8)$，试求平均寿命 μ 的置信度为 0.95 的置信区间.

解 因为 $\alpha=0.05$，查表得 $z_{0.025}=1.96$，而 $n=10,\sigma=2\sqrt{2},\bar{x}=1147$，根据式(7-10)得

$$P\left\{\bar{x}-\frac{2\sqrt{2}}{\sqrt{10}}\times 1.96<\mu<\bar{x}+\frac{2\sqrt{2}}{\sqrt{10}}\times 1.96\right\}=0.95,$$

即 $1145.25<\mu<1148.75$.

可见，选取同样大的样本，由于已知总体 $X\sim N(\mu,8)$ 这一信息，因而比用切比雪夫不等式估计的结果要精确.

通过上面的分析，可以看到寻求未知参数 θ 的置信区间的具体做法是：

(1) 寻求一个样本 $X_1,X_2,\cdots,X_n$ 的函数

$$Z=Z(X_1,X_2,\cdots,X_n;\theta)$$

满足下列三个条件：

1) Z 含有所求的未知参数 θ，而不含有其他未知参数；

2) Z 的分布已知，且不依赖于其他未知参数；

3) 不等式 $\lambda_1 < Z(X_1, X_2, \cdots, X_n; \theta) < \lambda_2$ 可变形为

$$\hat{\theta}_1(X_1, X_2, \cdots, X_n; \lambda_1, \lambda_2) < \theta < \hat{\theta}_2(X_1, X_2, \cdots, X_n; \lambda_1, \lambda_2).$$

满足上面三个条件的 $Z(X_1, X_2, \cdots, X_n; \theta)$ 在很多场合可以由未知参数的点估计经过变形而获得.

(2) 对于给定的置信度 $1-\alpha$，确定点 λ_1, λ_2，使满足

$$P\{\lambda_1 < Z(X_1, X_2, \cdots, X_n; \theta) < \lambda_2\} = 1-\alpha.$$

(3) 由 $\lambda_1 < Z(X_1, X_2, \cdots, X_n; \theta) < \lambda_2$ 等价变形为

$$\hat{\theta}_1(X_1, X_2, \cdots, X_n) < \theta < \hat{\theta}_2(X_1, X_2, \cdots, X_n),$$

则区间 $(\hat{\theta}_1, \hat{\theta}_2)$ 即为 θ 的置信度为 $1-\alpha$ 的置信区间.

例 7-14　某厂用自动包装机包装奶粉，每袋净重 $X \sim N(\mu, 5^2)$，现随机抽取 10 袋，测得各袋净重 x_i(g)，$i = 1, 2, \cdots, 10$，计算得 $\sum_{i=1}^{n} x_i = 5020$g. 试求 μ 的置信度为 95% 的置信区间.

解　这里 $1-\alpha = 0.95$，$\alpha = 0.05$，$\alpha/2 = 0.025$，查表得：$z_{0.025} = 1.96$.

由题设知：$n = 10$，$\overline{X} = \frac{1}{n}\sum_{i=1}^{n} x_i = 502$，故均值 μ 的置信度为 95% 的置信区间为

$$\left(502 - \frac{5}{\sqrt{10}} \times 1.96, 502 + \frac{5}{\sqrt{10}} \times 1.96\right),$$

即 $(498.901, 505.099)$.

2. σ^2 为未知

此时不能使用式(7-7)给出的区间，因其中含有未知参数 σ，而 S^2 是 σ^2 的无偏估计，由第 6 章的定理，知

$$T = \frac{\sqrt{n}(\overline{X} - \mu)}{S} \sim t(n-1),$$

重要公式.

且右边的分布 $t(n-1)$ 不依赖于任何未知参数，再由 t 分布上 α 分位点的概念(见图 7-2)，知

$$P\left\{-t_{\frac{\alpha}{2}}(n-1) < \frac{\sqrt{n}(\overline{X} - \mu)}{S} < t_{\frac{\alpha}{2}}(n-1)\right\} = 1-\alpha,$$

即

$$P\left\{\overline{X} - \frac{S}{\sqrt{n}} t_{\frac{\alpha}{2}}(n-1) < \mu < \overline{X} + \frac{S}{\sqrt{n}} t_{\frac{\alpha}{2}}(n-1)\right\} = 1-\alpha, \quad (7\text{-}12)$$

于是得 μ 的置信度为 $1-\alpha$ 的置信区间为

$$\left(\overline{X}-\frac{S}{\sqrt{n}}t_{\frac{\alpha}{2}}(n-1),\overline{X}+\frac{S}{\sqrt{n}}t_{\frac{\alpha}{2}}(n-1)\right). \tag{7-13}$$

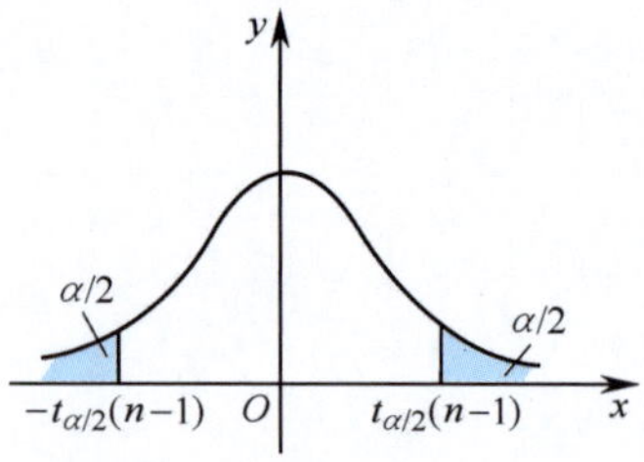

图　7-2

需要指出的是：由式(7-13)，估计量的绝对误差不超过$\frac{2S}{\sqrt{n}}t_{\frac{\alpha}{2}}(n-1)$，如果用$\hat{\mu}=\overline{X}$，则其相对误差不超过$\left|\frac{2S}{\sqrt{n}\,\overline{X}}t_{\frac{\alpha}{2}}(n-1)\right|$.

由此可以看出

$$V=S/\overline{X}$$

是一个很重要的统计量，称之为样本的**变异系数**.

当$\overline{X}=1$时，变异系数即为标准差，这意味着样本变异系数是以均值为单位对数据分散程度的一种度量.

对于总体的变异系数由此定义为

$$v=\frac{\sqrt{D(X)}}{E(X)}.$$

例 7-15　有一大批糖果，现随机地从中取16袋，称得重量(以g计)如下：

506	508	499	503	504	510	497	512
514	505	493	496	506	502	509	496

设袋装糖果的重量近似地服从正态分布. 试求总体均值μ的置信区间($\alpha=0.05$).

解　这里$1-\alpha=0.95$，$\frac{\alpha}{2}=0.025$，$n-1=15$，查表得$t_{0.025}(15)=2.1315$.

由给出的数据算得$\overline{x}=503.75$，$s=6.2022$.

则μ的置信度为0.95的置信区间为

$$\left(503.75-\frac{6.2022}{\sqrt{16}}\times2.1315,503.75+\frac{6.2022}{\sqrt{16}}\times2.1315\right),$$

即(500.4,507.1).

在实际问题中，总体方差σ^2未知的情况居多，故式(7-13)较式(7-11)有更大的实用价值.

7.3.2　方差σ^2的置信区间

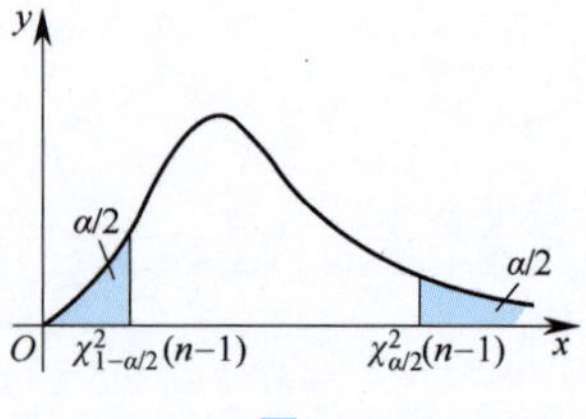

图　7-3

根据实际问题的需要，只介绍μ未知的情况. σ^2的无偏估计为S^2，由第6章的定理6-2知

$$\frac{(n-1)S^2}{\sigma^2}\sim\chi^2(n-1).$$

重要公式. 回顾定理6-2赫尔默特定理.

并且上式右端的分布不含有任何未知参数，故有(见图7-3)

$$P\left\{\chi^2_{1-\frac{\alpha}{2}}(n-1)<\frac{(n-1)S^2}{\sigma^2}<\chi^2_{\frac{\alpha}{2}}(n-1)\right\}=1-\alpha,$$

即

$$P\left\{\frac{(n-1)S^2}{\chi^2_{\frac{\alpha}{2}}(n-1)}<\sigma^2<\frac{(n-1)S^2}{\chi^2_{1-\frac{\alpha}{2}}(n-1)}\right\}=1-\alpha. \qquad (7\text{-}14)$$

这就是方差 σ^2 的一个置信度为 $1-\alpha$ 的置信区间

$$\left\{\frac{(n-1)S^2}{\chi^2_{\frac{\alpha}{2}}(n-1)},\frac{(n-1)S^2}{\chi^2_{1-\frac{\alpha}{2}}(n-1)}\right\}. \qquad (7\text{-}15)$$

例 7-16　求例7-15中总体方差 σ^2 的置信度为 0.95 的置信区间.

解　现 $\frac{\alpha}{2}=0.025$，$1-\frac{\alpha}{2}=0.975$，$n-1=15$，查表得

$$\chi^2_{0.025}(15)=27.488,\ \chi^2_{0.975}(15)=6.262,$$

又 $S^2=6.2022^2$，由式(7-15)即得所求 σ^2 的置信区间为(20.99,92.14).

若总体 X 不服从正态分布，那么，由中心极限定理知，只要样本容量 n 足够大($n\geqslant 50$)，$\overline{X}$ 近似服从正态分布 $N\left(\mu,\frac{\sigma^2}{n}\right)$，所以在大样本情况下，关于总体均值 μ 的区间估计与正态总体的情形类似，这里就不再叙述了.

关于两个正态总体 $N(\mu_1,\sigma_1^2)$，$N(\mu_2,\sigma_2^2)$的情况，求 $\mu_1-\mu_2$ 的置信区间以及方差比 σ_1^2/σ_2^2 的置信区间，这里不再叙述，只把它们列于表 7-1，以便读者查用.

表 7-1

总体	被估参数	条件	置信度为 $1-\alpha$ 的置信区间
$N(\mu,\sigma^2)$	μ	σ^2 已知	$\left(\overline{X}-\frac{\sigma}{\sqrt{n}}z_{\alpha/2},\overline{X}+\frac{\sigma}{\sqrt{n}}z_{\alpha/2}\right)$
		σ^2 未知	$\left(\overline{X}-\frac{S}{\sqrt{n}}t_{\frac{\alpha}{2}}(n-1),\overline{X}+\frac{S}{\sqrt{n}}t_{\frac{\alpha}{2}}(n-1)\right)$
$N(\mu_1,\sigma_1^2)$ $N(\mu_2,\sigma_2^2)$	$\mu_1-\mu_2$	σ_1^2,σ_2^2 已知	$\left(\overline{X}-\overline{Y}-z_{\frac{\alpha}{2}}\sqrt{\frac{\sigma_1^2}{n_1}+\frac{\sigma_2^2}{n_2}},\overline{X}-\overline{Y}+z_{\frac{\alpha}{2}}\sqrt{\frac{\sigma_1^2}{n_1}+\frac{\sigma_2^2}{n_2}}\right)$
		σ_1^2,σ_2^2 未知，但 $\sigma_1^2=\sigma_2^2$	$\left(\overline{X}-\overline{Y}-t_{\frac{\alpha}{2}}(n_1+n_2-2)v,\overline{X}-\overline{Y}+t_{\frac{\alpha}{2}}(n_1+n_2-2)v\right)$， $v=\sqrt{\frac{(n_1-1)S_1^2+(n_2-1)S_2^2}{n_1+n_2-2}}\sqrt{\frac{1}{n_1}+\frac{1}{n_2}}$
一般总体	μ	$n\geqslant 50$，σ^2 已知	$\left(\overline{X}-\frac{\sigma}{\sqrt{n}}z_{\frac{\alpha}{2}},\overline{X}+\frac{\sigma}{\sqrt{n}}z_{\frac{\alpha}{2}}\right)$
		$n\geqslant 50$，σ^2 未知	$\left(\overline{X}-\frac{S}{\sqrt{n}}z_{\frac{\alpha}{2}},\overline{X}+\frac{S}{\sqrt{n}}z_{\frac{\alpha}{2}}\right)$
$N(\mu,\sigma^2)$	σ^2	μ 未知	$\left(\frac{(n-1)S^2}{\chi^2_{\frac{\alpha}{2}}(n-1)},\frac{(n-1)S^2}{\chi^2_{1-\frac{\alpha}{2}}(n-1)}\right)$
$N(\mu_1,\sigma_1^2)$ $N(\mu_1,\sigma_2^2)$	$\frac{\sigma_1^2}{\sigma_2^2}$	μ_1,μ_2 未知	$\left(\frac{S_1^2}{S_2^2}\cdot\frac{1}{F_{\frac{\alpha}{2}}(n_1-1,n_2-1)},\frac{S_1^2}{S_2^2}\cdot\frac{1}{F_{1-\frac{\alpha}{2}}(n_1-1,n_2-1)}\right)$

总结本章所学内容.这章是统计学的重要内容.

习题 7.3

6. 对某种钢材的抗剪强度进行了10次测试，得试验结果如下(单位：MPa)：

578 572 570 568 572 570 570 596 584 572

若已知抗剪力服从正态分布 $N(\mu,\sigma^2)$，

(1)已知 $\sigma^2=25$，求 μ 的95%的置信区间；

(2)若 σ^2 未知，求 μ 的95%的置信区间.

7. 使用铂球测定引力常数(单位：$10^{-11}\ \mathrm{m^3 kg^{-1} s^{-2}}$)，测得值如下：

6.0661 6.676 6.667 6.678 6.669 6.668

设测定值服从 $N(\mu,\sigma^2)$. 试求 σ^2 的90%的置信区间.

复习题 7

8. 设总体 X 的均值 μ 和方差 σ^2 都存在，$X_1,X_2,\cdots,X_n$ 是该总体的一个样本，记 $\overline{X}=\dfrac{1}{n}\sum_{i=1}^{n}X_i$，则总体方差 σ^2 的矩估计为(　　).

a. $\overline{X}$　　　b. $\dfrac{1}{n}\sum_{i=1}^{n}(X_i-\overline{X})^2$

c. $\dfrac{1}{n-1}\sum_{i=1}^{n}(X_i-\mu)^2$　　　d. $\dfrac{1}{n-1}\sum_{i=1}^{n}(X_i-\overline{X})^2$

9. 矩估计必然是(　　).

a. 无偏估计　　　b. 总体矩的函数

c. 样本矩的函数　　　d. 极大似然估计

10. θ 为总体 X 的未知参数，θ 的估计量 $\hat{\theta}$，则有(　　).

a. $\hat{\theta}$ 是一个数，近似等于 θ

b. $\hat{\theta}$ 是一个随机变量

c. $\hat{\theta}$ 是一个统计量，且 $E(\hat{\theta})=\theta$

d. 当 n 越大时，$\hat{\theta}$ 的值可任意接近 θ

11. 总体 $X\sim N(\mu,\sigma^2)$，则 $2+\mu$ 的极大似然估计量为(　　).

a. $2+2\overline{X}$　　　b. $2+\dfrac{1}{2}\overline{X}$

c. $2+\dfrac{1}{4}\overline{X}$　　　d. $2+\overline{X}$

12. 设 $\hat{\theta}$ 是未知参数 θ 的一个估计量，若 $E(\hat{\theta})\neq\theta$，则 $\hat{\theta}$ 是 θ 的

(　　).

a. 极大似然估计　　　　b. 矩估计

c. 有效估计　　　　　　d. 有偏估计

13. 随机地抽取了自动车床加工的 9 个零件，测得它们与规定尺寸的偏差(单位：μm)如下：

1　−2　3　2　4　−2　5　3　4

试用矩估计法估计零件尺寸偏差 X 的均值和方差.

14. 设 $X_1, X_2, \cdots, X_n$ 为总体的一个样本，求下述各总体的密度函数或概率分布中的未知参数的矩估计量和极大似然估计量.

(1) $f(x)=\begin{cases}\dfrac{x}{\theta^2}e^{-\frac{x^2}{2\theta^2}}, & x>0,\\ 0, & \text{其他}.\end{cases}$ 其中 $\theta>0$，θ 为未知参数；

(2) $f(x)=\begin{cases}\dfrac{1}{\theta}e^{-\frac{x-\mu}{\theta}}, & x\geqslant\mu,\\ 0, & \text{其他}.\end{cases}$ 其中 $\theta>0$，θ, μ 为未知参数；

(3) $P\{X=x\}=C_m^x p^x(1-p)^{m-x}$，$x=0,1,2,\cdots,m$，$0<p<1$，$p$ 为未知参数.

15. 设总体 X 服从二项分布 $B(n,p)$，其中 $0<p<1$，n 已知，p 未知，又 $X_1, X_2, \cdots, X_m$ 为样本. 试证明：$\dfrac{1}{mn}\sum\limits_{i=1}^{m}X_i$ 为 p 的无偏估计.

16. 设总体 $X\sim P(\lambda)$，λ 未知，$X_1, X_2, \cdots, X_n$ 为一个样本，$\overline{X}$ 及 S^2 分别为样本均值及样本方差. 试证明：$\dfrac{\overline{X}+S^2}{2}$ 为 λ 的无偏估计.

17. 设总体 X 服从 $[a, a+1]$ 上的均匀分布，$X_1, X_2, \cdots, X_n$ 为一个样本，$\overline{X}$ 是总体 X 的样本均值. 试证明：$\hat{a}=\overline{X}-\dfrac{1}{2}$ 是 a 的无偏估计.

18. 设总体 X 的期望为零，方差 σ^2 存在但未知，又 X_1, X_2 为一个样本. 试证明：$\dfrac{1}{2}(X_1+X_2)^2$ 为 σ^2 的无偏估计.

19. 一车间生产滚珠，直径服从 $N(\mu, 0.05)$，从某天的产品里随机抽取 5 个，测得直径如下(单位：mm)：

14.6　15.1　14.9　15.2　15.1

试求平均直径的置信区间($\alpha=0.05$).

20. 假定新生男婴的体重服从正态分布，随机抽取 12 名新生婴儿，测得其体重为(单位：g)

3100	2520	3000	3000	3600	3160
2560	3320	2800	2600	3400	2540

试以 95% 的置信度估计新生男婴的平均体重.

21. 有一大批食盐，现从中随机地抽取16袋，称得重量（以g计）如下：

506	508	499	503	504	510	497	512
514	505	493	496	506	502	509	496

设袋装食盐的重量近似地服从正态分布. 试求均值 μ 和标准差 σ 的置信度为95%的置信区间.

22. 为了估计灯泡使用时数的均值 μ 和方差 σ^2，测试了10个灯泡，得 $\overline{x}=1500\text{h}$，$s^2=400\text{h}^2$. 已知灯泡使用时数服从正态分布，求 μ 和 σ^2 的置信度为95%的置信区间.

23. 设 $(X_1, X_2, \cdots, X_n)$ 为取自总体 X 的样本，而 X 服从参数为 λ 的泊松分布. 试在样本容量 n 较大的情况下，求 λ 的 $1-\alpha$ 的置信区间.

24. 某商店为了解居民对某种商品的需要，调查了100家住户，得出每户每月平均需要量为10kg，方差为9，如果这个商店供应10000户，试就居民对该种商品的平均需求量进行区间估计（$\alpha=0.01$），并依此考虑最少要准备这种商品多少千克才能以99%的概率满足需要.

第8章 假设检验

假设检验是统计学核心内容之一.务必认真学习.

本章主要介绍假设检验的概念,假设检验方法的一般步骤,正态总体中各种参数的假设检验方法以及总体分布的假设检验方法.

8.1 假设检验的基本概念

8.1.1 问题的提出

先看三个实例:

例 8-1 葡萄糖自动装袋机的装袋量服从正态分布,在正常工作时,每袋标准重量为 500g. 按以前生产经验标准差 σ 为 10g. 现在从装好的葡萄糖中任取 9 袋,测得各袋净重为(单位:g)

496 510 514 498 519 515 506 509 505

问机器工作是否正常?

这是已知正态分布前提下,判断"$\mu=500$"是否成立,也就是机器是否有系统偏差.

北斗:想象无限

例 8-2 某种羊毛在处理前后,各抽取样本并测得含脂率如下(%):

处理前 X:19 18 21 30 66 42 8 12 30 27

处理后 Y:15 13 7 24 19 4 8 20

羊毛含脂率服从正态分布. 问处理后含脂率有无显著变化?

这是判断"$E(X)=E(Y)$"成立与否.

例 8-3 在某细纱机上进行断头数测定,试验锭子总数为 440 个,测得各锭子的断头次数 X 记录如下:

每锭断头数:0 1 2 3 4 5 6 7 8

实测锭数:263 112 38 19 3 1 1 0 3

问各锭子的断头数 X 是否服从泊松分布?

仔细阅读三个实例,总结其共性.

以上三例具有代表性,其共同点就是先对总体的分布函数或分布函数的某些参数做出某种假设,然后根据样本观察值去判断"假设"是否成立. 对总体的分布函数或分布函数的某些参数做出某种假设称为**统计假设**，记为 H_0，也可称之为**原假设**(零假设，待检假设). 把问题的反面，称为**备择假设**或**对立假设**，用 H_1 表示. 例 8-1 的 H_0 就是"$\mu=500$"，H_1 为"$\mu\neq500$"；例 8-2 的 H_0 就是"$E(X)=E(Y)$"，H_1 为"$E(X)\neq E(Y)$"；例 8-3 的 H_0 就是"$X\sim P(\lambda)$"，H_1 为"X 不服从泊松分布".

对原假设的正确与否进行判断的方法称为**假设检验**. 例 8-1 是要检验假设"$\mu=500$"是否成立；例 8-2 是要检验假设"$E(X)=E(Y)$"是否成立；例 8-3 是要检验假设"$X\sim P(\lambda)$"是否成立.

一个问题仅提出一个假设，并不同时研究其他假设，称为简单统计假设或简单假设，本章主要研究简单假设检验.

8.1.2 假设检验的基本原理

假设检验的基本原理是什么？

下面以例 8-1 为例说明假设检验的基本原理.

以 μ,σ 分别表示这一天装袋量总体 X 的期望和标准差. 按经验标准差稳定为 $\sigma=10\text{g}$，则 $X\sim N(\mu,10^2)$，但是 μ 未知. 现在问题是要判断 μ 是否等于 500.

为此，提出原假设 $H_0:\mu=500$.

在此假设成立的条件下，$X\sim N(500,10^2)$. 现在利用抽取的样本值来判断 H_0 是否成立. 若假设成立，则认为生产正常，反之认为不正常.

由前面内容已知 $\overline{X}$ 是 μ 的无偏估计量，为检验此假设自然可利用样本均值 $\overline{X}$. 在 H_0 成立前提下，$\overline{X}\sim N\left(500,\frac{10^2}{n}\right)$，则统计量

$$Z=\frac{\sqrt{n}(\overline{X}-500)}{10}\sim N(0,1).$$

对给定的 α，查附表可得 $u_{\frac{\alpha}{2}}$，使得

$$P\{|Z|>z_{\frac{\alpha}{2}}\}=\alpha.$$

例如当 $\alpha=0.05$ 时，由附表可得 $z_{\frac{\alpha}{2}}=z_{0.025}=1.96$，则

$$P\{|Z|>1.96\}=0.05.$$

在例 8-1 中上式可表达为

$$P\left\{\frac{10|\overline{X}-500|}{3}>1.96\right\}=0.05.$$

令事件 $W=\left\{\frac{10|\overline{Z}-500|}{3}>1.96\right\}$，显然事件 W 可以认为是小概率事件. 若 $\overline{X}$ 落在 W 中便拒绝 H_0，否则接受 H_0.

现进行一次试验后得到的样本均值 $\overline{X}$ 的观测值 $\bar{x}=\frac{1}{9}(496+510+\cdots+505)=508$，而统计量 Z 相应的值 z 为

$$|z|=\frac{3|\bar{x}-500|}{10}=(508-500)\times\frac{3}{10}=2.4>1.96,$$

即小概率事件在一次试验中竟然发生了，自然会使人感到不正常，究其原因，只能认为最初假设“$H_0:\mu=500$”值得怀疑，出现了这样的小概率事件就应该否定原来的假设 H_0，即认为装袋量的期望值不是 500g.

8.1.3 假设检验的基本步骤

下面以例 8-1 为例说明假设检验的具体分析过程.

步骤 1　建立假设

例 8-1 中原假设 H_0 与备择假设分别为

$$H_0:\mu=500,\quad H_1:\mu\neq 500. \tag{8-1}$$

步骤 2　选择合适的统计量

在 H_0 成立的条件下即 $\mu=500$，则统计量

$$Z=\frac{\sqrt{9}(\overline{X}-500)}{10}\sim N(0,1). \tag{8-2}$$

步骤 3　做出结论

对于给定的小概率 α 一般取（5%，或 1%，或 10%）. 由附表可得 $z_{\frac{\alpha}{2}}$，使

$$P\{|Z|>z_{\alpha/2}\}=\alpha.$$

当 $\alpha=0.05$ 时，$z_{\frac{\alpha}{2}}=z_{0.025}=1.96$，则

$$P\{|Z|>1.96\}=0.05,$$

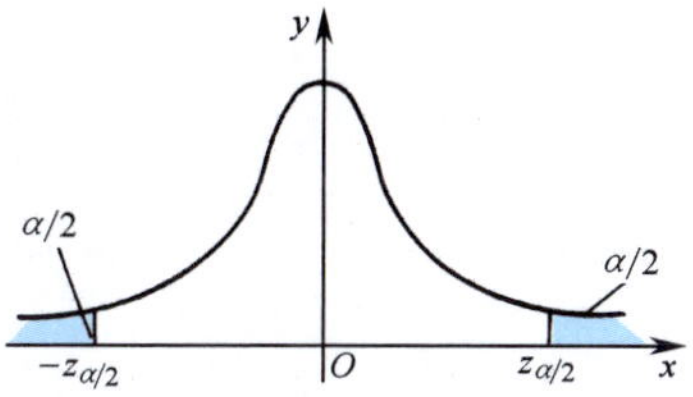

图　8-1

也即当 H_0 成立时，$|Z|$ 超过 1.96 的概率 α 只有 5%（见图 8-1）. α 称为**检验水平**或**显著性水平**. 显然 $\{|Z|>1.96\}$ 是个小概率事件. 因此当样本均值 $\overline{X}$ 的取值使 Z 的取值 z 落入区域 $|z|>1.96$ 时，就拒绝 H_0. 把 $\{|z|>1.96\}$ 表示的区域称为**拒绝域**，记作 W. 在本例中，$W=\{|z|>1.96\}$ 即 $W=\left\{\frac{3|\bar{x}-500|}{10}>1.96\right\}$，或 $W=\{\bar{x}<493.47$ 或 $\bar{x}>506.53\}$. 拒绝域的界限的数值，称为临界值，本例临界值为 -1.96 及 1.96.

归纳一下，假设检验的一般步骤如下：

1）提出原假设 H_0：即写明待检假设 H_0 和备择假设 H_1 的具体内容.

2）选择合适的统计量：根据 H_0 的内容，选取合适的统计量 T，进而确定统计量 T 的分布. 由样本观测值算出统计量的具体值.

3）做出判定：给定检验水平 α（一般 $\alpha=0.05$，0.01 或 0.10），在检验水平 α 条件下查统计量 T 所遵从的分布对应的表，确定拒绝

域 W. 统计量 T 的值落入拒绝域 W 中，则在检验水平 α 条件下拒绝假设 H_0，否则就不能拒绝 H_0.

8.1.4 两类错误

当进行检验时，我们是由样本值去推断总体的. 显然，由于样本的随机性，我们可能做出正确的判断，但也可能犯下两类错误.

两类错误"弃真""取伪"，$\alpha=P\{拒绝 H_0 \mid H_0 为真\}$，$\beta=P\{接受 H_0 \mid H_0 不真\}$，以 H_0 为中心.

一类错误是：在 H_0 成立情况下，样本值落入了 W，因而 H_0 被拒绝了，称这种错误为**第一类错误**或**"弃真"错误**.

另一类错误是：在 H_0 不成立、H_1 成立情况下，样本值落入了 $\overline{W}$，因而 H_0 被接受了，称这种错误为**第二类错误**或**"取伪"错误**.

真实情况 \ 判断	接受 H_0	拒绝 H_0
H_0 成立	判断正确	第一类错误(弃真)
H_1 成立	第二类错误(取伪)	判断正确

犯第一类错误的概率用式子表示为

$$P\{T\in W \mid H_0 \text{ 成立}\}=\alpha.$$

这个概率是个小概率，记作 α，也即检验的显著性水平(检验水平)，犯第二类错误的概率记为

$$P\{T\overline{\in} W \mid H_1 \text{ 成立}\}=\beta.$$

β 的计算通常是很复杂的.

我们当然希望 α 和 β 都小，但是进一步讨论可知，一般来说，当样本容量 n 固定时，若减少犯一类错误的概率，则犯另一类错误的概率往往增大. 若要使犯两类错误的概率都减小，除非增加样本容量. 一般来说，在给定样本容量的情况下，我们总是控制犯第一类错误的概率，使它小于或等于 α. α 的大小视具体情况而定，通常 α 取 0.1，0.05，0.01，0.005 等值. 这种只对犯第一类错误的概率加以控制，而不考虑犯第二类错误的检验问题，称为显著性检验问题，其中 α 称为显著性水平.

习题 8.1

1. 某种钢材在正常生产情况下，抗拉强度(单位：MPa)服从正态分布 $N(56.0,0.9^2)$，现从某天生产的产品中抽取了 9 件，测得抗拉强度如下：

42.0　52.0　54.0　55.0　55.5　56.5　57.0　57.5　65.0

设总体方差不变，检验总体的平均抗拉强度有无变化($\alpha=0.05$)?

2. 正常生产情况下，某种铸件的重量服从正态分布 $N(54,0.75^2)$，在某天生产的铸件中抽取 10 件，测得重量如下(单位：kg)

54.0　55.1　53.8　54.2　52.1　54.2　55.0　55.8　55.1　55.3

如果方差不变,这天生产的零件的平均重量是否有显著差异($\alpha=0.05$)?

8.2　单个正态总体的假设检验

本节讨论一个正态总体的假设检验问题,包括已知方差或未知方差检验数学期望,已知期望或未知期望检验方差等几种情况.

8.2.1　单个正态总体期望的检验

1. 已知方差 $\boldsymbol{\sigma_0^2}$,检验 $\boldsymbol{H_0:\mu=\mu_0}$

设$(X_1,X_2,\cdots,X_n)$是从正态总体 $N(\mu,\sigma^2)$中抽取的一个样本,其中 $\sigma^2=\sigma_0^2$ 是已知常数,现在要检验假设:$H_0:\mu=\mu_0$,$H_1:\mu\neq\mu_0$.

由前面知道,可用 $\overline{X}$ 来检验有关期望 μ 的假设.

当 H_0 成立时,有 $Z=\dfrac{\sqrt{n}(\overline{X}-\mu)}{\sigma_0}\sim N(0,1)$,将 U 作为检验的统计量,而检验的拒绝域为

$$W=\{|Z|>z_{\frac{\alpha}{2}}\}\text{或}$$

$$W=\{Z<-z_{\frac{\alpha}{2}}\text{或 }Z>z_{\frac{\alpha}{2}}\}.$$

将由样本观测值$(x_1,x_2,\cdots,x_n)$得到 Z 的观测值 z 与 $z_{\frac{\alpha}{2}}$ 做比较,若$|z|>z_{\frac{\alpha}{2}}$,则拒绝 $H_0(\mu=\mu_0)$,即认为总体均值 μ 与 H_0 给定的 μ_0 之间有显著差异.否则若$|z|<z_{\frac{\alpha}{2}}$,则接受 H_0,即认为抽样结果与 $H_0(\mu=\mu_0)$无显著差异.若$|z|=z_{\frac{\alpha}{2}}$或很接近,为了慎重起见,应再进行试验,试验后再做结论.

这种检验法称为 Z **检验法**.

例 8-4　已知某炼铁厂铁水碳的质量分数服从正态分布$N(4.55,0.108^2)$,现在测定了 9 炉铁水,其碳的质量分数分别为

重做例 8-4,由假设检验的三个步骤一步一步写出来.

4.52　4.43　4.46　4.54　4.50　4.48　4.59　4.50　4.39

如果总体方差没有变化,能否认为现在生产的铁水平均碳的质量分数仍为 4.55(取 $\alpha=0.05$)?

解　记铁水碳的质量分数为 X,则 $X\sim N(\mu,0.108^2)$.

设　$H_0:\mu=\mu_0=4.55$,$H_1:\mu\neq 4.55$.

因 $\bar{x}=4.49$,则

$$|z|=\left|\frac{\sqrt{n}(\bar{x}-\mu_0)}{\sigma_0}\right|=\left|\frac{\sqrt{9}(4.49-4.55)}{0.108}\right|=1.67<1.96=z_{0.025},$$

所以可以接受 H_0,即现在生产的铁水平均碳的质量分数仍为 4.55.

以上检验法中,拒绝域表示为 Z 小于一个给定数 $-z_{\frac{\alpha}{2}}$ 或大于另一个给定数 $z_{\frac{\alpha}{2}}$ 的所有数的集合,称为**双侧检验**.

2. 单侧检验

有时,我们只关心总体期望值是否增大(或减少). 例如生产的灯泡的平均寿命不能低于1000h,假定寿命服从正态分布,标准差不变 $\sigma=100$h,从产品中随机抽取了25件,测得平均寿命 $\bar{x}=950$h. 问这批产品是否合格?

针对这种情况,做假设

$$H_0:\mu\geqslant 1000,\quad H_1:\mu<1000.$$

可以证明,对假设 $H_0:\mu\geqslant\mu_0$,$H_1:\mu<\mu_0$ 和假设 $H_0:\mu=\mu_0$,$H_1:\mu<\mu_0$ 在同一显著性水平 α 下的检验法是一样的. 所以我们只考虑

$$H_0:\mu=\mu_0,\quad H_1:\mu<\mu_0.$$

仍利用统计量 $Z=\dfrac{\sqrt{n}(\overline{X}-\mu_0)}{\sigma_0}$,计算得

$$z=\frac{\sqrt{n}(\bar{x}-\mu_0)}{\sigma_0}=\frac{\sqrt{25}(950-1000)}{100}=\frac{-50}{20}=-2.5.$$

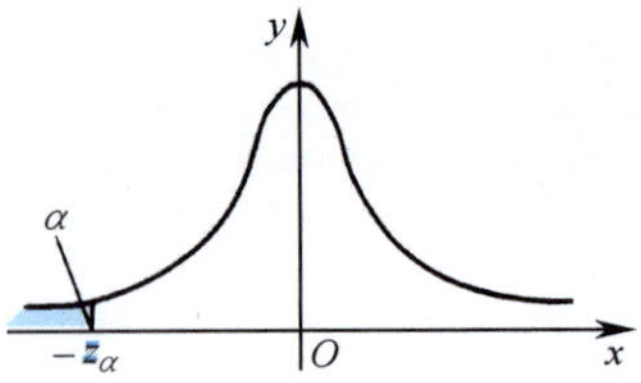

图 8-2

对给定的显著性水平 $\alpha=0.05$,查正态分布表得临界值 $z_\alpha=z_{0.05}=1.645$,显然 $\{Z<-z_\alpha\}=\{Z<-1.645\}$ 是个小概率事件(见图8-2),现在 $\{z=-2.5<-1.65\}$ 这个小概率事件发生了,则应拒绝 H_0,即 $H_1:\mu<1000$ 成立,也就是说这批灯泡平均寿命低于1000h,不合格. 这种检验称为**左单侧检验**. 其拒绝域为 $W=\{Z<-z_\alpha\}$.

假设

$$H_0:\mu\geqslant\mu_0,\quad H_1:\mu<\mu_0 \tag{8-3}$$

和假设

$$H_0:\mu=\mu_0,\quad H_1:\mu<\mu_0 \tag{8-4}$$

的拒绝域一致.

取显著性水平为 α,现在来求检验问题式(8-3)的拒绝域. 因为 H_0 中的 μ 的全部都比 H_1 中的 μ 要大,从直观上看,较合理的检验法则应是:若观察值 $\bar{x}$ 与 μ_0 的差 $\bar{x}-\mu_0$ 过分小,即 $\bar{x}-\mu_0<k$,则我们拒绝 H_0 而接受 H_1,因此拒绝域的形式为 $\bar{x}-\mu_0<k$(k 待定).

由标准正态分布的分布函数的单调性得到

$$\begin{aligned}P\{\text{拒绝 }H_0\,|\,H_0\text{ 为真}\}&=P_{\mu\geqslant\mu_0}\{\bar{x}-\mu_0\leqslant k\}\\&=P_{\mu\geqslant\mu_0}\left\{\frac{\bar{x}-\mu}{\sigma/\sqrt{n}}\leqslant\frac{\mu_0+k-\mu}{\sigma/\sqrt{n}}\right\}\\&=\Phi\left[\frac{(\mu_0+k)-\mu}{\sigma/\sqrt{n}}\right]_{\mu\geqslant\mu_0}\leqslant\Phi\left[\frac{(\mu_0+k)-\mu_0}{\sigma/\sqrt{n}}\right]\end{aligned}$$

$$=\Phi\left(\frac{k}{\sigma/\sqrt{n}}\right).$$

所以要控制 $P\{$拒绝 $H_0|H_0$ 为真$\}\leqslant\alpha$，只需令

$$\Phi\left(\frac{k}{\sigma/\sqrt{n}}\right)=\alpha,$$

即得 $k=-\frac{\sigma}{\sqrt{n}}z_\alpha$，从而得检验问题式(8-3)的拒绝域为

$$W=\left\{\bar{x}-\mu_0<-\frac{\sigma}{\sqrt{n}}z_\alpha\right\}=\left\{\frac{\bar{x}-\mu_0}{\sigma/\sqrt{n}}<-z_\alpha\right\},$$

即 $W=\{Z<-z_\alpha\}$，这与检验问题式(8-4)的拒绝域是一致的.

类似可有右单侧检验

$$H_0:\mu=\mu_0,\quad H_1:\mu>\mu_0 \tag{8-5}$$

和

$$H_0:\mu\leqslant\mu_0,\quad H_1:\mu>\mu_0. \tag{8-6}$$

我们看到尽管两者原假设 H_0 的形式不同，实际意义也不一样，但对于相同的显著性水平 α，同理可得它们的拒绝域是相同的，类似可得它们的拒绝域为

$$W=\{Z>z_\alpha\}.$$

对于下面将要讨论的有关正态总体的参数的假设检验也有类似的结果.

拒绝域与 H_1 一致.

3. 未知方差 σ^2，检验假设 $H_0:\mu=\mu_0$

上面的 U 检验法，必须知道 σ_0^2，但在实际问题中，方差往往是未知的.

设$(X_1,X_2,\cdots,X_n)$来自正态总体 $N(\mu,\sigma^2)$，其中 σ^2 是未知参数，现在要检验假设

$$H_0:\mu=\mu_0,\quad H_1:\mu\neq\mu_0.$$

这时就不能用 U 统计量了. 自然的想法是用 σ^2 的无偏估计 $S^2=\frac{1}{n-1}\sum_{i=1}^{n}(X_i-\overline{X})^2$ 去代替，因而选取统计量 $T=\frac{\sqrt{n}(\overline{X}-\mu_0)}{S}$.

由前面的定理知在 $H_0:\mu=\mu_0$ 成立时 $T\sim t(n-1)$，否则 $|T|$ 的观测值有偏大的趋势. 故对给定的显著性水平 α，查 t 分布表，求出临界值 $t_{\frac{\alpha}{2}}(n-1)$（见图 8-3），使 $P\{|T|>t_{\frac{\alpha}{2}}\}=\alpha$，所以检验的拒绝域为 $W=\{|T|>t_{\frac{\alpha}{2}}\}$，这种检验法称为 T **检验法**.

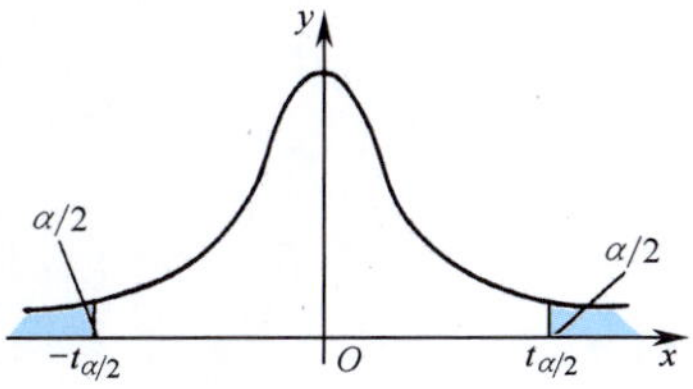

图 8-3

例 8-5 用自动装袋机装葡萄糖，每袋标准重 500g，每隔一定时间需检查机器工作是否正常. 现抽得 10 袋，测得其重量为(单位:g)495，510，505，498，503，492，502，512，497，506，假定重量服从正态分布，问机器的工作是否正常？($\alpha=0.05$)

解 由于 σ^2 未知，所以用 T 检验法. 提出假设

$$H_0:\mu=\mu_0=500,\quad H_1:\mu\neq\mu_0.$$

容易知道,

$$\overline{X}=\frac{1}{10}(495+510+\cdots+506)=502,$$

$$S^2=\frac{1}{10-1}[(495-502)^2+(510-502)^2+\cdots+(506-502)^2]=\frac{380}{9},$$

$$|T|=\left|\frac{\sqrt{n}(\overline{X}-\mu_0)}{S}\right|=\left|\frac{\sqrt{10}(502-500)}{\sqrt{380}/3}\right|=\frac{6}{\sqrt{38}}\approx 0.9733.$$

对 $\alpha=0.05$,有 $t_{\frac{\alpha}{2}}(n-1)=t_{0.025}(9)=2.2622$,因为 $|T|\approx 0.9733<2.2622$,所以应接受 H_0,可以认为 $\mu=500$,机器工作正常.

对于单侧检验情况,可类似前面的讨论.

8.2.2 单个正态总体方差的检验

1. 已知期望 μ_0,检验假设 $H_0:\sigma^2=\sigma_0^2,H_1:\sigma^2\neq\sigma_0^2$

设 $(X_1,X_2,\cdots,X_n)$ 来自正态总体 $N(\mu_0,\sigma^2)$,其中 μ_0 已知,假定 $H_0(\sigma^2=\sigma_0^2)$ 成立,选用统计量

$$\chi^2=\frac{1}{\sigma_0^2}\sum_{i=1}^{n}(X_i-\mu_0)^2=\sum_{i=1}^{n}\left(\frac{X_i-\mu_0}{\sigma_0}\right)^2.$$

因为 X_i 独立同服从正态分布 $N(\mu_0,\sigma_0^2)$,所以 $\frac{X_i-\mu_0}{\sigma_0}$ 独立同服从标准正态分布.所以 $\chi^2\sim\chi^2(n)$.故对给定的显著性水平 α 和自由度 n,有

$$\begin{aligned}&P\{[\chi^2<\chi^2_{1-\frac{\alpha}{2}}(n)]\cup[\chi^2>\chi^2_{\frac{\alpha}{2}(n)}]\}\\&=P\{\chi^2<\chi^2_{1-\frac{\alpha}{2}}(n)\}+P\{\chi^2>\chi^2_{\frac{\alpha}{2}}(n)\}\\&=\frac{\alpha}{2}+\frac{\alpha}{2}=\alpha,\end{aligned}$$

其中 $\chi^2_{\frac{\alpha}{2}}(n)$ 与 $\chi^2_{1-\frac{\alpha}{2}}(n)$ 为双侧临界值(见图 8-4).

其拒绝域为 $W=\{\chi^2<\chi^2_{1-\frac{\alpha}{2}}(n)$ 或 $\chi^2>\chi^2_{\frac{\alpha}{2}}(n)\}$.

图 8-4

2. 未知期望 μ,检验假设 $H_0:\sigma^2=\sigma_0^2,H_1:\sigma^2\neq\sigma_0^2$

设 $(X_1,X_2,\cdots,X_n)$ 来自正态总体 $N(\mu,\sigma^2)$,其中 μ 未知.假定 H_0 成立($\sigma^2=\sigma_0^2$,σ_0^2 是已知数),我们选用统计量

$$\chi^2=\frac{1}{\sigma_0^2}\sum_{i=1}^{n}(X_i-\overline{X})^2=\frac{(n-1)S^2}{\sigma_0^2},$$

则 $\chi^2\sim\chi^2(n-1)$,对给定的 α 可查附表确定临界值 $\chi^2_{\frac{\alpha}{2}}(n-1)$ 及 $\chi^2_{1-\frac{\alpha}{2}}(n-1)$,使

$$P\{[\chi^2<\chi^2_{1-\frac{\alpha}{2}}(n-1)]\cup[\chi^2>\chi^2_{\frac{\alpha}{2}(n-1)}]\}$$

$$=P\{\chi^2<\chi^2_{1-\frac{\alpha}{2}}(n-1)\}+P\{\chi^2>\chi^2_{\frac{\alpha}{2}}(n-1)\}$$
$$=\frac{\alpha}{2}+\frac{\alpha}{2}=\alpha,$$

拒绝域为(见图 8-4)

$$W=\{\chi^2<\chi^2_{1-\frac{\alpha}{2}}(n-1)\text{或 }\chi^2>\chi^2_{\frac{\alpha}{2}}(n-1)\}.$$

以上检验法称为 χ^2 **检验法**.

例 8-6 某变速直齿齿轮公法线长度的均方差要求为0.020mm. 先从某滚齿机加工的一批齿轮中任取样品 10 件,测得公法线长度如下(单位:mm):

30.005 29.993 29.997 30.001 30.017

29.993 29.988 30.010 29.976 30.020

由经验知公法线长度服从正态分布. 试问这批齿轮公法线的均方差是否合格?

解 设 X 为公法线长度,且 $X\sim N(\mu,\sigma^2)$,σ 未知. 设

$$H_0:\sigma^2=\sigma_0^2=0.020^2,\quad H_1:\sigma^2\neq\sigma_0^2.$$

用 χ^2 检验法. 当 $\alpha=0.05$,$n-1=10-1=9$ 时,查 χ^2 分布表得临界值

$$\chi^2_{0.975}(9)=2.700,\quad \chi^2_{0.025}(9)=19.023.$$

由样本值算得

$$\overline{X}=\frac{1}{10}(30.005+29.993+\cdots+30.020)=30.000,$$

$$\sum_{i=1}^{10}(X_i-\overline{X})^2=(30.005-30.000)^2+(29.993-30.000)^2+\cdots+(30.020-30.000)^2=0.001642,$$

故

$$\chi^2=\frac{\sum\limits_{i=1}^{10}(X_i-\overline{X})^2}{\sigma_0^2}=\frac{0.001642}{(0.020)^2}=4.105.$$

因为 $2.700<4.105<19.023$,所以不能拒绝 H_0,应接受 H_0,即公法线的均方差合格.

3. 未知期望 μ,检验假设 $H_0:\sigma^2\leqslant\sigma_0^2,H_1:\sigma^2>\sigma_0^2$

这种情况在实际中更为重要,生产过程中为了了解加工精度有无变化,进行抽样,可以检验假设 $H_0:\sigma^2\leqslant\sigma_0^2$,如能否定 H_0,说明精度变差了,需停产检查原因.

设

$$Y=\frac{\sum\limits_{i=1}^{n}(X_i-\overline{X})^2}{\sigma^2}=\frac{(n-1)S^2}{\sigma^2}.$$

由定理可知，$Y\sim\chi^2(n-1)$，对于给定的 α，可查表确定 $\chi^2_\alpha(n-1)$ 使满足（见图 8-5）

$$P\{Y>\chi^2_\alpha(n-1)\}=\alpha.$$

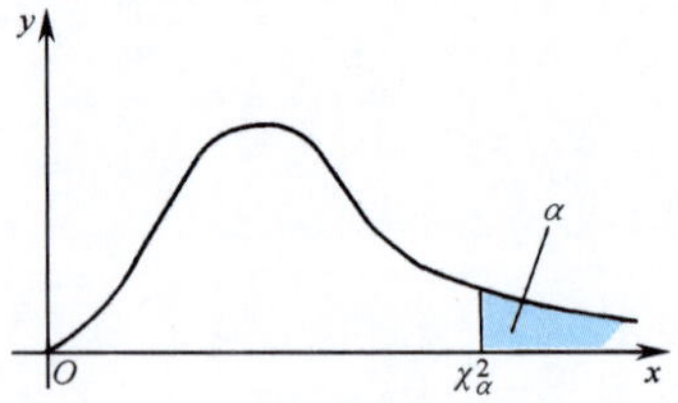

图 8-5

但 Y 中含有 σ^2（未知），不能由样本值算出 Y 的值. 但在 $H_0:\sigma^2\leqslant\sigma_0^2$ 成立的条件下，有

$$\frac{1}{\sigma_0^2}\leqslant\frac{1}{\sigma^2},$$

则

$$\frac{\sum_{i=1}^{n}(X_i-\overline{X})^2}{\sigma_0^2}\leqslant\frac{\sum_{i=1}^{n}(X_i-\overline{X})^2}{\sigma^2}.$$

因此

$$P\left\{\frac{\sum_{i=1}^{n}(X_i-\overline{X})^2}{\sigma_0^2}>\chi^2_\alpha(n-1)\right\}\leqslant P\left\{\frac{\sum_{i=1}^{n}(X_i-\overline{X})^2}{\sigma^2}>\chi^2_\alpha(n-1)\right\}=\alpha.$$

这说明事件$\left\{\frac{\sum_{i=1}^{n}(X_i-\overline{X})^2}{\sigma_0^2}>\chi^2_\alpha(n-1)\right\}$更加是一个“小概率事件”.

如果由样本值 $x_1,x_2,\cdots,x_n$ 算出

$$\chi^2=\frac{\sum_{i=1}^{n}(x_i-\overline{x})^2}{\sigma_0^2}>\chi^2_\alpha(n-1),$$

则应拒绝 $H_0:\sigma^2\leqslant\sigma_0^2$.

如果

$$\frac{\sum_{i=1}^{n}(x_i-\overline{x})^2}{\sigma_0^2}\leqslant\chi^2_\alpha(n-1),$$

则接受 $H_0:\sigma^2\leqslant\sigma_0^2$，故拒绝域为

$$W=\{\chi^2>\chi^2_\alpha(n-1)\}.$$

例 8-7 某专用机床加工变速箱壳，两主轴孔间距的方差为 0.0004，现对专用机床进行某项改造，从试加工品中抽取 20 个箱壳，经测定孔间距，算得 $s^2=0.00068$. 这项改造成功否？

解 显然，改造后使方差变大是失败的. 故设

$$H_0:\sigma^2\leqslant0.0004,\quad H_1:\sigma^2>0.0004.$$

对 $\alpha=0.05$，自由度$=20-1=19$，查 χ^2 分布表得

$$\chi^2_\alpha(19)=\chi^2_{0.05}(19)=30.144,$$

$$\chi^2=\frac{(n-1)s^2}{\sigma_0^2}=\frac{19\times0.00068}{0.0004}=32.3>\chi^2_\alpha(19),$$

应拒绝 H_0，接受 H_1，即方差变大，此项改造方案是失败的.

习题 8.2

3. 一种燃料的辛烷等级服从正态分布，其平均等级为 98.0，标准差为 0.8. 今抽取 25 桶新油，每桶各作一次测试，得容量为 25 的辛烷等级的样本，算得样本均值为 97.7，假定标准差与原来的一样，问新油辛烷平均等级是否比原油燃料辛烷的平均等级低($\alpha=0.05$)?

4. 已知某一试验，其温度服从正态分布，现在测量了温度(单位:K)的 5 个值为

1250　　1265　　1245　　1260　　1275

是否可以认为 $\mu=1277$($\alpha=0.05$)?

5. 测定某种溶液中的水分，它的 10 个测定值给出 $\overline{x}=0.452\%$，$s=0.037\%$，设测定值总体为正态分布，μ 为总体均值，试检验假设($\alpha=0.05$): $H_0:\mu=0.5\%$，$H_1:\mu<0.5\%$.

6. 某批矿沙的 5 个样品中的镍的质量分数经测定为(%)

3.25　3.27　3.24　3.26　3.24

设测定值服从正态分布. 在 $\alpha=0.01$ 下能否认为这批矿沙的(平均)镍的质量分数为 3.25?

7. 罐头番茄汁中，维生素 C 含量服从正态分布，按规定，VC 的平均含量不得少于 21mg，现在从一批罐头中抽了 17 罐，测算得 VC 含量的平均值 $\overline{x}=23$，$s^2=3.98^2$. 问该批罐头 VC 含量是否合格($\alpha=0.10$)?

8. 某厂生产的灯泡的寿命服从正态分布，并要求灯泡寿命的均方差 $\sigma=100$h，今从某天生产的灯泡中任取 5 个进行试验，得寿命数据如下:

1050　　1100　　1120　　1250　　1280

这天生产的灯泡的方差是否合格($\alpha=0.1$)?

9. 一台车床加工的一批轴料中抽取 15 件测量其椭圆度，计算得 $s=0.025$，设椭圆度服从正态分布. 问该批轴料的总体方差与规定的方差 $\sigma_0^2=0.0004$ 有无显著差别($\alpha=0.05$)?

10. 某纤维的长度(单位:μm)在正常条件下服从正态分布 $N(\mu,\sigma^2)$，其均方差往常为 0.048. 某日抽取五根纤维，测得其纤维长度(单位:μm)

1.32　　1.55　　1.36　　1.40　　1.44

该日纤度总体的方差 σ^2 有无显著变化($\alpha=0.10$)?

8.3 两个正态总体的假设检验

8.3.1 两个正态总体期望的检验

1. 已知方差 σ_1^2,σ_2^2，检验假设 $H_0:\mu_1=\mu_2$

设两个正态总体 $X\sim N(\mu_1,\sigma_1^2)$ 及 $Y\sim N(\mu_2,\sigma_2^2)$，而 $(X_1,X_2,\cdots,X_{n_1})$ 和 $(Y_1,Y_2,\cdots,Y_{n_2})$ 分别来自 X,Y 的两个相互独立的简单随机样本，σ_1^2 与 σ_2^2 为已知，检验假设

$$H_0:\mu_1=\mu_2,\quad H_1:\mu_1\neq\mu_2.$$

检验假设 $H_0:\mu_1=\mu_2$ 等价于检验假设 $H_0:\mu_1-\mu_2=0$. 自然想法是研究样本均值之差 $\overline{X}-\overline{Y}$，如果这差数很大，则不大可能为 $\mu_1=\mu_2$；如果这差数比较小，则很有可能 $\mu_1=\mu_2$，由正态分布理论得以下分析.

记 $\overline{X}=\dfrac{1}{n_1}\sum\limits_{i=1}^{n_1}X_i,\overline{Y}=\dfrac{1}{n_2}\sum\limits_{i=1}^{n_2}Y_i$，有

$$\overline{X}\sim N\left(\mu_1,\frac{\sigma_1^2}{n_1}\right),\quad \overline{Y}\sim N\left(\mu_2,\frac{\sigma_2^2}{n_2}\right).$$

由 $(X_1,X_2,\cdots,X_{n_1})$ 与 $(Y_1,Y_2,\cdots,Y_{n_2})$ 的独立性，易得 $(\overline{X}-\overline{Y})$ 服从正态分布. 且

$$E(\overline{X}-\overline{Y})=E(\overline{X})-E(\overline{Y})=\mu_1-\mu_2,$$

$$D(\overline{X}-\overline{Y})=D(\overline{X})+D(\overline{Y})=\frac{\sigma_1^2}{n_1}+\frac{\sigma_2^2}{n_2},$$

故 $(\overline{X}-\overline{Y})\sim N\left(\mu_1-\mu_2,\dfrac{\sigma_1^2}{n_1}+\dfrac{\sigma_2^2}{n_2}\right)$.

因此当 $H_0(\mu_1=\mu_2)$ 成立时，

$$Z=\frac{\overline{X}-\overline{Y}}{\sqrt{\dfrac{\sigma_1^2}{n_1}+\dfrac{\sigma_2^2}{n_2}}}\sim N(0,1).$$

对于给定的显著性水平 α，查标准正态分布表得 $z_{\frac{\alpha}{2}}$，其拒绝域

$$W=\{|Z|>z_{\frac{\alpha}{2}}\}.$$

2. 已知 $\sigma_1^2=\sigma_2^2=\sigma^2$，但 σ^2 未知，检验假设 $H_0:\mu_1=\mu_2$

与上面情况类似，$H_0:\mu_1=\mu_2$，即 $H_0:\mu_1-\mu_2=0$，但 $\overline{X}-\overline{Y}$ 的概率分布算不出来，因为它的方差为 $\dfrac{\sigma_1^2}{n_1}+\dfrac{\sigma_2^2}{n_2}=\sigma^2\left(\dfrac{1}{n_1}+\dfrac{1}{n_2}\right)$，而 σ^2 不知道，自然想到利用 $S_w^2=\dfrac{(n_1-1)S_1^2+(n_2-1)S_2^2}{n_1+n_2-2}$ 代替 σ^2，故选用统计量

$$T=\frac{\overline{X}-\overline{Y}}{S_w\sqrt{\frac{1}{n_1}+\frac{1}{n_2}}}.$$

由定理6-4知，在$H_0:\mu_1-\mu_2=0$成立的条件下$T\sim t(n_1+n_2-2)$，对于给定的α，查附表可求得临界值$t_{\frac{\alpha}{2}}(n_1+n_2-2)$，使

$$P\{|T|>t_{\frac{\alpha}{2}}(n_1+n_2-2)\}=\alpha,$$

拒绝域$W=\{|T|>t_{\frac{\alpha}{2}}(n_1+n_2-2)\}$.

例8-8 从两台切断机所截下的坯料(长度按正态分布)中，分别抽取8个和9个产品，测得长度(单位:mm)如下：

甲：150 145 152 155 148 151 152 148

乙：152 150 148 152 150 150 148 151 148

假定甲、乙两机床截下的长度方差相等，问长度的期望值是否一样？

解 设甲机床截下的长度为X；乙机床截下的长度为Y. 由假定知$\sigma_1^2=\sigma_2^2=\sigma^2$，检验假设$H_0:\mu_1=\mu_2$，$H_1:\mu_1\neq\mu_2$，有

$$\overline{X}=\frac{1}{8}(150+145+\cdots+148)=150.125\approx150.1,$$

$$\overline{Y}=\frac{1}{9}(152+150+\cdots+148)=149.889\approx149.9,$$

$$\sum_{i=1}^{8}(X_i-\overline{X})^2=(150-150.1)^2+(145-150.1)^2+\cdots+(148-150.1)^2=66.88,$$

$$\sum_{i=1}^{9}(Y_i-\overline{Y})^2=(152-149.9)^2+(150-149.9)^2+\cdots+(148-149.9)^2=20.89,$$

$$|T|=\frac{150.1-149.9}{\sqrt{66.88+20.89}}\sqrt{\frac{8\times9\times(8+9-2)}{8+9}}=\frac{0.2}{87.77}\sqrt{\frac{1080}{17}}\approx0.1702.$$

对$\alpha=0.05$，查表得$t_{\frac{\alpha}{2}}(n_1+n_2-2)=t_{0.025}(15)=2.1315$. 因为$|T|=0.1702<2.1315$，所以应接受$H_0$，即$\mu_1=\mu_2$.

对于$H_0:\mu_1\leqslant\mu_2$的单侧检验，也可类似讨论.

8.3.2 两个正态总体方差的检验

设$(X_1,X_2,\cdots,X_{n_1})$与$(Y_1,Y_2,\cdots,Y_{n_2})$为分别来自正态总体$N(\mu_1,\sigma_1^2)$与$N(\mu_2,\sigma_2^2)$的简单随机样本，且相互独立，要检验假设

$$H_0:\sigma_1^2=\sigma_2^2,\quad H_1:\sigma_1^2\neq\sigma_2^2.$$

现在我们只讨论期望μ_1,μ_2未知的情况，μ_1,μ_2已知时的情况，读者可自己完成，参见表8-1.

1. 未知μ_1,μ_2，检验假设$H_0:\sigma_1^2=\sigma_2^2$，$H_1:\sigma_1^2\neq\sigma_2^2$

由假设$H_0:\sigma_1^2=\sigma_2^2$，即$\frac{\sigma_1^2}{\sigma_2^2}=1$. 要比较$\sigma_1^2$与$\sigma_2^2$的大小，自然想

到，$S_1^2=\frac{1}{n_1-1}\sum_{i=1}^{n_1}(X_i-\overline{X})^2$，$S_2^2=\frac{1}{n_2-1}\sum_{i=1}^{n_2}(Y_i-\overline{Y})^2$，在 $H_0(\sigma_1^2=\sigma_2^2)$ 成立时，它们不应相差太多，即比值 $F=\frac{S_1^2}{S_2^2}$ 应接近于 1，否则当 $\sigma_1^2>\sigma_2^2$ 时，F 有偏大的趋势；在 $\sigma_1^2<\sigma_2^2$ 时，F 有偏小的趋势.

由定理 6-5 知，

$$F=\frac{S_1^2/\sigma_1^2}{S_2^2/\sigma_2^2}\sim F(n_1-1,n_2-1).$$

在 $H_0(\sigma_1^2=\sigma_2^2)$ 成立的条件下，统计量

$$F=\frac{S_1^2}{S_2^2}\sim F(n_1-1,n_2-1).$$

对于给定的 α，可查附表确定临界值 $F_{\frac{\alpha}{2}}(n_1-1,n_2-1)$ 及 $F_{1-\frac{\alpha}{2}}(n_1-1,n_2-1)$ 使(见图 8-6)

$$P\left\{\frac{S_1^2}{S_2^2}<F_{1-\frac{\alpha}{2}}(n_1-1,n_2-1)\right\}=P\left\{\frac{S_1^2}{S_2^2}>F_{\frac{\alpha}{2}}(n_1-1,n_2-1)\right\}=\frac{\alpha}{2},$$

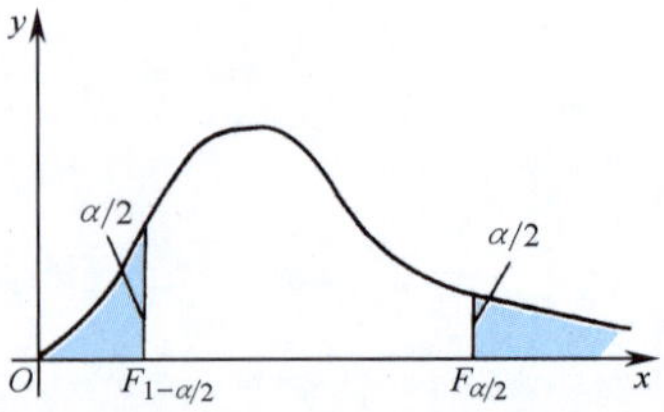

图 8-6

拒绝域 $W=\{F<F_{1-\frac{\alpha}{2}}(n_1-1,n_2-1)$ 或 $F>F_{\frac{\alpha}{2}}(n_1-1,n_2-1)\}$.

这种检验法称为 F **检验法**. 其中 $F_{\frac{\alpha}{2}}(n_1-1,n_2-1)$ 可以直接在表中查到，但 $F_{1-\frac{\alpha}{2}}(n_1-1,n_2-1)$ 不能直接查到，需要拐个弯查. 因为

$$P\left\{\frac{S_1^2}{S_2^2}<F_{1-\frac{\alpha}{2}}(n_1-1,n_2-1)\right\}=P\left\{\frac{S_2^2}{S_1^2}>\frac{1}{F_{1-\frac{\alpha}{2}}(n_1-1,n_2-1)}\right\}=\frac{\alpha}{2},$$

而 $\frac{1}{F}=\frac{S_2^2}{S_1^2}\sim F(n_2-1,n_1-1)$，所以查表可得

$$\frac{1}{F_{1-\frac{\alpha}{2}}(n_1-1,n_2-1)}=F_{\frac{\alpha}{2}}(n_2-1,n_1-1).$$

求倒数即得 $F_{1-\frac{\alpha}{2}}(n_1-1,n_2-1)$.

例 8-9 在例8-8中，两台切断机截下的料的长度的方差是否相等.

解 在这里，设 $H_0:\sigma_1^2=\sigma_2^2$，$H_1:\sigma_1^2\neq\sigma_2^2$，且

$$n_1=8,n_2=9,S_1^2=9.554,S_2^2=2.611,F=\frac{S_1^2}{S_2^2}=3.659.$$

查 F 分布表，取 $\alpha=0.05$，$\frac{\alpha}{2}=0.025$，则

$$F_{\frac{\alpha}{2}}(n_1-1,n_2-1)=F_{0.025}(7,8)=4.53,$$

$$\frac{1}{F_{1-\frac{\alpha}{2}}(n_1-1,n_2-1)}=F_{\frac{\alpha}{2}}(n_2-1,n_1-1)=F_{0.025}(8,7)=4.90,$$

$$F_{1-\frac{\alpha}{2}}(n_1-1,n_2-1)=F_{0.975}(7,8)=\frac{1}{4.90}.$$

因为

$$\frac{1}{4.90}<3.659<4.53,$$

所以应接受 H_0，即认为两台切断机截下的料长度方差相等.

2. 未知 μ_1,μ_2，检验假设 $H_0:\sigma_1^2\leqslant\sigma_2^2, H_1:\sigma_1^2>\sigma_2^2$

这是单侧检验问题.

设 $(X_1,X_2,\cdots,X_{n_1})$ 与 $(Y_1,Y_2,\cdots,Y_{n_2})$ 为分别来自正态总体 $N(\mu_1,\sigma_1^2)$ 与 $N(\mu_2,\sigma_2^2)$ 的简单随机样本，且相互独立，要检验假设

$$H_0:\sigma_1^2\leqslant\sigma_2^2,\quad 即\frac{\sigma_1^2}{\sigma_2^2}\leqslant 1.$$

已知

$$\widetilde{F}=\frac{S_1^2/\sigma_1^2}{S_2^2/\sigma_2^2}\sim F(n_1-1,n_2-1),$$

对于给定 α，可查表确定 $F_\alpha(n_1-1,n_2-1)$，使

$$P\{\widetilde{F}>F_\alpha(n_1-1,n_2-1)\}=\alpha,$$

即 $\{\widetilde{F}>F_\alpha(n_1-1,n_2-1)\}$ 是"小概率事件"(见图 8-7). 如 $H_0:\sigma_1^2\leqslant\sigma_2^2$ 成立，则

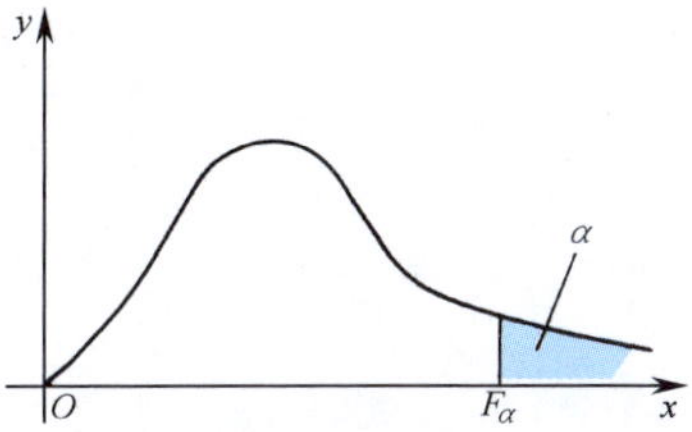

图 8-7

$$\widetilde{F}=\frac{S_1^2/\sigma_1^2}{S_2^2/\sigma_2^2}\geqslant\frac{S_1^2}{S_2^2}.$$

设统计量 $F=\frac{S_1^2}{S_2^2}$，$F\leqslant\widetilde{F}$，于是 $\{F>F_\alpha(n_1-1,n_2-1)\}$ 更是一个小概率事件. 即

$$P\{F>F_\alpha(n_1-1,n_2-1)\}\leqslant P\{\widetilde{F}>F_\alpha(n_1-1,n_2-1)\}=\alpha,$$

只要由样本观测值计算出 $F>F_\alpha(n_1-1,n_2-1)$，则应该否定 H_0，否则就要接受 H_0.

例 8-10　甲、乙两个铸造厂生产同一种铸件，假设两厂铸件的重量都服从正态分布，各抽取 7 件与 6 件产品，测得重量(单位：kg)如下：

甲厂：93.3　92.1　94.7　90.1　95.6　90.0　94.7

乙厂：95.6　94.9　96.2　95.1　95.8　96.3

乙厂铸件重量的方差是否比甲厂的小($\alpha=0.05$)？

解　设 X,Y 分别表示甲、乙两厂铸件重量. $X\sim N(\mu_1,\sigma_1^2)$，$Y\sim N(\mu_2,\sigma_2^2)$.

设 $H_0:\sigma_1^2\leqslant\sigma_2^2$，$H_1:\sigma_1^2>\sigma_2^2$，且

$$n_1=7,n_2=6,\bar{x}=92.93,\bar{y}=95.65,S_1^2=5.232,S_2^2=0.323,$$

$$F=\frac{S_1^2}{S_2^2}=16.198,$$

$$F_\alpha(n_1-1,n_2-1)=F_{0.05}(6,5)=4.95.$$

因为 $F=16.198>4.95$，所以应否定 H_0，从而接受 H_1. 即乙厂铸件重量的方差比甲厂的小.

表 8-1 列出了常用的正态总体的几种假设检验所用的统计量及拒绝域.

表 8-1 正态总体的各种假设检验

假设 H_0	已知参数	检验统计量	统计量的分布	拒绝域
$\mu=\mu_0$	σ_0^2	$Z=\frac{\overline{X}-\mu_0}{\sigma_0/\sqrt{n}}$	$N(0,1)$	$\lvert Z\rvert>z_{\frac{\alpha}{2}}$
$\mu\leqslant\mu_0$	σ_0^2	$Z=\frac{\overline{X}-\mu_0}{\sigma_0/\sqrt{n}}$	$N(0,1)$	$Z>z_\alpha$
$\mu\geqslant\mu_0$	σ_0^2	$Z=\frac{\overline{X}-\mu_0}{\sigma_0/\sqrt{n}}$	$N(0,1)$	$Z<-z_\alpha$
$\mu=\mu_0$	—	$T=\frac{\overline{X}-\mu_0}{S/\sqrt{n}}$	$t(n-1)$	$\lvert T\rvert>t_{\frac{\alpha}{2}}(n-1)$
$\mu\leqslant\mu_0$	—	$T=\frac{\overline{X}-\mu_0}{S/\sqrt{n}}$	$t(n-1)$	$T>t_\alpha(n-1)$
$\mu\geqslant\mu_0$	—	$T=\frac{\overline{X}-\mu_0}{S/\sqrt{n}}$	$t(n-1)$	$T<-t_\alpha(n-1)$
$\sigma^2=\sigma_0^2$	μ_0	$\chi^2=\frac{1}{\sigma_0^2}\sum_{i=1}^{n}(X_i-\mu_0)^2$	$\chi^2(n)$	$\{\chi^2<\chi^2_{1-\frac{\alpha}{2}}(n)\}\cup$ $\{\chi^2>\chi^2_{\frac{\alpha}{2}}(n)\}$
$\sigma^2=\sigma_0^2$	—	$\chi^2=\frac{(n-1)S^2}{\sigma_0^2}$	$\chi^2(n-1)$	$\{\chi^2<\chi^2_{1-\frac{\alpha}{2}}(n-1)\}\cup$ $\{\chi^2>\chi^2_{\frac{\alpha}{2}}(n-1)\}$
$\sigma^2\leqslant\sigma_0^2$	—	$\chi^2=\frac{(n-1)S^2}{\sigma_0^2}$	$\chi^2(n-1)$	$\chi^2>\chi^2_\alpha(n-1)$
$\mu_1=\mu_2$	σ_1^2,σ_2^2	$Z=\frac{\overline{X}-\overline{Y}}{\sqrt{\frac{\sigma_1^2}{n_1}+\frac{\sigma_2^2}{n_2}}}$	$N(0,1)$	$\lvert Z\rvert>z_{\frac{\alpha}{2}}$
$\mu_1\leqslant\mu_2$	σ_1^2,σ_2^2	$Z=\frac{\overline{X}-\overline{Y}}{\sqrt{\frac{\sigma_1^2}{n_1}+\frac{\sigma_2^2}{n_2}}}$	$N(0,1)$	$Z>z_\alpha$
$\mu_1=\mu_2$	σ_1^2,σ_2^2 未知，但 $\sigma_1^2=\sigma_2^2=\sigma^2$	$T=\frac{\overline{X}-\overline{Y}}{S_w\sqrt{\frac{1}{n_1}+\frac{1}{n_2}}}$	$t(n_1+n_2-2)$	$\lvert T\rvert>t_{\frac{\alpha}{2}}(n_1+n_2-2)$
$\mu_1\leqslant\mu_2$	σ_1^2,σ_2^2 未知，但 $\sigma_1^2=\sigma_2^2=\sigma^2$	$T=\frac{\overline{X}-\overline{Y}}{S_w\sqrt{\frac{1}{n_1}+\frac{1}{n_2}}}$	$t(n_1+n_2-2)$	$T>t_\alpha(n_1+n_2-2)$
$\sigma_1^2=\sigma_2^2$	—	$F=\frac{S_1^2}{S_2^2}$	$F(n_1-1,$ $n_2-1)$	$F>F_{\frac{\alpha}{2}}(n_1-1,n_2-1)$ 或 $F<F_{1-\frac{\alpha}{2}}(n_1-1,n_2-1)$
$\sigma_1^2\leqslant\sigma_2^2$	—	$F=\frac{S_1^2}{S_2^2}$	$F(n_1-1,$ $n_2-1)$	$F>F_\alpha(n_1-1,n_2-1)$

习题 8.3

11. 甲、乙两人做废气成分中 CO_2（体积分数，%）的分析，得到数据为

甲：14.7　14.8　15.2　15.5　15.6

乙：14.6　14.8　15.1　15.4

设测定值总体为同方差的正态分布，试问两人的分析结果是否有明显的差异（$\alpha=0.05$）？

12. 某化工试验中要考虑温度对产品断裂韧度的影响，在 70℃，80℃条件下分别做了 8 次重复试验，测得断裂韧度的数据如下（单位：MPa/m^2）

70℃时：20.5　18.8　19.8　20.9　21.5　19.5　21.0　21.2

80℃时：17.7　20.3　20.0　18.8　19.0　20.1　20.2　19.1

断裂韧度可以认为服从正态分布，若已知两种温度的方差相等，问数学期望是否可以认为相等（$\alpha=0.05$）？

13. 检验上题两种温度试验的断裂韧度的方差是否相等（$\alpha=0.05$）？

14. 从两批番茄汁罐头中分别抽取 6 个与 4 个样品，测得 VC 含量如下：（单位：mg）

Ⅰ：21.0　23.5　23.9　24.1　24.4　25.6

Ⅱ：20.3　22.8　25.8　27.1

已知 VC 含量服从正态分布，且两批的方差相同（但未知），能否认为两批罐头的 VC 平均含量相等（$\alpha=0.05$）？

15. 在两个工厂生产的蓄电池中，分别取 10 个测量蓄电池的容量（服从正态分布），得数据如下（单位：A·h）

A 厂：145　141　136　142　140　143　138　137　142　137

B 厂：141　143　139　139　140　141　138　140　142　138

两厂蓄电池的容量是否可认为具有同一正态分布（$\alpha=0.05$）？

16. 由一台自动机床加工某型号零件，现在分别从同一月份上旬和下旬的产品中随意各取若干件，测定其直径，得如下数据（单位：mm）

上旬产品：20.5　19.8　19.7　20.4　20.1　20.0　19.0　19.9

下旬产品：19.7　20.8　20.5　19.8　19.4　20.6　19.2

假设刀具磨损是引起变化的唯一原因. 问检验结果是否表明加工精度显著降低了（$\alpha=0.05$）？

8.4 总体分布的假设检验

拟合优度检验是皮尔逊 1900 年发明的大样本检验方法. 扫描二维码.

前面的讨论总是假定总体服从正态分布,然后对其数字特征(期望、方差等)进行假设检验. 但是随机变量的分布类型往往不知道,有时根据事物本质的分析,利用概率论的知识,可以决定类型. 但在很多情况下,我们只能从一大堆观测数据中去发现规律,以判断出总体分布的大概类型.

一般地,先根据样本值,用前面所介绍的直方图法,推测出总体可能遵从的分布函数 $F(x)$(或概率密度函数 $f(x)$)的大体形状,然后再用以下介绍的所谓 χ^2 拟合优度检验法来检验该总体的分布函数是否真的就是 $F(x)$.

具体过程如下:

(1) 建立待检假设 H_0:总体 X 的分布函数为 $F(x)$.

(2) 设$(X_1,X_2,\cdots,X_n)$是来自总体 X 的样本,在实轴上选取 $k-1$ 个分点:$t_1,t_2,\cdots,t_{k-1}$,将实轴$(-\infty,+\infty)$分成 k 个区间:

$$(-\infty,t_1],(t_1,t_2],(t_2,t_3],\cdots,(t_{k-1},+\infty).$$

记 p_i 为分布函数为 $F(x)$的总体 X 在第 i 个区间取值的概率,即

$$\begin{gathered}
p_1=P\{X\leqslant t_1\}=F(t_1),\\
p_2=P\{t_1<X\leqslant t_2\}=F(t_2)-F(t_1),\\
\vdots\\
p_{k-1}=P\{t_{k-2}<X\leqslant t_{k-1}\}=F(t_{k-1})-F(t_{k-2}),\\
p_k=P\{X>t_{k-1}\}=1-F(t_{k-1}).
\end{gathered}$$

记 m_i 为 n 个样本观测值中落在第 i 个区间中的个数,即组频数,则$\frac{m_i}{n}$为组频率. 各组的理论频数为 np_i,要求 $np_i\geqslant 5$. 由大数定律可知,在 H_0 成立的条件下,当 n 较大(至少 50,最好 100 以上),$\frac{m_i}{n}$在 p_i 附近摆动,$\lim\limits_{n\to\infty}P\left\{\left|\frac{m_i}{n}-p_i\right|<\varepsilon\right\}=1$. 即$\left(\frac{m_i}{n}-p_i\right)^2$ 的值应该比较小,于是

$$\sum_{i=1}^{k}\left(\frac{m_i}{n}-p_i\right)^2\cdot\frac{n}{p_i}$$

也应比较小才合理. 这里的因子$\frac{n}{p_i}$起了平衡作用,否则对于较小的 p_i 来说,即使$\frac{m_i}{n}$跟 p_i 相对来说有较大的差别,$\left(\frac{m_i}{n}-p_i\right)^2$ 也不会很大.

选取统计量 $\chi^2=\sum\limits_{i=1}^{k}\dfrac{(m_i-np_i)^2}{np_i}$. 可以证明，在 H_0 成立的条件下，χ^2 近似服从具有 $k-r-1$ 个自由度的 χ^2 分布（r 是总体分布函数中需要用样本进行估计的未知参数的数目）. n 越大，近似得越好.

（3）对于给定的显著性水平 α，查表确定临界值 $\chi^2_\alpha(k-r-1)$，使其满足

$$P\{\chi^2>\chi^2_\alpha(k-r-1)\}=\alpha.$$

显然 χ^2 越小越好$\left(即\dfrac{m_i}{n}与 p_i 越接近\right)$，故在上式中概率为 α 的事件取在右侧，而不是取在两侧.

（4）由样本值 $(X_1,X_2,\cdots,X_n)$ 计算 $\chi^2=\sum\limits_{i=1}^{k}\dfrac{(m_i-np_i)^2}{np_i}$ 的值与 $\chi^2_\alpha(k-r-1)$ 做比较.

（4）中 χ^2 渐近服从 $\chi^2(k-r-1)$，也称之为皮尔逊定理，是具有里程碑意义的统计方法. 扫描这几页二维码，了解几位著名统计学家.

（5）下结论：若 $\chi^2>\chi^2_\alpha(k-r-1)$，则拒绝 H_0，即不能认为总体 X 的分布函数是 $F(x)$，否则接受 H_0.

例 8-11　从按某工艺条件生产的针织品用纤维中随机地抽取了120件，测得其断裂力的数据如下（单位：N）

20.3	19.1	21.0	19.5	19.9	20.7	21.5	19.6	19.4	20.5
21.8	19.7	20.3	20.5	19.2	20.6	21.4	18.9	20.4	20.7
21.0	20.3	19.8	20.2	20.6	20.3	21.1	19.6	20.5	20.8
20.2	20.9	21.2	20.4	19.7	20.8	21.3	18.0	19.4	20.9
20.0	19.8	20.4	20.9	21.4	22.3	21.2	20.2	20.0	21.4
20.4	20.9	20.6	21.7	18.8	19.7	20.6	20.7	21.1	19.5
19.8	20.5	20.9	22.1	21.2	19.9	19.3	20.1	20.4	21.3
20.1	19.8	18.6	21.3	20.5	19.6	20.3	20.9	21.8	20.6
19.2	20.4	22.4	21.2	20.8	21.0	20.0	19.7	20.2	19.9
21.0	20.3	20.1	19.6	20.2	20.4	20.8	19.0	20.7	20.5
18.5	20.0	20.6	20.1	21.1	20.1	20.9	21.4	20.0	20.6
19.9	21.0	20.5	20.8	20.4	19.4	20.2	20.7	21.5	20.3

试以显著性水平 $\alpha=0.05$ 检验针织品用纤维的断裂强力是否服从正态分布.

解　将所得数据从小到大依次排列，可得样本频数分布和样本频率分布（见表 8-2）.

表　8-2

断裂强力 X	18.0	18.5	18.6	18.8	18.9	19.0	19.1	19.2	19.3	19.4
频数 m_i	1	1	1	1	1	1	1	2	1	3
频率 $f_i=\dfrac{m_i}{n}$	0.0083	0.0083	0.0083	0.0083	0.0083	0.0083	0.0083	0.0167	0.0083	0.0250

（续）

断裂强力 X	19.5	19.6	19.7	19.8	19.9	20.0	20.1	20.2	20.3	20.4
频数 m_i	2	4	4	4	4	5	5	6	7	8
频率 $f_i=\frac{m_i}{n}$	0.0167	0.0333	0.0333	0.0333	0.0333	0.0417	0.0417	0.0500	0.0583	0.0667
断裂强力 X	20.5	20.6	20.7	20.8	20.9	21.0	21.1	21.2	21.3	21.4
频数 m_i	7	7	5	5	7	5	3	4	3	4
频率 $f_i=\frac{m_i}{n}$	0.0583	0.0583	0.0417	0.0417	0.0583	0.0417	0.0250	0.0333	0.0250	0.0333
断裂强力 X	21.5	21.7	21.8	22.1	22.3	22.4				
频数 m_i	2	1	2	1	1	1				
频率 $f_i=\frac{m_i}{n}$	0.0167	0.0083	0.0167	0.0083	0.0083	0.0083				

用 X 表示断裂强力，用样本平均数 $\overline{X}$ 及样本方差 S^2 作为总体分布中未知参数 μ 和 σ^2 的估计值（即 $r=2$）. 经计算得

$$\hat{\mu}=\overline{X}=20.4,\quad \hat{\sigma}^2=S^2=0.7118^2=0.5067.$$

设待检假设 $H_0: X\sim N(20.4, 0.7118^2)$，选统计量为

$$\chi^2=\sum_{i=1}^{k}\frac{(m_i-np_i)^2}{np_i}\sim\chi^2(k-r-1).$$

如果按作直方图时的分组划分，前三个小区间与后两个小区间的频数都太小，现在把前三个小区间和后三个小区间分别合并为区间 $(-\infty,19.05]$ 及 $(21.45,+\infty)$，这样的分组数为 $k=8$，分组后，分别列出 m_i，并求出 p_i，np_i，(m_i-np_i) 以及 $\frac{(m_i-np_i)^2}{np_i}$.

其中计算理论概率 p_i 时，应先求理论分布函数值 $F(t_i)=\Phi\left(\frac{t_i-20.4}{0.7118}\right)(i=1,2,\cdots,7)$，可利用标准正态分布函数表（见附表 1），在计算 χ^2 值时，可列一个 χ^2 计算表（见表 8-3）.

表 8-3

序号 i	区间范围	频数 m_i	理论概率 p_i	理论频数 np_i	m_i-np_i	$\frac{(m_i-np_i)^2}{np_i}$
1	$(-\infty,19.05]$	6	0.0287	3.44	2.56	1.905
2	$(19.05,19.45)$	7	0.0630	7.56	-0.56	0.041
3	$(19.45,19.85]$	14	0.1289	15.47	-1.47	0.140
4	$(19.85,20.25]$	20	0.1962	23.54	-3.54	0.532
5	$(20.25,20.65]$	29	0.2200	26.40	2.60	0.098
6	$(20.65,21.05]$	22	0.1818	21.82	0.18	0.001
7	$(21.05,21.45]$	14	0.1119	13.43	0.57	0.024
8	$(21.45,+\infty)$	8	0.0695	8.34	-0.34	0.014
Σ		120	1.0000	120		2.755

于是得

$$\chi^2 = \sum_{i=1}^{k} \frac{(m_i - np_i)^2}{np_i} = 2.755.$$

由 $\alpha=0.05$ 查表可得临界值 $\chi^2_{0.05}(8-2-1)=\chi^2_{0.05}(5)=11.07$.

总结本章所学内容.尤其是假设检验,解题过程严格按三个步骤进行.

因为 $\chi^2=2.755<11.07$,所以,接受 H_0,即断裂强力 $X\sim N(20.4,0.7118^2)$.

上面介绍的检验分布函数的 χ^2 拟合检验法,应用范围比较广,对于任何类型的分布,都可用此方法.但从例 8-11 中也可看出,如果总体分布是连续型的,计算比较麻烦.不过对于检验分布是否为正态总体时,如果要求精确度不高,可用“正态概率纸”大致判断其总体是否为正态的(可参见有关著作).对于离散型的情形,χ^2 拟合检验法使用起来还是很方便的.

例 8-12　掷一枚骰子60次,每次出现的点数为随机变量 X,测得如下数据:

出现点数 X	1	2	3	4	5	6
频数 m_i	13	19	11	8	5	4

在显著性水平 $\alpha=0.05$ 下检验这枚骰子是否是均匀的?

解　设待检假设 $H_0:P\{X=i\}=\frac{1}{6}(i=1,2,\cdots,6)$,按掷得点数将实轴分成六个区域,即 $k=6$.在 H_0 成立条件下,

$$\chi^2 = \sum_{i=1}^{6} \frac{(m_i - np_i)^2}{np_i} \sim \chi^2(6-1).$$

而 $np_i=60\times\frac{1}{6}=10$,所以

$$\chi^2 = \sum_{i=1}^{6} \frac{(m_i - 10)^2}{10}$$

$$=\frac{1}{10}[3^2+9^2+1^2+(-2)^2+(-5)^2+(-6)^2]=15.6,$$

对 $\alpha=0.05$,查表得 $\chi^2_{0.05}(5)=11.07$.由于 $15.6>11.07$,所以应拒绝 H_0,即认为这枚骰子不是均匀的.

复习题 8

17. 正常生产情况下,某种女表表壳的直径(单位:mm)服从正态分布 $N(20,1)$,在某天的生产过程中抽取 5 件,测得直径(单位:mm)如下:

19.0　　19.5　　19.0　　20.0　　20.5

如果方差不变,问这天生产情况是否正常($\alpha=0.05$)?

18. 某种元件寿命服从标准差 $\sigma=100\text{h}$ 的正态分布,其平均使

用寿命不得低于1000h,现从这批元件中随机抽取25只,测得其平均寿命为950h.试确定这批元件是否合格($\alpha=0.05$)?

19.某轮胎制造厂生产一种轮胎,其平均使用寿命为30000km,标准差为4000km,轮胎使用寿命服从正态分布.现在采用一种新的工艺生产这种轮胎,从试制产品中随机抽取100只轮胎进行试验,以测定新的工艺是否优于原有方法.($\alpha=0.05$)

(1) 此检验是双侧检验还是单侧检验?

(2) 写出原假设和备择假设.

(3) 计算临界值并写出检验法则.

20.化肥厂用自动打包机打包,每包标准重量为100kg,每天开工后需检验一次打包机工作是否正常.某日开工后测得九包重量(单位:kg)如下:

99.5 98.7 100.6 101.1 98.5 99.6 99.7 102.1 100.6

已知包重服从正态分布,试问该天打包机工作是否正常($\alpha=0.05$)?

21.正常人的脉搏平均为72次/分,现某医生测得10例慢性铅中毒患者的脉搏(次/分)如下:

54 67 68 78 70 66 67 70 65 69

已知铅中毒者的脉搏服从正态分布,试问铅中毒者和正常人的脉搏是否有显著差异($\alpha=0.05$)?

22.电工器材厂生产一批保险丝,抽取10根试验其熔化时间(单位:ms),结果为

42 65 75 78 71 59 57 68 54 55

熔化时间服从正态分布.是否可以认为整批保险丝的熔化时间的方差小于8($\alpha=0.05$)?

23.在进行工艺改革时,一般地,若方差增大,可做相反方向的改革,以减小方差,若方差变化不显著,可试行别的工艺改革方案.今进行某项工艺改革,加工25个活塞,测量其直径,计算得$S^2=0.00066$.设已知改革前活塞直径的方差$\sigma^2=0.00040$,问进一步改革的方向如何($\alpha=0.05$)?

24.某种导线,要求其电阻的标准差不得超过0.005(Ω).今在生产的一批导线中取样品9根,测得$S=0.007$(Ω),设总体为正态分布,能认为这批导线的标准差显著地偏大吗($\alpha=0.05$)?

25.比较甲、乙两种安眠药的疗效,将20个失眠患者分成两组,每组十人;甲组病人服用甲组药,乙组病人服用乙组药,设服药后延长的睡眠时间(单位:h)分别服从正态分布,其数据如下:

甲:1.9 0.8 1.1 0.1 −0.1 4.4 5.5 1.6 4.6 3.4

乙:0.7 −1.6 −0.2 −1.2 −0.1 3.4 3.7 0.8 0 2.0

这两种安眠药的疗效有无显著性差异($\alpha=0.05$)?

26. 为了比较两种枪弹的速度(单位:m/s),在相同的条件下进行速度测定,算得样本均值和样本均方差如下:

枪弹甲:$n_1=100$,$\bar{x}=2805$,$s_1=120.41$,

枪弹乙:$n_2=100$,$\bar{y}=2680$,$s_2=105.00$,

若样本服从正态分布,这两种枪弹在速度方面及均方差方面有无显著差异($\alpha=0.05$)?

27. 卢瑟福在 2612 个相等时间间隔(每次 1/8min)内,观察了一放射性物质放射的粒子数,表中的 n_x 是每 1/8min 时间间隔内观察到 x 个粒子的时间间隔数

x	0	1	2	3	4	5	6	7	8	9	10	11	Σ
n_x	57	203	383	525	532	408	273	139	49	27	10	6	2612

试用 χ^2 检验法检验观察数据服从泊松分布这一假设($\alpha=0.05$).

28. 在 π 的前 800 位小数的数字中 0,1,2,…,9 相应出现了 74,92,83,79,80,73,77,75,76,91 次. 试用 χ^2 检验法检验这些数据是否服从均匀分布的假设($\alpha=0.05$).

29. 检查产品质量时,每次抽取 10 个产品来检查,共取 100 次,得到每 10 个产品中次品数 X 的分布如下:

$X=x_i$	0	1	2	3	4	5	6	7	8	9	10
频数 m_i	35	40	18	5	1	1	0	0	0	0	0

试用 χ^2 检验法检验生产过程中出现次品的概率是否可以认为是不变的,即次品数是否服从二项分布($\alpha=0.05$)?

30. 从自动机床产品的传送带中取出 200 个零件,以 1μm 以内的测量精度检查零件尺寸,把测量值与额定尺寸的偏差按每隔 5μm 进行分组,计算这种偏差落在各组内的频数 m_i,列成下表.

组号	1	2	3	4	5
组限	−20～−15	−15～−10	−10～−5	−5～0	0～5
m_i	7	11	15	24	49
组号	6	7	8	9	10
组限	5～10	10～15	15～20	20～25	25～30
m_i	41	26	17	7	3

试用 χ^2 检验法检验尺寸偏差是否服从正态分布的假设($\alpha=0.05$).

第9章 方差分析

方差分析(ANOVA)是常用的统计技术之一.

大国工匠:大勇不惧

在实际问题中,常常需要研究在不同条件下所得到的试验数据.不同试验条件对试验结果是否有显著影响及影响程度大小是方差分析要解决的问题.

试验中控制的条件称为**因素**,变化的因素可分成若干水平称为**因素水平**.若仅有一个因素在试验中变化,其他因素不变,此问题称为**单因素问题**.若试验结果受多个变动因素影响,称为**多因素问题**.

例如,灯泡的寿命依赖于钨丝的质量(因素 A)和所充惰性气体的纯度(因素 B).某灯泡厂在其他条件不变的情况下,对因素 A 及因素 B 的若干水平进行了所有可能的交叉试验,得出试验数据,用以讨论这两个因素对灯泡的寿命的影响大小,这就是一个双因素问题.若固定因素 B 不动,仅对因素 A 的不同水平进行多次试验得数据后分析,则是单因素问题(见表 9-1).

表 9-1

灯泡寿命 t/h		气体的纯度(因素 B)				
		B_1	B_2	B_3	B_4	B_5
钨丝质量(因素 A)	A_1	2200	2370	3400	3500	3500
	A_2	2500	2400	3450	3500	3550
	A_3	3000	3100	3500	3600	3600
	A_4	3100	3150	3550	3650	3650

9.1 单因素方差分析

在单因素问题中,以 $A_i(i=1,2,\cdots,m)$ 代表变动的因素 A 的 m 个不同水平,x_{ij} 代表在 A_i 水平下进行第 j 次试验所得数据($j=1,2,\cdots,n_i$).若 A_i 的重复数 n_i 全相等($i=1,2,\cdots,m$),称为**平衡单因素问题**,否则为不平衡单因素问题.

列试验结果(见表 9-2)如下:

表 9-2

因素水平 \ 试验批号	1	2	…	j	…		行和	行平均
A_1	X_{11}	X_{12}	…	X_{1j}	…	X_{1n_1}	T_1	$\overline{X}_1$
A_2	X_{21}	X_{22}	…	X_{2j}	…	X_{2n_2}	T_2	$\overline{X}_2$
⋮	⋮	⋮		⋮	⋮	⋮	⋮	⋮
A_i	X_{i1}	X_{i2}	…	X_{ij}	…	X_{in_i}	T_i	$\overline{X}_i$
⋮	⋮	⋮		⋮	⋮	⋮	⋮	⋮
A_m	X_{m1}	X_{m2}	…	X_{mj}	…	X_{mn_m}	T_m	$\overline{X}_m$

扫描二维码了解单因素方差分析的假设条件，并建立方差分析模型.

其中 $\overline{X}_i=\frac{1}{n_i}\sum_{i=1}^{n_i}X_{ij}$，$T_i=n_i\overline{X}_i\,(i=1,2,\cdots,m)$. 记数据总个数 $n=\sum_{i=1}^{m}n_i$，总平均 $\overline{X}=\frac{1}{n}\sum_{i=1}^{m}\sum_{j=1}^{n_i}X_{ij}$，总和 $T=\sum_{i=1}^{m}\sum_{j=1}^{n_i}X_{ij}=n\overline{X}$.

这里样本 X_{ij} 是相互独立的；A_i 水平下所得到的样本 $X_{i1},X_{i2},\cdots,X_{in_i}$，看作是从正态总体 $N(\mu_i,\sigma^2)$ 中取出，容量为 n_i，而且 μ_i,σ^2 未知 $(i=1,2,\cdots,m)$；但 m 个水平的 m 个正态总体的方差认为是相等的. 在此基础上方差分析就是一种特殊的假设检验，它通过对样本方差的处理和研究并做出统计推断，它的基本原理如下：

1. 偏差平方和的来源与分类

令

$$SS_T=\sum_{i=1}^{m}\sum_{j=1}^{n_i}(X_{ij}-\overline{X})^2,$$

$$SS_A=\sum_{i=1}^{m}n_i\,(\overline{X}_i-\overline{X})^2,$$

$$SS_E=\sum_{i=1}^{m}\sum_{j=1}^{n_i}(X_{ij}-\overline{X}_i)^2.$$

SS_T 是各数据与其总平均的偏差平方和，它反映了各数据间的总差异程度，称 SS_T 为**总偏差平方和**. 它的自由度为 $n-1$. 自由度可由表达式中独立（自由）的随机变量个数减去表达式中约束条件的个数得到.

SS_A 为组平均与总平均的偏差平方和，它的大小反映了因素 A 的不同水平而产生的差异，称 SS_A 为**组间偏差平方和**. 它的自由度为 $m-1$.

SS_E 表示 m 个总体中的每一个总体所取的样本内部的偏差平方和的总和，而样本内部的偏差平方和是样本所进行的 n_i 次重复试验产生的误差，是由随机波动引起的，称 SS_E 为**组内偏差平方和**或**误差平方和**. 它的自由度为 $n-m$.

容易证明：

$$SS_{\mathrm{T}}=SS_{\mathrm{A}}+SS_{\mathrm{E}},$$

并且 SS_{A} 的自由度加上 SS_{E} 的自由度等于 SS_{T} 的自由度，故 SS_{A} 与 SS_{E} 相互独立. 这一结果表明，总差异可以分解为因素水平的不同所引起的差异和纯粹由随机波动引起的差异之和. 故可以考虑用 SS_{A} 与 SS_{E} 的关系来判定因素的变化是否对结果有显著影响.

2. 统计假设

为了理论探讨的方便，应假设因素水平的不同对结果没有显著影响，这样试验的全部结果 X_{ij} 应来自于同一正态总体. 因此建立统计假设：所有的 $X_{ij}(j=1,\cdots,n_i;i=1,\cdots,m)$ 皆取自于同一正态总体 $N(\mu,\sigma^2)$.

待检假设为 $H_0:\mu_1=\mu_2=\cdots=\mu_m=\mu$.

3. 检验方法

若 H_0 为真，则 m 个总体之间无显著差异. 所有观察结果被认为取自于同一正态总体 $N(\mu,\sigma^2)$ 的容量为 n 的样本，且 X_{ij} 相互独立. 根据定理 6-2 得

你能否证明 SS_{A} 与 SS_{E} 相互独立?

$$\frac{1}{\sigma^2}SS_{\mathrm{T}}\sim\chi^2(n-1),\quad \frac{1}{\sigma^2}SS_{\mathrm{A}}\sim\chi^2(m-1),\quad \frac{1}{\sigma^2}SS_{\mathrm{E}}\sim\chi^2(n-m),$$

进而选取统计量

$$F=\frac{SS_{\mathrm{A}}/(m-1)}{SS_{\mathrm{E}}/(n-m)}.$$

由 F 分布的定义可知，若 H_0 成立，该统计量服从具有第一个自由度为 $m-1$，第二个自由度为 $n-m$ 的 F 分布，对于给定的置信水平 α，可以查表确定临界值 F_α，有

$$P\left\{\frac{SS_{\mathrm{A}}/(m-1)}{SS_{\mathrm{E}}/(n-m)}<F_\alpha\right\}=1-\alpha，即\ P\{F>F_\alpha\}=\alpha.$$

计算 F 的实际观察值，若 $F<F_\alpha$，则接受原假设 H_0，认为因素的变化对结果无显著影响，若 $F>F_\alpha$，则拒绝 H_0，即认为因素水平的不同对结果影响显著.

它的意义是：如果组间方差 $SS_{\mathrm{A}}/(m-1)$ 比组内方差 $SS_{\mathrm{E}}/(n-m)$ 大很多，说明不同水平的数据间有明显差异，X_{ij} 不能认为来自于同一正态总体，应拒绝 H_0；反之说明水平的变化对结果影响不明显，可以接受 H_0. 上述检验是显著性检验，接受 H_0 并不等于水平对结果无影响或影响甚微，只能认为影响不显著.

4. 单因素方差分析表及举例

把上节的原理和对于样本观察值的计算结果列成表（见表 9-3），就可简单明了地得出结论. 该表称为**方差分析表**.

表 9-3

差异源	偏差平方和 SS	自由度	均方差	F 的值	F 的临界值 F_α
组间	$SS_A=\sum_{i=1}^{m} n_i(\overline{X}_i-\overline{X})^2$	$m-1$	$SS_A/(m-1)$	$F=\dfrac{\frac{SS_A}{m-1}}{\frac{SS_E}{n-m}}$	$F_\alpha(m-1,n-m)$
组内	$SS_E=\sum_{i=1}^{m}\sum_{j=1}^{n_i}(X_{ij}-\overline{X}_i)^2$	$n-m$	$SS_E/(n-m)$		
总计	$SS_T=\sum_{i=1}^{m}\sum_{j=1}^{n_i}(X_{ij}-\overline{X})^2$	$n-1$			

方差分析需要大量的计算，若用手算，可使用下列简单公式计算 SS_T，SS_A，SS_E.

$$SS_T=\sum_{i=1}^{m}\sum_{j=1}^{n_i}X_{ij}-\frac{T^2}{n},\ SS_A=\sum_{i=1}^{m}\frac{T_i^2}{n_i}-\frac{T^2}{n},\ SS_E=SS_T-SS_A.$$

我们常常使用电脑进行辅助计算，Office 软件中的 EXCEL（电子表格）提供了很方便的数理统计软件. 只要输入原始数据，简单操作后就可得到方差分析表.

例 9-1 分 5 次对 4 位工人生产的同种产品进行合格率调查，得数据见表 9-4，问 4 位工人的产品合格率有无显著差异($\alpha=0.05$)？

表 9-4

合格率(%)		调查批次 1	2	3	4	5	行和 T_i	T_i^2	行平均 $\overline{X}_i$
因素（工人）	A_1	84	89	87	90	86	436	190096	87.2
	A_2	90	91	92	90	94	457	208849	91.4
	A_3	94	89	95	95	97	470	220900	94
	A_4	88	88	86	86	83	431	185761	86.2

解 (1) 将由数据计算出的 T_i，T_i^2，填入相应的表中(见表 9-4).

(2) 根据公式分别计划出 SS_T，SS_A，SS_E及其他相关数值，建立方差分析表(见表 9-5).

(3) 由 F 的实际观察值和临界值 F_α，得出结论. 本题 $F>F_\alpha$，所以 4 位工人的产品合格率有显著差异.

表 9-5

差异源	偏差平方和 SS	自由度 df	均方差 MS	F 的值 F	F 的临界值 F_α F crit
组间	$SS_A=199.4$	3	66.46667	$F=\dfrac{66.46667}{5.425}=12.25192$	3.238867
组内	$SS_E=86.8$	16	5.425		
总计	$SS_T=286.2$	19			

9.2 无重复双因素方差分析

设因素 A 有 m 个水平，因素 B 有 s 个水平，A,B 的每一对水平配合 $(A_i,B_j)(i=1,\cdots,m;j=1,\cdots,s)$ 取且只取一次试验结果 X_{ij}，这是无重复双因素方差分析问题，将这 $m\times s$ 个数据列成记录表(见表9-6).

表 9-6

A \ B	B_1	B_2	$\cdots$	B_s	行和 $T_{i\cdot}$	行平均 $\overline{X}_{i\cdot}$
A_1	X_{11}	X_{12}	$\cdots$	X_{1s}	$T_{1\cdot}$	$\overline{X}_{1\cdot}$
A_2	X_{21}	X_{22}	$\cdots$	X_{2s}	$T_{2\cdot}$	$\overline{X}_{2\cdot}$
$\vdots$	$\vdots$	$\vdots$		$\vdots$	$\vdots$	$\vdots$
A_m	X_{m1}	X_{m2}	$\cdots$	X_{ms}	$T_{m\cdot}$	$\overline{X}_{m\cdot}$
列和 $T_{\cdot j}$	$T_{\cdot 1}$	$T_{\cdot 2}$	$\cdots$	$T_{\cdot s}$	总和 T	
列平均 $\overline{X}_{\cdot j}$	$\overline{X}_{\cdot 1}$	$\overline{X}_{\cdot 2}$	$\cdots$	$\overline{X}_{\cdot s}$		总平均 $\overline{X}$

其中

$$T_{i\cdot}=\sum_{j=1}^{s}X_{ij};\overline{X}_{i\cdot}=\frac{T_{i\cdot}}{s};T_{\cdot j}=\sum_{i=1}^{m}X_{ij};\overline{X}_{\cdot j}=\frac{T_{\cdot j}}{m},$$

$$T=\sum_{j=1}^{s}T_{i\cdot}=\sum_{i=1}^{m}T_{\cdot j}=\sum_{i=1}^{m}\sum_{j=1}^{s}X_{ij};\overline{X}=\frac{T}{s\times m}.$$

(A_i,B_j)水平下得到的样本 X_{ij} 可看作是从正态总体 $N(\mu_{ij},\sigma^2)$ 中取出的. μ_{ij}，σ 未知$(i=1,\cdots,m;j=1,\cdots,s)$，$X_{ij}$ 间相互独立.

方差分析的目的，是检测因素 A 和 B 的变化对结果的影响程度. 仿照单因素方差分析的方法，将总偏差平方和 SS_{T} 分离为因素 A,B 和随机波动所产生的偏差平方和(分别记为 SS_A,SS_B,SS_E)，再进行研究.

$$SS_{\mathrm{T}}=\sum_{i=1}^{m}\sum_{j=1}^{s}(X_{ij}-\overline{X})^2\text{，自由度为 } sm-1.$$

$$SS_A=s\sum_{i=1}^{m}(\overline{X}_{i\cdot}-\overline{X})^2\text{，自由度为 } m-1.$$

$$SS_B=m\sum_{j=1}^{s}(\overline{X}_{\cdot j}-\overline{X})^2\text{，自由度为 } s-1.$$

$$SS_{\mathrm{E}}=\sum_{i=1}^{m}\sum_{j=1}^{s}(X_{ij}-\overline{X}_{i\cdot}-\overline{X}_{\cdot j}+\overline{X})^2\text{，自由度为}(m-1)(s-1).$$

容易证明 $SS_{\mathrm{T}}=SS_A+SS_B+SS_{\mathrm{E}}$. 为了探讨因素 A,B 对结果有无显著影响，我们检验如下统计假设.

1) 假设

$$H_{0A}:\mu_{1j}=\mu_{2j}=\cdots=\mu_{mj}=\mu_{\cdot j},\quad j=1,2,\cdots,s,$$

即因素 A 对结果影响不显著，同一因素水平 $B_j(j=1,2,\cdots,s)$ 下，因素A 的不同水平所得结果 $X_{1j},X_{2j},\cdots,X_{mj}$ 可认为来自同一正态总体$N(\mu_{\cdot j},\sigma^2)(j=1,2,\cdots,s)$.

2）假设

$$H_{0B}:\mu_{i1}=\mu_{i2}=\cdots=\mu_{is}=\mu_{i\cdot},\quad i=1,2,\cdots,m,$$

即因素 B 对结果影响不显著，同一因素水平 $A_{i\cdot}(i=1,2,\cdots,m)$下，因素 B 的不同水平所得结果 $X_{i1},X_{i2},\cdots,X_{is}$ 可认为来自同一正态总体$N(\mu_{i\cdot},\sigma^2)(i=1,2,\cdots,m)$.

若 H_{0A}为真，$\frac{1}{\sigma^2}SS_A$ 与 $\frac{1}{\sigma^2}SS_E$ 为相互独立的 χ^2 统计量，自由度分别为 $m-1,(m-1)(s-1)$. 从而选取统计量

$$F_A=\frac{\frac{1}{(m-1)\sigma^2}SS_A}{\frac{1}{(m-1)(s-1)\sigma^2}SS_E}=\frac{(s-1)SS_A}{SS_E},$$

则

$$F_A\sim F(m-1,(m-1)(s-1)).$$

若 H_{0B}成立，$\frac{1}{\sigma^2}SS_B$ 与 $\frac{1}{\sigma^2}SS_E$ 为相互独立的 χ^2 统计量，自由度分别为 $s-1,(m-1)(s-1)$. 从而统计量

$$F_A=\frac{(m-1)SS_B}{SS_E}\sim F(s-1,(m-1)(s-1)).$$

对于给定的 α，分别确定相对于 F_A 和 F_B 的临界值 F，由实际观察值得出 H_{0A}，H_{0B} 是否成立. 上述的假设检验过程可以用下面的方差分析表 9-7 清楚地表达.

表 9-7

差异源	偏差平方和 SS	自由度 df	均方差 MS	F 的值 F	F 的临界值 F_α F crit
因素 A	SS_A	$m-1$	$\frac{1}{m-1}SS_A$	$F_A=\frac{(s-1)SS_A}{SS_E}$	$F_\alpha(m-1,(m-1)(s-1))$
因素 B	SS_B	$s-1$	$\frac{1}{s-1}SS_B$	$F_B=\frac{(m-1)SS_B}{SS_E}$	$F_\alpha(s-1,(m-1)(s-1))$
随机因素	SS_E	$(m-1)(s-1)$	$\frac{1}{(m-1)(s-1)}SS_E$		
总计	SS_T	$ms-1$			

例 9-2 某化工产品在反应炉内一次性生成，一炉中产品的生成量与反应炉的温度和反应时间有关. 在其他因素不变的情况下，对温度 T 的三个水平、反应时间 t 的四个水平进行交叉 12 次试

验，产品的生成量（百分比）结果见表 9-8. 温度 T（单位：℃）和时间 t（单位：min）的变化对结果有无显著影响（$\alpha=0.05$）？

表 9-8

T/℃ \ t/min	30	40	50	60	行和 $T_{i\cdot}$	行平均 $\overline{X}_{i\cdot}$
200	0.15	0.2	0.23	0.25	0.83	0.2075
250	0.15	0.21	0.22	0.24	0.82	0.205
300	0.17	0.22	0.23	0.25	0.87	0.2175
列和 $T_{\cdot j}$	0.47	0.63	0.68	0.74	$T=2.52$	
列平均 $\overline{X}_{\cdot j}$	0.156667	0.21	0.226667	0.246667		$\overline{X}=0.21$

解　(1)由数据计算出的行和 $T_{i\cdot}$、列和 $T_{\cdot j}$、行平均 $\overline{X}_{i\cdot}$、列平均 $\overline{X}_{\cdot j}$、总和 T 及总平均 $\overline{X}$ 填入相应的表中（见表 9-8）.

(2)根据公式分别计算出 SS_T，SS_A，SS_B，SS_E，F_A，F_B 及其他相关数值，建立双因素方差分析表（见表 9-9）.

(3)由 F_A，F_B 的实际观察值和临界值，得出结论. 本题 $F_A=4.2<5.143249$，$F_B=107.2>4.757055$. 所以温度 T 在此范围变化对结果无显著影响，时间 t 对结果影响显著.

表 9-9

差异源	偏差平方和 SS	自由度 df	均方差 MS	F 的值 F	F 的临界值 F_α F crit
温度 T	0.00035	2	0.000175	$F_A=4.2$	5.143249
时间 t	0.0134	3	0.004467	$F_B=107.2$	4.757055
随机	0.00025	6	4.17×10^{-5}		
总计	0.014	11			

分析在任一组水平$(A_i, B_j)(i=1, \cdots, m; j=1, \cdots, s)$进行的若干次重复试验所得结果，称为重复双因素方差分析. 它的思想方法与无重复双因素方差分析相似，它比无重复双因素方差分析优越的是它可研究因素 A，B 的交互作用对结果的影响，这也是重复双因素方差分析与无重复双因素方差分析的主要不同之处.

复习题 9

1. 结合方差分析表简述方差分析的思想和方法.

2. 养鸡场把鸡分成数量、生理、生活条件相同的 12 块，用三种不同的复合饲料分别喂养，得出产蛋量见表 9-10. 试用 $\alpha=0.05$，$\alpha=0.01$ 两种水平分析饲料的不同对产蛋量有无显著影响.

3. 对三位同学的 100m 成绩进行了 4 次测试，得结果见

表 9-11. 据表分析这三位同学的 100m 成绩有无明显差异($\alpha=0.05$).

表 9-10

产蛋量		试验批号				
		1	2	3	4	5
饲料号	A	42	43	43		
	B	43	42	42	43	
	C	45	43	45	44	43

表 9-11

成绩/s		测试批次			
		1	2	3	4
同学	甲	13.8	14.0	14.1	13.8
	乙	14.0	14.2	13.9	14.0
	丙	14.2	14.2	14.0	14.1

4. 某产品在不同的季度和地区销售量见表 9-12. 分析季度和地区两因素对结果有无显著影响($\alpha=0.05$).

表 9-12

销售量/台		地区			
		1	2	3	4
季度	一	118	200	150	140
	二	120	205	148	135
	三	115	200	148	138
	四	118	202	148	136

第10章 回归分析

10.1 回归的概念

回归分析是常用的统计技术之一.务必掌握这项技术.

早在19世纪,英国生物统计学家高尔顿在研究父子身高的遗传规律时,观察了1078对父子的身高,以x代表父亲的身高,y代表成年儿子的身高,将这1078对数据放在直角坐标系中发现,这1078个点基本上在一条直线附近,该直线方程为(单位:in, 1in=2.54cm):

$$y=33.73+0.516x.$$

结果表明:

(1)父亲身高每增加一个单位,其儿子的身高平均增加0.516个单位;

(2)高个子父亲有生高个子儿子的趋势,但一群高个子父亲的儿子们的平均身高要低于父辈们的平均身高.如$x=80$,则$y=75.01$;

(3)矮个子父亲的儿子们的平均身高要比父辈们平均身高要高一些.如$x=60$,则$y=64.69$

这便是子代的平均身高有向中心回归的意思,使得一段时间内人的平均身高相对稳定.之后回归分析的思想渗透到了许多学科中,随着计算机的迅速发展,各种统计软件包不断涌现,回归分析的应用越来越广泛.

人民的数学家——华罗庚

回归分析是研究变量之间相关关系的一门数学学科.

相互联系的变量之间的关系有两种类型:一类是确定的函数关系,例如已知正方形的边长为a,该正方形的面积为$A=a^2$,A与a之间有确定的关系.二是不完全确定性相关,例如某种树的树龄与树高的关系,一般讲树龄长,则树相对较高,但这不是绝对的,在大量的试验和统计中有着相当稳定的规律,具有统计规律性,这种关系称为统计相关.它在实际中经常出现,诸如:价格与销量的关系;身高与体重的关系;作物产量与施肥量、气候的关系;成品的寿命与多种原料质量的关系等.

本章的任务是通过统计相关变量间对应的观察值，找一个确定的函数关系或数学模型来表示这种统计规律性，即由样本观察值分析探求它所依从的统计规律，这就是**回归分析**. 将变量之间的函数关系称为**回归函数**或**回归方程**.

例 10-1　某水库的蓄水量 y 与时间 t 有关，表 10-1 所示为 1～7月份的数据记录.

表　10-1

时间 t_i（月份）	1	2	3	4	5	6	7
蓄水量 $y_i/10^8\,m^3$	10	9.7	8.1	7.2	7.2	6.1	5.6

数据表明，总的趋势是蓄水量随时间增长而减少，若能找到近似描述该关系的回归函数，对于预测和控制有很大的作用（见图 10-1）.

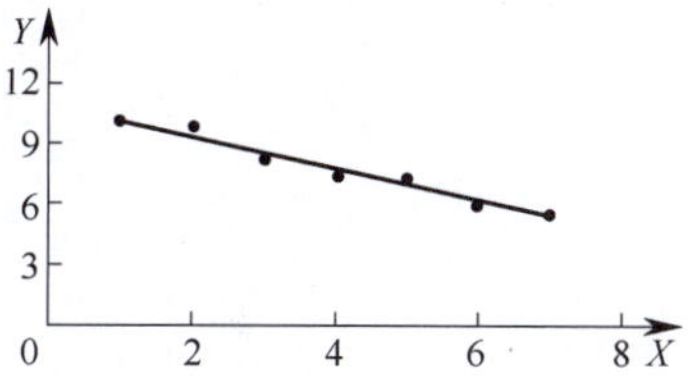

图　10-1

回归函数的获取可分为三个步骤：

（1）确定相关变量间的函数类型，它常从实际经验中得到，所以这种数学表达式也称为经验公式；

（2）依据回归标准，确定待定参数得到回归函数；

（3）检验和判断建立的回归函数的有效性.

其中（2）是本章讲述的重点.

下面关于回归函数做几点说明：

（1）回归函数并非完全表达了相关变量间的全部统计规律，只是代表了它的主要方面，或者说是它的一个拟合（故有时也把回归分析称为曲线拟合）；

（2）经验公式的选取应以有效性为首要判断标准，在有效程度相差不大时，应选择函数形式简单，所含待定参数少的数学表达式；

（3）应尽量选用与实际意义相符的函数类型.

10.2　一元线性回归

10.2.1　一元线性回归的概念

一元回归分析是分析仅有两个变量组成的相关关系，它的观察值为 $(x_i,y_i)(i=1,2,\cdots,n)$，回归模型为一元函数 $y=f(x)$.

由于普通变量 x 与随机变量 y 间存在的是非完全确定关系，因此必须考虑随机波动和试验误差的影响，把随机项 ε 引入表达式

$$y=f(x)+\varepsilon. \tag{10-1}$$

随机变量 y_i 表示对应于变量 x 取定的值 x_i 的试验结果

$$y_i=f(x_i)+\varepsilon_i,\quad i=1,2,\cdots,n. \tag{10-2}$$

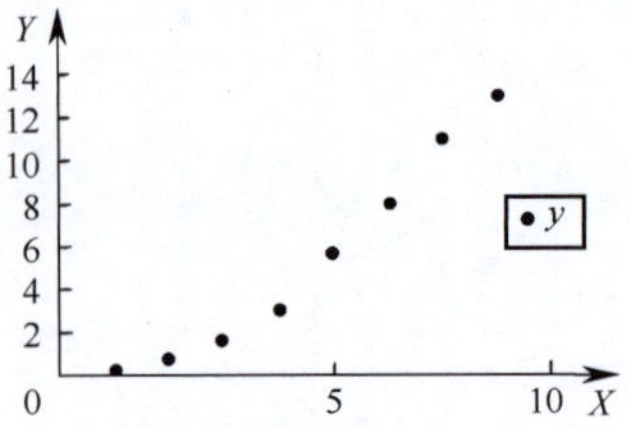

图　10-2

一元回归函数的类型，除可通过以往的经验确定外，还可在平面坐标内描出$(x_i,y_i)(i=1,2,\cdots,n)$的散点图来分析确定. 例如图10-1中的两变量$(x,y)$呈很强的线性关系，图10-2中两变量线性关系的程度比图10-1要小.

若(x,y)呈线性关系，此类型的回归问题称为线性回归问题. 线性回归是在实际问题中应用最广、研究最成熟的回归问题.

一元线性回归的模型为

$$y=\beta_0+\beta_1 x+\varepsilon. \tag{10-3}$$

对于一个容量为n的样本$(x_i,y_i)(i=1,2,\cdots,n)$，有

$$y_i=\beta_0+\beta_1 x_i+\varepsilon_i,\quad i=1,2,\cdots,n. \tag{10-4}$$

在这里假定：

(1)$\varepsilon_i\sim N(0,\sigma^2)\qquad(i=1,2,\cdots,n)$；

(2)$\varepsilon_1,\varepsilon_2,\cdots,\varepsilon_n$相互独立.

含有待定参数的回归直线l：

$$\hat{y}=\beta_0+\beta_1 x. \tag{10-5}$$

显然，由式(10-4)得$\varepsilon_i=y_i-(\beta_0+\beta_1 x_i)\ (i=1,2,\cdots,n)$. $|\varepsilon_i|$的几何意义为(x_i,y_i)位于回归直线l沿平行于纵轴方向距离的位置，$\varepsilon_i>0$为直线l的上方，$\varepsilon_i<0$为下方.

令$\boldsymbol{\varepsilon}=(\varepsilon_1,\varepsilon_2,\cdots,\varepsilon_n)^{\mathrm{T}}$，它是一个$n$维列向量. $\boldsymbol{\varepsilon}$模的平方$\|\boldsymbol{\varepsilon}\|^2=\boldsymbol{\varepsilon}^{\mathrm{T}}\boldsymbol{\varepsilon}$定量地描述了实际观察值与理论值的接近程度. 记

$$Q(\beta_0,\beta_1)=\|\boldsymbol{\varepsilon}\|^2=\boldsymbol{\varepsilon}^{\mathrm{T}}\boldsymbol{\varepsilon}=\sum_{i=1}^{n}\varepsilon_i^2=\sum_{i=1}^{n}[y_i-(\beta_0+\beta_1 x_i)]^2, \tag{10-6}$$

回归直线成为实际观察值的最佳拟合的标准就是使$Q(\beta_0,\beta_1)$达到最小. $Q(\beta_0,\beta_1)$的大小依赖于β_0和β_1的值，是β_0与β_1的二元函数，使$Q(\beta_0,\beta_1)$达到最小的待定参数β_0,β_1记为$\hat{\beta}_0,\hat{\beta}_1$.

10.2.2　回归参数的确定与最小二乘法

最小二乘法是人类历史上最重要的发明之一. 扫描二维码，了解其历史.

由二元函数极值理论求$\hat{\beta}_0,\hat{\beta}_1$的方法如下：

$$\begin{cases}\dfrac{\partial Q}{\partial\beta_0}=-2\sum\limits_{i=1}^{n}[y_i-(\beta_0+\beta_1 x_i)]=0,\\ \dfrac{\partial Q}{\partial\beta_1}=-2\sum\limits_{i=1}^{n}[y_i-(\beta_0+\beta_1 x_i)]x_i=0.\end{cases} \tag{10-7}$$

整理可得

$$\begin{cases}n\beta_0+\left(\sum\limits_{i=1}^{n}x_i\right)\beta_1=\sum\limits_{i=1}^{n}y_i,\\ \left(\sum\limits_{i=1}^{n}x_i\right)\beta_0+\left(\sum\limits_{i=1}^{n}x_i^2\right)\beta_1=\sum\limits_{i=1}^{n}x_i y_i.\end{cases} \tag{10-8}$$

解这个方程组，并记

$$\begin{cases} l_{xx} = \sum_{i=1}^{n} (x_i - \bar{x})^2, \\ l_{yy} = \sum_{i=1}^{n} (y_i - \bar{y})^2, \\ l_{xy} = \sum_{i=1}^{n} (x_i - \bar{x})(y_i - \bar{y}_i), \end{cases} \tag{10-9}$$

得回归参数

$$\hat{\beta}_1 = \frac{l_{xy}}{l_{xx}} = \frac{\sum_{i=1}^{n} x_i y_i - n\bar{x}\bar{y}}{\sum_{i=1}^{n} x_i^2 - n\bar{x}^2}, \quad \hat{\beta}_0 = \bar{y} - \hat{\beta}_1 \bar{x}. \tag{10-10}$$

从而所求回归直线方程为

$$y = \hat{\beta}_0 + \hat{\beta}_1 x.$$

记

$$\hat{y}_i = \hat{\beta}_0 + \hat{\beta}_1 x_i, \tag{10-11}$$

称 $\hat{y}_i$ 为 y_i 的**拟合值**. 这种确定待定参数的方法称为**最小二乘法**，所得 $\hat{\beta}_0$，$\hat{\beta}_1$ 也称为**最小二乘估计**.

由此可以求得例 10-1 的线性回归方程，先列表(表 10-2)计算.

$$\hat{\beta}_1 = \frac{\sum_{i=1}^{n} t_i y_i - n\bar{t}\bar{y}}{\sum_{i=1}^{n} t_i^2 - n\bar{t}^2} = \frac{194.3 - 7 \times 4 \times 7.7}{140 - 7 \times 4^2} \approx -0.76071,$$

$$\hat{\beta}_0 = \bar{y} - \hat{\beta}_1 \bar{t} \approx 7.7 + 0.76071 \times 4 = 10.74284.$$

所求蓄水量 y 对时间 t 的回归方程为

$$y = 10.74284 - 0.76071t.$$

我们可以借助计算机软件解决线性回归问题，详见附录.

表 10-2

时间 t_i	1	2	3	4	5	6	7	$\bar{t}=4$
蓄水量 y_i	10	9.7	8.1	7.2	7.2	6.1	5.6	$\bar{y}=7.7$
$t_i y_i$	10	19.4	24.3	28.8	36	36.6	39.2	$\sum t_i y_i = 194.3$
t_i^2	1	4	9	16	25	36	49	$\sum t_i^2 = 140$

10.2.3 相关性检验

可以看到对任意一组数据都能通过最小二乘法，给它们配一条直线. 所以必须对两变量是否存在明显的线性关系做检验.

1. 离差平方和分解

为了探讨随机变量 y 数据间的差异是由何种因素产生的，对 $y_i(i=1,\cdots,n)$ 的离差平方和 l_{yy} 进行分解

$$l_{yy}=\sum_{i=1}^{n}(y_i-\bar{y})^2=\sum_{i=1}^{n}[(y_i-\hat{y}_i)+(\hat{y}_i-\bar{y})]^2$$
$$=\sum_{i=1}^{n}(y_i-\hat{y}_i)^2+\sum_{i=1}^{n}(\hat{y}_i-\bar{y})^2+2\sum_{i=1}^{n}(y_i-\hat{y}_i)(\hat{y}_i-\bar{y}). \tag{10-12}$$

由式(10-10)$\hat{\beta}_0=\bar{y}-\hat{\beta}_1\bar{x}$，知

$$\sum_{i=1}^{n}(y_i-\hat{y}_i)(\hat{y}_i-\bar{y})$$
$$=\sum_{i=1}^{n}(y_i-\hat{\beta}_0-\hat{\beta}_1x_i)(\hat{\beta}_0+\hat{\beta}_1x_i-\hat{\beta}_0-\hat{\beta}_1\bar{x})$$
$$=\sum_{i=1}^{n}[y_i-\bar{y}-\hat{\beta}_1(x_i-\bar{x})]\hat{\beta}_1(x_i-\bar{x})$$
$$=\hat{\beta}_1\left[\sum_{i=1}^{n}(y_i-\bar{y})(x_i-\bar{x})-\hat{\beta}_1\sum_{i=1}^{n}(x_i-\bar{x})^2\right]$$
$$=\hat{\beta}_1(l_{xy}-\hat{\beta}_1l_{xx})$$
$$=0.$$

记

$$Q=\sum_{i=1}^{n}(y_i-\hat{y}_i)^2,\quad U=\sum_{i=1}^{n}(\hat{y}_i-\bar{y})^2, \tag{10-13}$$

记 $\hat{e}_i=y_i-\hat{y}_i$，称之为残差，Q 即为残差平方和，U 称为回归平方和，试推导：$U=\hat{\beta}_1^2l_{xx}$.

有

$$l_{yy}=Q+U. \tag{10-14}$$

如果 x,y 有明显的线性关系，则 Q 完全由随机项 ε 引起，而 U 代表了内在规律（这里为直线）所产生的离差平方和. Q 的自由度为 $n-2$，U 的自由度为 1.

2. F 检验

在式(10-4)的假设前提下，再做待检假设

$$H_0:\beta_1=0.$$

掌握 $H_0:\beta_1=0$ 的两种检验方法.

若 H_0 成立，说明随机变量 y 不受 x 的一次方项的变化的影响和控制，即 y 与 x 无明显的线性关系. 此时 $y_i=\beta_0+\varepsilon_i(i=1,\cdots,n)$，$\varepsilon_i$ 服从正态分布，则 y_i 为相互独立服从正态分布的随机变量. 从而 Q/σ^2 与 U/σ^2 相互独立，皆服从 χ^2 分布. 统计量 F 为

$$F=\frac{U/1}{Q/(n-2)}\sim F(1,n-2). \tag{10-15}$$

依实际观察值计算出 U 和 Q，代入式(10-15)得 F 的实际值，与临界值 $F_\alpha(1,n-2)$ 比较：如果 $F>F_\alpha$，则否定 H_0，即 x,y 之间存

在线性关系. 此时用最小二乘法得出的线性回归方程才有意义.

3. R 检验

变量 x,y 之间的线性相关性检验,也可选取样本相关系数

$$R=\frac{l_{xy}}{\sqrt{l_{xx}l_{yy}}} \tag{10-16}$$

作为统计量, 与 R 的临界值 $R_\alpha(n-2)$ 比较(相关系数表见附表 6). 若 $|R|>R_\alpha(n-2)$,则认为 x, y 之间存在线性关系.

上述检验方法是一致的, 因为

$$F=\frac{(n-2)R^2}{1-R^2}, \tag{10-17}$$

F 的值较大等价于 $|R|$ 较大.

例如, 对例 10-1 的回归进行相关性检验, 经计算与查表得: 实际值 $F=113.0269$, $R=0.978589$,临界值 $F_{0.05}(1,5)=6.61$, $R_{0.05}(5)=0.7545$. 故水库蓄水量 y 与时间 t 有较大的线性关系.

10.3 可线性化的一元非线性回归问题

若两变量(x,y)的实测点大致在一条曲线周围散布,而该曲线又可化为

$$g(y)=\beta_0+\beta_1 h(x), \tag{10-18}$$

其中 $g(y),h(x)$为不含待定参数的已知函数, (β_0,β_1)为待定参数. 此类问题称为**可线性化回归问题**. 可通过变量替换,把原问题化为线性回归问题,确定待定参数. 即令

$$u=g(y),\quad u_i=g(y_i),\quad i=1,2,\cdots,n,$$
$$v=h(x),\quad v_i=h(x_i),\quad i=1,2,\cdots,n.$$

则新数据组$(v_i,u_i)(i=1,\cdots,n)$呈现出线性关系 $u=\beta_0+\beta_1 v$,利用线性回归方法定出$(\hat{\beta}_0,\hat{\beta}_1)$,通过$(\hat{\beta}_0,\hat{\beta}_1)$求出原问题中对应参数,解出原问题.

例 10-2 利用线性回归方法对呈现幂函数型曲线 $y=ax^b$ 的已知数据点(x_i,y_i) $(i=1,2,\cdots,8)$, (数据见表 10-3,散点图见图 10-2)作曲线拟合.

表 10-3

x_i	1	2	3	4	5	6	7	8
y_i	0.2	0.8	1.6	3	5.6	8	11	13
$v_i=\ln x_i$	0	0.69315	1.09861	1.38629	1.60944	1.79176	1.94591	2.07944
$u_i=\ln y_i$	−1.609	−0.22314	0.470	1.09861	1.72277	2.07944	2.39790	2.56495

解 函数变形 $\ln y=\ln a+b\ln x$. 令变量 $u=\ln y,v=\ln x$,参数 $c=\ln a$,则

$$u=c+bv.$$

将对应的数据变换列入表10-3,依据最小二乘法得回归参数

$$c=-1.65998,\quad b=2.053957.$$

检验:u,v样本的相关系数$R=0.998567$,大于R的临界

$$R_{0.01}(n-2)=0.8745,$$

所以u,v线性关系特别显著.由c得$a=0.190143$.

原问题的回归曲线方程为 $y=0.190143x^{2.053957}$.

其他常用的可线性化回归问题的函数曲线类型及其相应变换如下:

(1)双曲线型 $\dfrac{1}{y}=a+\dfrac{b}{x}$.

令 $u=\dfrac{1}{y},v=\dfrac{1}{x}$,则$u=a+bv$.

(2)指数曲线型 $y=ce^{bx}$.

令 $u=\ln y,a=\ln c$,则$u=a+bx$.

(3)对数曲线型 $y=a+b\ln x$.

令 $v=\ln x$,则$y=a+bv$.

(4)S曲线型 $y=\dfrac{1}{a+be^{-x}}$.

令 $u=\dfrac{1}{y},v=e^{-x}$,则$u=a+bv$.

10.4 多元线性回归

若随机变量与一组变量有相关关系,这问题称为**多元回归问题**.

10.4.1 多元线性回归及参数估计

最简单的多元回归问题为多元线性回归问题,它的数学模型为

$$y=\beta_0+\beta_1x_1+\cdots+\beta_sx_s+\varepsilon,\tag{10-19}$$

其中y为随机变量,$x_1,x_2,\cdots,x_s$为s个普通变量,$\beta_0,\beta_1,\cdots,\beta_s$为待定参数,$\varepsilon\sim N(0,\sigma^2)$为随机项.$(y_i;x_{1i},x_{2i},\cdots,x_{si})(i=1,\cdots,n)$是$n$个样本观察值,$y_1,\cdots,y_n$为$n$个可能观察结果,则

$$\begin{cases}y_1=\beta_0+\beta_1x_{11}+\cdots+\beta_sx_{s1}+\varepsilon_1=\sum\limits_{k=0}^{s}\beta_kx_{k1}+\varepsilon_1,\\ y_2=\beta_0+\beta_1x_{12}+\cdots+\beta_sx_{s2}+\varepsilon_2=\sum\limits_{k=0}^{s}\beta_kx_{k2}+\varepsilon_2,\\ \quad\vdots\\ y_n=\beta_0+\beta_1x_{1n}+\cdots+\beta_sx_{sn}+\varepsilon_n=\sum\limits_{k=0}^{s}\beta_kx_{kn}+\varepsilon_n.\end{cases}\tag{10-20}$$

$x_{0i}=1(i=1,\cdots,n)$,$\varepsilon_1,\cdots,\varepsilon_n$相互独立,均服从$N(0,\sigma^2)$,$\sigma$未知.

同一元情况相仿，对于含有待定参数的回归函数

$$y=\beta_0+\beta_1 x_1+\cdots+\beta_s x_s, \tag{10-21}$$

记

$$\varepsilon_i=y_i-(\beta_0+\beta_1 x_{1i}+\cdots+\beta_s x_{si})\ (i=1,\cdots,n). \tag{10-22}$$

令 $\boldsymbol{\varepsilon}=(\varepsilon_1,\varepsilon_2,\cdots,\varepsilon_n)^{\mathrm{T}}$，它是一个 n 维列向量，完整地表达了实际观察值与理论值差异的状态. $\boldsymbol{\varepsilon}$ 模的平方 $\|\boldsymbol{\varepsilon}\|^2=\boldsymbol{\varepsilon}^{\mathrm{T}}\boldsymbol{\varepsilon}$ 定量地描述了实际观察值与理论值的接近程度. 记

$$\begin{aligned}Q(\beta_0,\beta_1,\cdots,\beta_s)&=\|\boldsymbol{\varepsilon}\|^2=\boldsymbol{\varepsilon}^{\mathrm{T}}\boldsymbol{\varepsilon}=\sum_{i=1}^{n}\boldsymbol{\varepsilon}_i^2\\&=\sum_{i=1}^{n}[y_i-(\beta_0+\beta_1 x_{1i}+\cdots+\beta_s x_{si})]^2.\end{aligned} \tag{10-23}$$

为使 Q 达到最小，由最小二乘法得方程组

$$\frac{\partial Q}{\partial \beta_k}\triangleq 0,\quad k=0,1,\cdots,s,$$

整理得

$$\begin{cases}n\beta_0+\sum\limits_{i=1}^{n}x_{1i}\beta_1+\cdots+\sum\limits_{i=1}^{n}x_{si}\beta_s=\sum\limits_{i=1}^{n}y_i,\\ \sum\limits_{i=1}^{n}x_{1i}\beta_0+\sum\limits_{i=1}^{n}x_{1i}^2\beta_1+\cdots+\sum\limits_{i=1}^{n}x_{si}x_{1i}\beta_s=\sum\limits_{i=1}^{n}y_i x_{1i},\\ \qquad\vdots\\ \sum\limits_{i=1}^{n}x_{si}\beta_0+\sum\limits_{i=1}^{n}x_{1i}x_{si}\beta_1+\cdots+\sum\limits_{i=1}^{n}x_{si}^2\beta_s=\sum\limits_{i=1}^{n}y_i x_{si}.\end{cases} \tag{10-24}$$

这是一个正规方程组，它的矩阵形式为

$$(\boldsymbol{X}^{\mathrm{T}}\boldsymbol{X})\boldsymbol{\beta}=\boldsymbol{X}^{\mathrm{T}}\boldsymbol{Y}, \tag{10-25}$$

其中

$$\boldsymbol{X}=\begin{pmatrix}1 & x_{11} & \cdots & x_{s1}\\ 1 & x_{12} & \cdots & x_{s2}\\ \vdots & \vdots & & \vdots\\ 1 & x_{1n} & \cdots & x_{sn}\end{pmatrix},\quad \boldsymbol{Y}=\begin{pmatrix}y_1\\ y_2\\ \vdots\\ y_n\end{pmatrix},\quad \boldsymbol{\beta}=\begin{pmatrix}\beta_0\\ \beta_1\\ \vdots\\ \beta_s\end{pmatrix}.$$

若矩阵 $\boldsymbol{X}^{\mathrm{T}}\boldsymbol{X}$ 满秩，则方程组有唯一解

$$\hat{\boldsymbol{\beta}}=(\hat{\beta}_0,\hat{\beta}_1,\cdots,\hat{\beta}_s)^{\mathrm{T}}=(\boldsymbol{X}^{\mathrm{T}}\boldsymbol{X})^{-1}\boldsymbol{X}^{\mathrm{T}}\boldsymbol{Y}, \tag{10-26}$$

记住式(10-26).

它就是待定参数 β 的最小二乘估计. 回归曲线方程为

$$y=\hat{\beta}_0+\hat{\beta}_1 x_1+\cdots+\hat{\beta}_s x_s. \tag{10-27}$$

记 $\hat{y}_i=\hat{\beta}_0+\hat{\beta}_1 x_{1i}+\cdots+\hat{\beta}_s x_{si}$，$i=1,2,\cdots,n$. 称 $\hat{y}_i$ 为 y_i 的拟合值.

由于多元线性回归计算量大，故一般使用计算机软件，详见附录 A.

10.4.2 相关性检验

同一元情形一样，记 $Q=\sum_{i=1}^{n}(y_i-\hat{y}_i)^2$，$U=\sum_{i=1}^{n}(\hat{y}_i-\bar{y})^2$，则 $y_i(i=1,\cdots,n)$ 的总离差平方和化为

$$\begin{aligned} l_{yy} &= \sum_{i=1}^{n}(y_i-\bar{y})^2 = \sum_{i=1}^{n}[(y_i-\hat{y}_i)+(\hat{y}_i-\bar{y})]^2 \\ &= \sum_{i=1}^{n}(y_i-\hat{y}_i)^2+\sum_{i=1}^{n}(\hat{y}_i-\bar{y})^2+2\sum_{i=1}^{n}(y_i-\hat{y}_i)(\hat{y}_i-\bar{y}) \\ &= Q+U. \end{aligned} \tag{10-28}$$

在式(10-3)的假设前提下，再做待检假设

$$H_0:\beta_1=\beta_2=\cdots=\beta_s=0.$$

若经过检验否定 H_0，则 y 与 $x_1,x_2,\cdots,x_s$ 之间存在线性关系. 选取统计量

$$F=\frac{U/s}{Q/(n-s-1)}\sim F(s,n-s-1). \tag{10-29}$$

依实际观察值计算出 F 的值，与查表所得临界值 $F_\alpha(s,n-s-1)$ 比较：如果 $F>F_\alpha$，则否定 H_0，反之 y 与 x_1，x_2，…，x_s 之间不存在线性关系.

还可分别检验 $x_1,x_2,\cdots,x_s$ 中某一变量 x_j 对 y 的线性影响大小，做统计假设 $H_0:\beta_j=0$，若 H_0 成立，使用统计量

强化记忆检验统计量.

$$F=\frac{\hat{\beta}_j^2/a_{jj}}{Q/(n-s-1)}\sim F(1,n-s-1) \tag{10-30}$$

其中 a_{jj} 是矩阵 $(\boldsymbol{X}^{\mathrm{T}}\boldsymbol{X})^{-1}$ 的主对角线上第 j 个元素. 通过 F 的实际值与临界值的比较，决定是否接受 H_0. 如果 $F<F_\alpha$，则接受 H_0，即 x_j 对 y 影响甚小.

分别检验 x_j 的作用在于可以在 $x_1,x_2,\cdots,x_s$ 中逐步剔除对 y 影响小的变量，保留主因素，简化经验公式.

10.4.3 多元线性回归举例及推广

例 10-3 对随机变量 y 及自变量 x_1,x_2,x_3 的下列 6 组观察值（见表 10-4）做多元线性回归分析.

表 10-4

x_{1i}	1	2	3	4	5	6
x_{2i}	1	4	9	16	25	36
x_{3i}	1	8	27	64	125	196
y_i	2	5	15	35	80	130

解 由多元回归模型 $y=\beta_0+\beta_1x_1+\beta_2x_2+\beta_3x_3$ 和数据表，用

Office软件 EXCEL 计算得 $\hat{\beta}_0=-1.83803$，$\hat{\beta}_1=7.923793$，$\hat{\beta}_2=-4.96353$，$\hat{\beta}_3=1.338028$，$U=12892.09$，$Q=5.40996$，$F=1588.686$，查表有 F 的临界值 $F_{0.05}(3,2)=9.55$，因此随机变量 y 与变量 x_1,x_2,x_3 有极大的线性相关性，回归方程为

$$\hat{y}=-1.83803+7.923793x_1-4.96353x_2+1.338028x_3.$$

借助多元线性回归方法还可以解决形如

$$y=a_0+\sum_{k=1}^{s}a_kX_k(x) \tag{10-31}$$

的一元回归问题. 其中 $X_k(x)(k=1,\cdots,s)$ 为已知函数，$a_0,a_1,\cdots,a_s$ 为待定参数. 只要令 $Z_k=X_k(x)\ (k=1,\cdots,s)$，则数据组 (x_i,y_i) $(i=1,\cdots,n)$ 的回归问题转化为数据组 $(Z_{1i},Z_{2i},\cdots,Z_{si};y_i)(i=1,\cdots,n)$ 对应于多元线性模型

$$y=a_0+a_1Z_1+\cdots+a_sZ_s$$

的回归问题. 特别地，如果回归方程是一个 s 次多项式

$$y=a_0+a_1x+a_2x^2+\cdots+a_sx^s,$$

则令 $Z_1=x,Z_2=x^2,\cdots,Z_s=x^s$ 就化为 s 元的线性回归问题.

例如，用模型 $y=a_0+a_1x+a_2x^2+a_3x^3$ 对例 10-3 数据表 10-4 中的第一行与第四行数据 (x_{1i},y_i) $(i=1,\cdots,n)$ 进行一元回归. 因为表中 $x_{2i}=x_{1i}^2$，$x_{3i}=x_{1i}^3(i=1,\cdots,n)$，所以直接套用例 10-3 的回归结果，得回归函数

$$\hat{y}=-1.83803+7.923793x-4.96353x^2+1.338028x^3.$$

复习题 10

1. 试验中得一组数据 (x_i,y_i) $(i=1,\cdots,n)$，已知 (x,y) 满足线性关系 $y=a+bx$. 请写出回归方程和回归系数.

2. 已知 (x,y) 满足线性关系，对数据组（见表 10-5）进行手算拟合，并进行相关性检验 $(\alpha=0.05)$.

3. 医院用光电色比计检验尿汞时，得尿汞的质量浓度

表 10-5

x_i	1	2	3
y_i	1	1.9	3.1

（单位：mg/L）与消光系数读数的结果见表 10-6.

表 10-6

尿汞的质量浓度 x_i/(mg/L)	2	4	6	8	10
消光系数 y_i	64	138	205	285	360

已知它们之间服从线性关系 $y=\beta_0+\beta_1x+\varepsilon$. 试求 β_0 和 β_1 的最小二

乘估计.

4. 三口之家的家庭通信费支出与家庭收入密切相关，表 10-7 所示为某城市居民家庭关于收入与通信费支出的样本. 试判断通信费支出与家庭收入是否存在线性相关关系，求出通信费支出与收入间的线性关系.

表 10-7

每月家庭收入 x_i/元	800	1000	1500	2000	2500	3000	4000
每月通信费支出 y_i/元	2	5	10	18	20	40	100

5. 数据组 (x_i, y_i) $(i=1,\cdots,n)$ 满足下列关系，如何利用线性回归方法得出对应的待定系数？

(1) $y=c\mathrm{e}^{-kx}$；

(2) $y=\dfrac{1}{a+bx^2}$.

6. 利用 EXCEL 软件对随机变量 y 及自变量 x_1, x_2, x_3 的下列 5 组观察值(见表 10-8)做多元线性回归分析.

表 10-8

x_{1i}	1.1	1.0	1.2	1.1	0.9
x_{2i}	2.0	2.0	1.8	1.9	2.1
x_{3i}	3.2	3.2	3.0	2.9	2.9
y_i	10.1	10.2	10.0	10.1	10.0

第11章 正交试验设计

正交试验设计是重要的统计技术之一. 扫描二维码，了解正交试验设计著名统计学家田口玄一.

在生产实践与科学实验中，为了改进旧工艺，研制新产品，寻求最优化生产条件等，常常要做许多试验. 第 9 章方差分析中 9.2 节所讨论的双因素试验需把每个因素的各种水平相互搭配一一进行试验. 这对多因素来说，将意味着耗费大量的人力、物力与时间. 例如，5 个因素，每个因素 4 个水平，一一搭配需做 $4^5=1024$ 次试验，通常在实际情况中难以实现. 因此，对于多因素的试验，有一个科学安排试验的问题. 试验安排得好，既可以减少试验的次数，又可以得到满意的结果；相反，试验安排不好，试验的次数多且又达不到预期的目的. 正交试验设计就是一种合理安排多因素试验的科学方法.

11.1 正交试验设计表

11.1.1 问题的提出

先看一个农业上安排生产的简单例子，有甲、乙两个不同品种的小麦，试验哪一种品种更能在本地高产，常见的试验方案有两种：

第一种方案：选两块相同大小的土地 A 与 B，第一年，A 地种甲种小麦，B 地种乙种小麦，第二年，A 地种乙种小麦，B 地种甲种小麦，如图 11-1 所示.

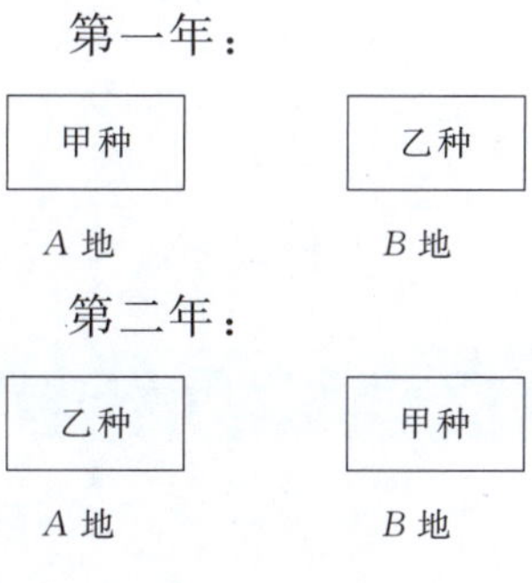

图 11-1

第二种方案：把 A，B 两块土地对半分，在两土地上交叉种上甲、乙两种小麦. 如图 11-2 所示.

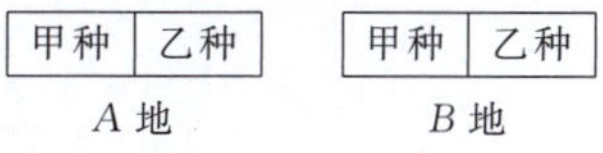

图 11-2

如果按第一种方案，试验的结果甲种小麦两年的产量总和高，这不能说明甲种小麦最能适应本地，因为两年的气候影响和品种的好坏混合在一起；如果按第二种方案，试验的结果甲种小麦的产量高，可以说明小麦甲较能适合在本地种植，因为气候的影响是相同的.

由此可见，第二种方案优于第一种方案，它的优点在于甲、乙两种小麦，A，B 两块土地，气候条件均衡搭配在一起了，这样能使试验的次数减少，并且节约了时间，同时又能得到满意的结果.

对于多因素、多水平的试验，为了减少试验次数并达到满意的

扫描二维码,了解正交表的特点.

效果,应“均衡搭配”,这就需要我们利用“正交表”来达到此目的.

11.1.2 正交表简介

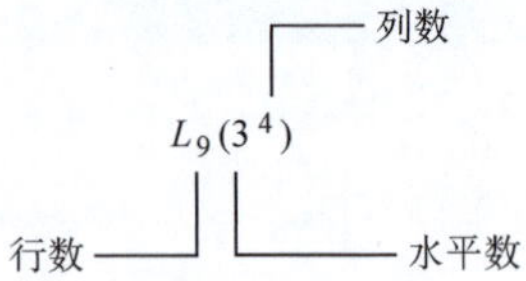

图 11-3

正交表是预先编制好的一种规格化的表格,比如正交表 $L_9(3^4)$(见图 11-3):其中“L”表示正交;“9”表示正交表的横行有 9 行,说明要做 9 次试验;“4”表示正交表的纵列数有 4 列,说明该表最多可安排 4 个因素的试验:

试验号	x_1	x_2	x_3	x_4
1	1	1	1	1
2	1	−1	−1	−1
3	1	0	0	0
4	−1	1	−1	0
5	−1	−1	0	1
6	−1	0	1	−1
7	0	1	0	−1
8	0	−1	1	0
9	0	0	−1	1

南泥湾精神

表中的列元素两两正交. 表中有 3 个不同的数字 −1,0,1,说明在试验中每个因素有三个水平. 4 因素 3 水平若相互搭配逐一作试验需 $3^4=81$ 次,使用该正交表只需从 81 次试验中选出 9 次来做,仅是全部试验工作的 1/9,大大地提高了试验效率.

从上述正交表可以看出,正交表具有以下两个特点:

(1)每一列中,不同的数字出现的次数相同,如 $L_9(3^4)$ 正交表中,−1,1,0 三个数字在每列中均出现 3 次.

(2)任意两列元素均正交,数字 −1,1,0 是搭配均衡的.

从上述两点来看,用正交表来安排试验方案搭配均衡具有代表性,用正交表安排试验的方法称为正交试验设计. 常用的正交试验设计表见本章附录 B.

11.2 无交互作用的正交试验设计

下面我们通过实例来说明无交互作用的正交试验设计的方法与步骤.

例 11-1 某工厂用某种型号的车床加工轴承,为了提高工效,考察 3 个相关因素 A,B,C, 每个因素有三个水平

因素 \ 水平	转速/(r/min) A	进给量/(mm/r) B	背吃刀量/mm C
1	480	0.33	2.5
−1	600	0.20	1.7
0	765	0.15	2.0

试分析各因素对工效指标产生的影响，并指出试验给出的最佳工艺.

解　(1) 选择合适的正交表. 如本例是 3 因素 3 水平的试验，可采用 $L_9(3^3)$来安排试验，按照试验方案将实验数据填入表中. 表中第一列数字 1,0,−1 依次为因素 A 的三个水平 480,600,765(单位:r/min)；表中第二列数字 1,0,−1 依次为因素 B 的三个水平 0.33,0.20,0.15(单位:mm/r)；表中第三列数字 1,0,−1 依次为因素 C 的三个水平 2.5,1.7,2.0(单位:mm)；以第 1 号试验为例，车床以转速 480r/min，进给量 0.33mm/r，背吃刀量 2.5mm 做试验，生产一个合格轴承需时间 1′28″.

因素 / 试验号	转速/(r/min) A	进给量/(mm/r) B	背吃刀量/mm C	指标 工时 y_i/(min/件)	指标 $y_i=y_i-100''$
1	1(480)	1(0.33)	1(2.5)	1′28″	−12″
2	1	0(0.20)	0(1.7)	2′25″	45″
3	1	−1(0.15)	−1(2.0)	3′14″	94″
4	0(600)	1	0	1′10″	−30″
5	0	0	−1	1′57″	17″
6	0	−1	1	2′35″	55″
7	−1(765)	1	−1	57″	−43″
8	−1	0	1	1′33″	−7″
9	−1	−1	0	2′03″	23″
K_1	127	−85	36		
K_2	42	55	38		
K_3	−27	172	68		
k_1	42.3	−28.3*	12*		
k_2	14	18.3	12.7		
k_3	−9*	57.3	22.7		
极差 R	51.3	85.5	10.7		

(2)试验结果分析：从因素 A 来看，它的第一水平下的 3 次试验的工时之和为 $K_1=-12+45+94=127$；它的第二水平下的 3 次试验的工时之和为 $K_2=-30+17+55=42$；它的第三水平下的 3 次试验的工时之和为 $K_3=-43-7+23=-27$.

从因素 B 来看，它的第一水平下的 3 次试验的工时之和为 $K_1=-12-30-43=-85$；它的第二水平下的 3 次试验的工时之和为 $K_2=45+17-7=55$；它的第三水平下的 3 次试验的工时之和为 $K_3=94+55+23=172$.

从因素 C 来看，它的第一水平下的 3 次试验的工时之和为 $K_1=-12+55-7=36$；它的第二水平下的 3 次试验的工时之和为

$K_2=45-30+23=38$；它的第三水平下的 3 次试验的工时之和为 $K_3=94+17-43=68$；

k_1,k_2,k_3 表示因素在各个水平下的平均值，即 $k_i=K_i/3$. 极差 R 为 k_1,k_2,k_3 最大值减去最小值.

(3)做出结论：极差 R 越大，表示因素对试验指标的影响越大. 因此，按极差大小来决定因素的主次因素. 从表中可以看出主次因素的顺序如下：

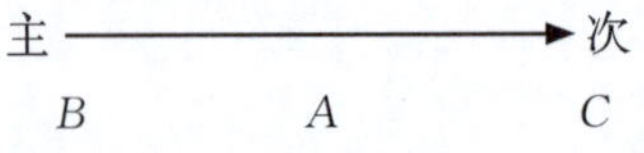

图 11-4

指标是加工每件轴承所用工时数，越小越好，因此从指标 k_1,k_2,k_3 中选择较小者. 因素 B 为主要因素，所以应当控制在第一个水平上；对于因素 A 应当控制在第三个水平上；对于因素 C 应当控制在第一个水平上，即采用转速 765r/min、进给量 0.33mm/r、背吃刀量 2.5mm 生产轴承时为最佳工艺，该水平组合在试验中并没有出现. 从试验结果来看，表中第 7 号试验方案也不错，因此可将最佳工艺与第 7 号做对比试验，从中选出较好者.

11.3 有交互作用的正交试验设计

上一节讨论的问题没有考虑因素之间联合搭配对试验指标的影响，即交互作用的影响. 如果考虑交互作用影响时，我们也可以用上述正交试验设计的方法与步骤. 下面我们来看一个实际应用的例子.

例 11-2 在纺纱机上纺纱，为提高产品质量，选了 3 个因素，每个因素 2 个水平做试验，3 个因素之间有交互作用

因素 / 水平	金属针布 A	产量/kg B	纱锭转速/(r/min) C
1	甲地产品	6	238
−1	乙地产品	10	320

试验指标：棉结粒数. 试设计一个试验方案，求最佳生产工艺.

解 (1)选择合适的正交表. 本例是 3 因素 2 水平的试验，可采用$L_8(2^7)$来安排试验，按照试验方案将实验数据填入表中. 表中第一列数字 1、−1 依次为因素 A 的两个水平即甲、乙地产品；表中第二列数字 1、−1 依次为因素 B 的两个水平 6,10(单位：kg)；表中第三列数字 1、−1 依次为因素 C 的两个水平 238、320(单位：r/min)；以第 1 号试验为例，纺纱机以甲地产品，一次放入 6kg 棉，转速 238r/min 做试验，生产过程中棉结籽数为 30%即 0.3.

(2)试验结果分析：与例 11-1 一样在下表中填上实验数据.

因素 试验号	A	B	C	$A\times B$	$A\times C$	$B\times C$	棉结籽数
1	1	1	1	1	1	1	0.30
2	1	1	−1	1	−1	−1	0.35
3	1	−1	1	−1	1	−1	0.20
4	1	−1	−1	−1	−1	1	0.30
5	−1	1	1	−1	−1	1	0.15
6	−1	1	−1	−1	1	−1	0.50
7	−1	−1	1	1	−1	−1	0.15
8	−1	−1	−1	1	1	1	0.40
K_1	1.15	1.3	0.8	1.2	1.4	1.15	
K_2	1.20	1.05	1.55	1.15	0.95	1.20	
k_1	0.575	0.65	0.40	0.60	0.70	0.575	
k_2	0.60	0.525	0.775	0.575	0.475	0.60	
极差 R	0.025	0.125	0.375	0.025	0.225	0.025	

(3)做出结论：极差 R 越大，表示因素对试验指标的影响越大. 因此按极差大小来决定因素的主次因素. 从表中可以看出主次因素的顺序如下：

主 ——→ 次

C $A\times C$ B (A $A\times B$ $B\times C$)

图 11-5

A，$A\times B$，$B\times C$ 因素处于同等地位，指标为棉结籽数，越小越好，因此从指标 k_1，k_2 中选择较小者. 因素 C 为主要因素，所以应当控制在第一个水平上；对因素 B，应当控制在第二个水平上；有交互作用 $A\times C$ 涉及两因素两水平的搭配：A_1C_1，A_1C_2，A_2C_1，A_2C_2，每种搭配再次试验，结果如下：

$A\times C$	A_1C_1	A_1C_2	A_2C_1	A_2C_2
平均结籽数	$\frac{0.3+0.2}{2}=0.25$	$\frac{0.35+0.30}{2}=0.325$	$\frac{0.15+0.15}{2}=0.15$	$\frac{0.50+0.40}{2}=0.45$

从上表可以看出，A_2C_1 对应的数值最小，因此应选择 A_2C_1，从而最佳工艺方案为 $A_2B_2C_1$，即用乙地产品，产量为 10kg 及纱锭转速为238r/min的方案.

复习题 11

1. 某炼钢厂为了提高炼钢质量，选择三个相关因素 A，B，C，每个因素有 2 个水平(见下表).

因素 水平	A 上升温度/ ℃	B 保温时间/h	C 出炉温度/ ℃
1	800	6	400
−1	820	8	500

采用 $L_4(2^3)$ 安排试验，因素 A,B,C 放在第一、二、三列，做 4 次试验，产品的合格率为 100%，45%，85%，70%. 试比较因素的主次，并找出最佳工艺.

2. 某厂某产品存在产量低、成本高的问题，在分析原因后，挑选的因素与水平见下表：

水平＼因素	A	B	C	D
1	0.60	13	3	20
−1	0.35	17	4	25

并考虑交互作用 $A\times B,A\times C,B\times C$，按正交表 $L_8(2^7)$ 安排试验，试验结果依次为 2.05，2.24，2.24，1.10，1.50，1.35，1.26，2.00. 试对结果进行分析，并找出最佳工艺.

第12章 随机过程

随机过程是研究随时间演变的随机现象的科学. 在各个学科中均有广泛的应用.

12.1 随机过程的基本概念

随机过程的研究对象是随时间演变的随机现象,由于随机试验的结果有多种可能性,在数学上常用一个随机变量来描述. 但在许多情况下,人们不仅需要对随机现象进行一次观察,而且要进行多次观察,甚至接连不断地观察它的变化过程,即研究一族随机变量. 随机过程就是研究随机现象变化过程及其规律性的一门新兴学科.

12.1.1 随机过程的定义与分类

在工程技术和现实生活中有很多随时间变化的随机现象,下面我们来看一些具体的实例.

探月精神

例 12-1 考虑抛硬币的试验,用 $X(n)$ 表示第 n 次($n\geqslant 1$)抛硬币出现的结果

$$X(n)=\begin{cases}1, & \text{第 } n \text{ 次抛硬币出现正面,}\\ 0, & \text{第 } n \text{ 次抛硬币出现反面.}\end{cases}$$

对于 $n=1,2,\cdots$, $X(n)$ 均为随机变量,且 $X(n)$ 有两种可能的结果,取值为 0 或 1,且 $X(1),X(2),\cdots,X(n),\cdots$ 为相互独立的随机变量,因而 $\{X(n),n=1,2,\cdots\}$ 为随机过程,且称具有这样特性的随机过程为伯努利随机过程或伯努利随机序列.

例 12-2 (电话问题)用 $N(t)$ 表示时刻 t 以前即时间间隔 $[0,t)$ 内电话总台接到的电话呼唤次数,对于固定的 t,显然 $N(t)$ 是一个随机变量,但 t 是一个变化连续的参数,因此 $\{N(t),t\geqslant 0\}$ 为一随机过程.

根据以上实例,得到如下随机过程的定义.

定义 12-1 设 $\{X(t),t\in T\}$ 为一族随机变量,T 为一实数集合,对任意的实数 $t\in T$,$X(t)$ 为一个随机变量,则称 $\{X(t),t\in T\}$ 为**随机过程**,称 T 为参数集合,参数 $t\in T$ 可以视为时间,$X(t)$ 的每一个可能的取值所构成的集合,称为**状态空间**,用 S 表示. 随机过程

$X(t), t\in T$ 的一次观察值称为随机过程的一个样本函数.

当参数集合 T 为非负整数集时，随机过程称为随机序列，下一节所介绍的马尔可夫链便是一类特殊的随机序列. 根据随机过程的定义，例 12-1 的参数集 $T=\{1,2,\cdots\}$，状态空间 $S=\{0,1\}$；例 12-2 的参数集 $T=[0,\infty]$，状态空间 $S=\{0,1,2,\cdots\}$. 下面再举几个例子.

例 12-3 某大型超市统计在 t 时刻的库存量 $X(t)$，它是随时间变化而变化的随机变量，因此 $\{X(t), t\in[0,+\infty)\}$ 为随机过程，状态空间为 $S=[0,R]$，其中 R 表示为最大库存量，参数集 $T=[0,+\infty)$.

例 12-4 设有一服务台，$[0,t]$ 内到达服务台的顾客数 $N(t)$ 为随机变量，因而 $\{N(t), t\in[0,+\infty)\}$ 为一随机过程. 当服务台空闲时到达的顾客立刻接受服务，如果顾客到达时发现服务员正在为另一位顾客服务，则他需要排队等候，用 $X(t)$ 表示 t 时刻系统内的顾客人数，则 $\{X(t), t\in[0,+\infty)\}$ 为一随机过程，该随机过程的状态空间 $S=\{0,1,2,\cdots\}$.

例 12-5 随机过程 $X(t)=X_0+Vt$，$a\leqslant t\leqslant b$，其中 X_0 与 V 为相互独立的服从标准正态分布的随机变量，则 $\{X(t), t\in[a,b]\}$ 为一随机过程，显然对于固定的 t，$X(t)\sim N(0,t^2)$.

例 12-6 有一脉冲数字通信系统，它传输的信号是脉宽为 T_0 的脉冲信号，每隔 T_0 时间传送出一个脉冲. 脉冲幅度 $X(t)$ 为一随机变量，它可取四个数值 -2，-1，$+1$，$+2$，且取这四个数值的概率相等，即

$$P\{X(t)=-2\}=P\{X(t)=-1\}=P\{X(t)=1\}$$
$$=P\{X(t)=2\}=1/4.$$

不同周期内脉冲幅度是相互独立的. 脉冲的起始时刻为 $t=0$，则 $\{X(t), t\geqslant 0\}$ 为随机过程，状态空间为 $S=\{-2,-1,1,2\}$，若在实际观察过程中观察的图形如图 12-1 所示. 上述图形为该随机过程的一个样本函数.

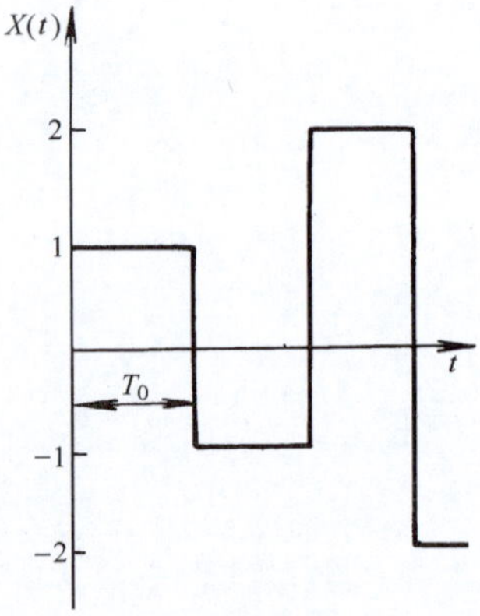

图 12-1

根据随机过程的定义及上述实例，可以看出随机过程的应用十分广泛. 需要指出的是，在随机过程的定义中，当 t 固定时，$X(t)$ 为随机变量，实质上是关于样本点的实值函数. 严格地说，随机过程应当写成 $X(t,\omega)$，是 $T\times\Omega$ 上的实值二元函数. 当 ω 固定时，$X(t,\omega)$ 称为样本函数或轨道.

若对于固定的 t，$X(t)$ 是离散型随机变量，则称该随机过程为**链**；当参数集 T 为离散集时，称相应的随机过程为**随机序列**. 根据参数集和状态空间的取值情况，可以将随机过程分为四大类，归纳为表 12-1.

表 12-1

参数集 \ 状态空间	离　散	连　续
连续	连续参数链 如例 12-2、例 12-4、例 12-6	随机过程： 例 12-3、例 12-5
离散	离散参数链或离散参数的随机序列如例 12-1	随机序列

12.1.2 随机过程的统计描述

随机过程在任一时刻的状态都是随机变量，由此可以利用概率统计方法来描述随机过程的统计特性.

定义 12-2 给定随机过程$\{X(t),\ t\in T\}$，对任意正整数 n 及 T 中任意 n 个元素，t_1，t_2，…，t_n，$(X(t_1),\ \cdots,\ X(t_n))$的联合分布函数记为

$$F(t_1,t_2,\cdots,t_n;x_1,\cdots,x_n)\triangleq P\{X(t_1)\leqslant x_1,\ \cdots,\ X(t_n)\leqslant x_n\},$$

称它为**随机过程**$\{X(t),\ t\in T\}$**的 n 维分布函数**.

定义 2 中，由于 n 及 $t_i(i=1,2,\cdots,n)$的任意性，上式给出了一族分布函数$\{F(t_1,\cdots,t_n;x_1,\cdots,x_n),\ t\in T,n=1,2,\cdots\}$，称它为随机过程$\{X(t),\ t\in T\}$的有限维分布函数族. 它完整地描述了随机过程的统计规律性.

1. 随机过程的数字特征

(1) 均值函数与方差函数. 给定随机过程$\{X(t),\ t\in T\}$，固定 $t\in T$，$X(t)$为一随机变量，它的均值、方差一般与 t 有关，记为

$$m_X(t)\triangleq E(X(t)),\sigma_X^2(t)\triangleq D(X(t)).$$

称 $m_X(t)$为随机过程$\{X(t),t\in T\}$的**均值函数**，$\sigma_X^2(t)$为随机过程$\{X(t),t\in T\}$的**方差函数**，称 $\sigma_X(t)=\sqrt{D(X(t))}$为**均方差函数**或**标准差函数**.

(2) 自相关函数. 对任意的 $t_1,t_2\in T$，$X(t_1)$，$X(t_2)$为两个随机变量，令

$$R(t_1,t_2)\triangleq E[X(t_1)X(t_2)],$$

$$C(t_1,t_2)\triangleq \mathrm{Cov}(X(t_1),X(t_2)).$$

称 $R(t_1,t_2)$为随机过程$\{X(t),\ t\in T\}$的**自相关函数**，简称为**相关函数**，$C(t_1,t_2)$为随机过程$\{X(t),\ t\in T\}$**自协方差函数**，简称为**协方差函数**；$\Psi_X^2(t)=R(t,t)=E[X^2(t)]$称为**均方值函数**. 显然 $C(t_1,t_1)=D(X(t_1))$.

(3) 互相关函数. 同时考虑两个随机过程 $X(t)$与 $Y(t)$时，对任意的 $t_1,t_2\in T$，若 $X(t_1)$与 $Y(t_2)$的二阶混合矩存在，即

$E[X(t_1)Y(t_2)]$存在，则称之为过程 $X(t)$与 $Y(t)$的**互相关函数**，记为$R_{XY}(t_1, t_2)$，即

$$R_{XY}(t_1,t_2)=E[X(t_1)Y(t_2)].$$

同样称

$$C_{XY}(t_1,t_2)=E\{[X(t_1)-m_X(t_1)][Y(t_2)-m_T(t_2)]\}$$

为过程 $X(t)$与 $Y(t)$的**互协方差函数**.

若 $C_{XY}(t_1,t_2)=0$，则称过程 $X(t)$与 $Y(t)$的互不相关.

2. 二阶矩过程

记住二阶矩过程定义. 其特例正态过程.

定义 12-3 如果随机过程$\{X(t), t\in T\}$对每个 $t\in T$，$X(t)$的均值和方差均存在，则称$\{X(t),t\in T\}$为**二阶矩过程**.

特别地，如果$\{X(t),t\in T\}$的有限维分布为正态分布，则称之为正态过程，正态过程是二阶矩过程的特例.

例 12-7 $X(t)=X_0+Vt$，$t\in[a, b]$，其中 X_0，V 是相互独立的服从 $N(0, 1)$分布的随机变量，求$\{X(t),t\in[a,b]\}$随机过程的均值函数与协方差函数.

解 $m(t)=EX(t)=0$，

$$\begin{aligned}C(t_1,t_2)&=\mathrm{Cov}(X(t),X(t_2))=\mathrm{Cov}(X_0+Vt_1,X_0+Vt_2)\\&=E[(X_0+Vt_1)(X_0+Vt_2)]\\&=E[X_0^2+VX_0t_1+VX_0t_2+V^2t_1t_2]\\&=1+t_1t_2.\end{aligned}$$

例 12-8 $X(t)=A\cos\theta t+B\sin\theta t, 0\leqslant t\leqslant 1$，其中 A,B 为相互独立的服从 $N(0, \sigma^2)$的随机变量，θ 为实常数，求该随机过程的均值函数和协方差函数.

解 $m(t)=E[X(t)]=E(A\cos\theta t+B\sin\theta t)=0$，

$$\begin{aligned}C(t_1,t_2)&=E[X(t_1)X(t_2)]\\&=E\{[A\cos(\theta t_1)+B\sin(\theta t_1)][A\cos(\theta t_2)+B\sin(\theta t_2)]\}\\&=\sigma^2[\cos(\theta t_1)\cos(\theta t_2)+\sin(\theta t_1)\sin(\theta t_2)]\\&=\sigma^2\cos[\theta(t_1-t_2)].\end{aligned}$$

由例 12-8 可以看出，其协方差函数 $C(t_1,t_2)$仅与 t_1-t_2 有关，而与 t_1,t_2 无关，称此类过程为宽平稳过程，它是二阶矩过程中研究得最多的一类随机过程，下面给出宽平稳过程的一般定义.

务必记住平稳过程的定义. 通常我们研究的均是平稳过程，非平稳过程也将其化为平稳过程来研究.

定义 12-4 若$\{X(t), t\in T\}$为二阶矩过程，如果它的均值函数为常数，协方差函数 $C(t_1,t_2)$仅与 t_1-t_2 有关，即 $C(t_1, t_2)=B(t_1-t_2)$，其中 B 为关于(t_1-t_2)的某个函数，称$\{X(t),t\in T\}$为**宽平稳过程或广义平稳过程**.

与宽平稳过程相对应的是严平稳过程，对于随机过程$\{X(t), t\in T\}$，对于任意的 $t_1,t_2,\cdots, t_n\in T$，当 $t_1+\tau, t_2+\tau,\cdots,t_n+\tau\in T$

时，有

$$P\{X(t_1)\leqslant X_1,X(t_2)\leqslant X_2,\cdots, X(t_n)\leqslant X_n\}$$
$$=P\{X(t_1+\tau)\leqslant X_1,\cdots, X(t_n+\tau)\leqslant X_n\},$$

即 $F(t_1,t_2,\cdots,t_n;x_1,x_2,\cdots,x_n)=F(t_1+\tau,\cdots,t_n+\tau;x_1,x_2,\cdots,x_n)$，称 $\{X(t),t\in T\}$ 为**严平稳过程**.

容易看出，平稳过程的统计特性是不随时间推移而变化的. 一般的严平稳过程未必有二阶矩，因而严平稳过程不一定是宽平稳过程；若严平稳过程具有二阶矩，则它必是宽平稳过程；反之，宽平稳过程也未必是严平稳过程，但对正态过程而言，宽平稳与严平稳是一致的. 今后所提到的平稳过程均指宽平稳过程.

当我们同时考虑两个平稳过程 $X(t)$ 与 $Y(t)$ 时，若它们的互相关函数仅与时间间隔有关，即

$$E[X(t)Y(t+\tau)]=R_{XY}(\tau),$$

则称这两个过程是联合平稳的，此时互协方差函数 $E\{[X(t)-m][Y(t+\tau)-m]\}=C_{XY}(\tau)$ 也仅是 τ 的函数.

除了平稳过程外，随机过程理论中还有一种比较重要的二阶矩过程：正交增量过程，对于二阶矩过程 $\{X(t),t\in T\}$，对任意的 $t_1<t_2\leqslant t_3<t_4\in T$，有

理解正交增量的含义.

$$E\{[X(t_2)-X(t_1)][X(t_4)-X(t_3)]\}=0,$$

则称 $\{X(t),t\in T\}$ 为**正交增量过程**.

另一方面，对于二阶矩过程 $\{X(t),t\in T\}$，对任意的 $t_1<t_2\leqslant t_3<t_4\in T$，有 $X(t_2)-X(t_1)$ 与 $X(t_4)-X(t_3)$ 独立，则称 $\{X(t),t\in T\}$ 为**独立增量过程**. 如果随机过程 $\{X(t),t\geqslant 0\}$ 为独立增量过程，且 $X(t_2)-X(t_1)$ 的分布仅与时间间隔有关，则称这类随机过程为**齐次的独立增量过程**.

理解独立增量的含义.

如果随机过程 $\{X(t),t\geqslant 0\}$ 为齐次的独立增量过程，$X(0)=0$，对任意的 $t_1<t_2$，有 $X(t_2)-X(t_1)\sim N(0,\sigma^2(t_2-t_1))$，其中 σ^2 为常数，则称二阶矩过程 $X(t)$ 为**维纳过程**.

对于维纳过程，不难得到 $X(t)-X(0)\sim N(0,\sigma^2 t)$，$E(X(t))=0$，$\sigma_X^2(t)=D(X(t)-X(0))=\sigma^2 t$. 对于 $t_2<t_1$，有

$$\begin{aligned}R_X(t_1,t_2)&=E\{X(t_1)X(t_2)\}\\&=E\{X(t_1)[X(t_2)-X(t_1)+X(t_1)]\}\\&=E\{[X(t_1)-X(0)][X(t_2)-X(t_1)]\}+E(X^2(t_1))\\&=E[X(t_1)-X(0)]E[X(t_2)-X(t_1)]+D(X(t_1))\\&=\sigma^2 t_1,\end{aligned}$$

即 $R_X(t_1,t_2)=\sigma^2\min\{t_1,t_2\}$.

3. 马尔可夫过程(Markov)

设有一随机过程 $\{X(t),t\in T\}$，对任意正整数 $n(n\geqslant 3)$ 及任意

的$t_1<t_2<\cdots<t_n<t_{n+1}\in T$,有

$$P\{X(t_{n+1})\leqslant x_{n+1}\mid X(t_1)=x_1,\ \cdots,\ X(t_n)=x_n\}$$
$$=P\{X(t_{n+1})\leqslant x_{n+1}\mid X(t_n)=x_n\},$$

则称$\{X(t),t\in T\}$具有马尔可夫性，并称此过程为**马尔可夫过程**，简称为**马氏过程**.

如果将t_n视为“现在”，则t_{n+1}成为“将来”，而$t_1,t_2,\cdots,t_{n-1}$就成为“过去”，马氏过程的定义说明:随机过程的“将来”的状态与“现在”的状态有关，而与“过去”状态无关，这称为**无后效性**或**马尔可夫性**. 时间和状态都是离散的马尔可夫过程称为**马尔可夫链**，简称**马氏链**.

下一节专门介绍这类随机过程.

另外,对于一类马氏过程(T连续，S离散)称为纯不连续马氏过程，如泊松过程、独立增量过程等，它们都是一些典型的随机过程，此内容将在12.3节中讨论.

习题 12.1

1. 根据定义12-2写出随机过程$\{X(t),\ t\in T\}$的一、二维分布函数.

2. 给定随机过程$\{X(t),\ t\in T\}$，x为任一实数，定义另一个随机过程

$$Y(t)=\begin{cases}1, & X(t)\leqslant x,\\ 0, & X(t)>x.\end{cases}$$

试将$Y(t)$的均值函数$m(t)$和自相关函数用$\{X(t),\ t\in T\}$的一、二维分布函数表示.

3. 设随机过程$\{X(t)=Y\cos t,t\in(-\infty,\ +\infty)\}$，其中$Y$服从(0, 1)上的均匀分布. 试证:

(1) 自相关函数$R(t_1,t_2)=\dfrac{1}{3}\cos t_1\cos t_2$;

(2) 自协方差函数$C(t_1,t_2)=\dfrac{1}{12}\cos t_1\cos t_2$.

4. 正弦波过程$\{X(t)=V\cos\omega t,t\in(-\infty,\ +\infty)\}$，其中$\omega$为常数，$V$为(0, 1)上的均匀分布. 求$t=\pi/\omega$时$X(t)$的概率分布密度函数.

5. 设随机过程$X(t)=A\cos(\omega t+\Theta)$，其中$A$为随机变量，$\Theta$是$(0,\ 2\pi)$上的均匀分布且与$A$相互独立，$\omega$为常数. 其概率密度函数为

$$f(x)=\begin{cases}\dfrac{x}{\sigma^2}e^{-\frac{1}{2\sigma^2}x^2}, & x>0,\\ 0, & x\leqslant 0.\end{cases}$$

问 $X(t)$是否为平稳的随机过程？

12.2 马尔可夫链

12.2.1 马尔可夫链的定义

上一节中已经介绍了马氏过程的概念，若马氏过程$\{X(t), t\in T\}$的参数集与状态空间均为离散的，则称为马尔可夫链.

首先来看一个具体实例.

马尔可夫链又称为马氏链，是重要的随机过程之一.

例 12-9　(Markov Frog)有一个青蛙在某池塘中的三片荷叶(标号为 1,2,3)上跳来跳去，如图 12-2 所示，用随机变量序列$\{X(n), n=0,1,2,\cdots\}$表示青蛙在时刻 n 时的位置，开始状态青蛙在第 1,2,3 片荷叶上的概率分别为 1/2,1/4,1/4，即 $P\{X(0)=1\}=1/2, P\{X(0)=2\}=1/4, P\{X(0)=3\}=1/4$，称其初始分布为 $\boldsymbol{\pi}_0=\left(\frac{1}{2},\frac{1}{4},\frac{1}{4}\right)$.

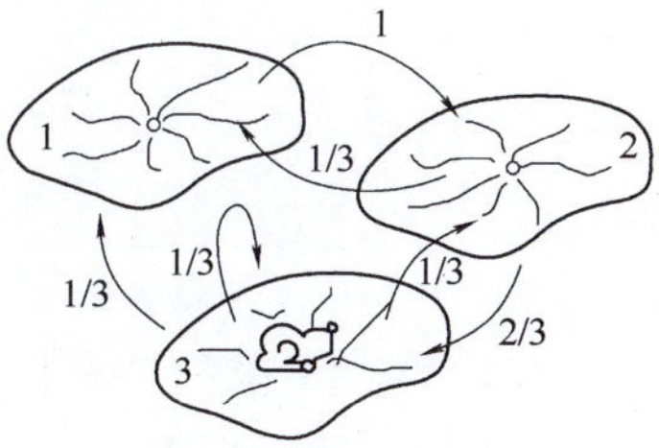

图 12-2

设一步转移概率为

$P\{X(n+1)\}=2\{X(n)=1\}=1; P\{X(n+1)=1|X(n)=2\}=1/3;$

$P\{X(n+1)=3|X(n)=2\}=2/3; P\{X(n+1)=1|X(n)=3\}=1/3;$

$P\{X(n+1)=2|X(n)=3\}=1/3; P\{X(n+1)=3|X(n)=3\}=1/3.$

其一步转换概率矩阵为

$$\boldsymbol{P}=\begin{pmatrix}0 & 1 & 0\\ \dfrac{1}{3} & 0 & \dfrac{2}{3}\\ \dfrac{1}{3} & \dfrac{1}{3} & \dfrac{1}{3}\end{pmatrix}.$$

显然有

$$\begin{aligned}&P\{X(3)=j|X(0)=3,X(1)=1,X(2)=2\}\\ &=P\{X(3)=j|X(2)=2\}\\ &=\begin{cases}1/3, & j=1,\\ 0, & j=2,\\ 2/3, & j=3.\end{cases}\end{aligned}$$

从上述例子可以看出该随机变量序列具有马氏性，即无后效性，则称此过程为马氏链.

通过上述实例，首先介绍几个概念.

务必记住马氏链的定义.

定义 12-5 设$\{X(n),\ n=1,\ 2,\ \cdots\}$为一随机序列，状态空间$S$为有限或可列集，对于正数数$n$，若$i_k\in S$ $(k=1,\ 2,\ \cdots,n+1)$有

$$P\{X(n+1)=i_{n+1}\mid X(1)=i_1,X(2)=i_2,\ \cdots,\ X(n)=i_n\}$$
$$=P\{X(n+1)=i_{n+1}\mid X(n)=i_n\},$$

则称$\{X(n),\ n=1,\ 2,\ \cdots\}$为**马尔可夫链**，简称**马氏链**.

定义 12-6 设$\{X(n),n=0,1,2,\cdots\}$为随机变量序列，状态空间$S=\{1,2,\cdots,N\}$，则起始时刻的分布

$$\pi_0(i)=P\{X(0)=i\},i\in S$$

称为该随机变量序列的**初始分布**. 其向量形式为

$$\boldsymbol{\pi}_0=(\pi_0(1),\pi_0(2),\cdots,\pi_0(N)).$$

显然$\pi_0(i)$满足下列性质：

(1) $\pi_0(i)\geqslant 0$；

(2) $\sum\limits_{i\in S}\pi_0(i)=1$.

需要指出的是：这里的N可以趋于$+\infty$.

定义 12-7 设$\{X(n),\ n=1,\ 2,\ \cdots\}$为马氏链，若记

$$P\{X(n+m)=j\mid X(n)=i\}=p_{ij}^{(m)},$$

扫描二维码，了解马尔可夫生平.

则称$\{X(n),n=1,2,\cdots\}$为**齐次的马氏链**，并称$p_{ij}^{(m)}$为该齐次马氏链，由状态i经过m步转移得到状态j的**转移概率**.

它的含义是：系统由状态i到状态j的转移概率只依赖于时间间隔的长短，与起始时刻无关. 本节下面介绍的便是这种齐次的马氏链. 若$m=1$，则$P\{X(n+1)=j\mid X(n)=i\}=p_{ij}$为状态$i$转移到状态$j$的一步转移概率.

12.2.2 转移概率矩阵及切普曼-柯尔莫哥洛夫方程

对于齐次的马氏链$\{X(n),\ n=1,\ 2,\ \cdots\}$，称$m$步转移概率$p_{ij}^{(m)}$为元素的矩阵$P^{(m)}=(p_{ij}^{(m)})$为该齐次马氏链的$m$步转移概率矩阵. 若该马氏链的状态空间$S=\{1,\ 2,\ \cdots\}$，则$m$步转移概率矩阵$\boldsymbol{P}^{(m)}$为

$$\boldsymbol{P}^{(m)}=\begin{pmatrix} p_{11}^{(m)} & p_{12}^{(m)} & \cdots & p_{1j}^{(m)} & \cdots \\ p_{21}^{(m)} & p_{22}^{(m)} & \cdots & p_{2j}^{(m)} & \cdots \\ \vdots & \vdots & & \vdots & \\ p_{i1}^{(m)} & p_{i2}^{(m)} & \cdots & p_{ij}^{(m)} & \cdots \\ \vdots & \vdots & & \vdots & \end{pmatrix}.$$

它具备下列三条基本性质：

(1) 对一切$i,j\in S$，$0\leqslant p_{ij}^{(m)}\leqslant 1$；

(2) 对任意的 $i\in S$，$\sum\limits_{j\in S}p_{ij}^{(m)}=1$；

(3) 对任意 $i,j\in S$，$p_{ij}^{(0)}=\delta_{ij}=\begin{cases}1, & 当 i=j 时,\\ 0, & 当 i\neq j 时.\end{cases}$

特别地，当 $m=1$ 时，$\boldsymbol{P}^{(1)}$ 为一步转移概率矩阵，记为

$$\boldsymbol{P}=\begin{pmatrix} p_{11} & p_{12} & p_{1j} & \cdots \\ p_{21} & p_{22} & p_{2j} & \cdots \\ \vdots & \vdots & \vdots & \\ p_{i1} & p_{i2} & p_{ij} & \cdots \\ \vdots & \vdots & \vdots & \end{pmatrix}.$$

如何利用计算机描述马氏过程呢？其过程可以通过例 12-9 来详细说明.

(1) 产生一个随机数 $U_0\sim U[0,1]$，即在[0,1]区间上随机取一个数，则

$$X_0=\begin{cases}1, & 当 0\leqslant U_0\leqslant 1/2,\\ 2, & 当 1/2<U_0\leqslant 3/4,\\ 3, & 当 3/4<U_0\leqslant 1.\end{cases}$$

(2) 再产生一个随机数 $U_1\sim U[0,1]$，

若 $X_0=1$，则 $X_1=2$；

若 $X_0=2$，则 $X_1=\begin{cases}1, & 当 0\leqslant U_1\leqslant 1/3,\\ 3, & 当 1/3<U_1\leqslant 1;\end{cases}$

若 $X_0=3$，则 $X_1=\begin{cases}1, & 当 0\leqslant U_1\leqslant 1/3,\\ 2, & 当 1/3<U_1\leqslant 2/3,\\ 3, & 当 2/3<U_1\leqslant 1.\end{cases}$

(3) 再产生一个随机数 $U_2\sim U[0,1]$，

若 $X_1=1$，则 $X_2=2$；

若 $X_1=2$，则 $X_2=\begin{cases}1, & 当 0\leqslant U_2\leqslant 1/3,\\ 3, & 当 1/3<U_2\leqslant 1;\end{cases}$

若 $X_1=3$，则 $X_2=\begin{cases}1, & 当 0\leqslant U_2\leqslant 1/3,\\ 2, & 当 1/3<U_2\leqslant 2/3,\\ 3, & 当 2/3<U_2\leqslant 1.\end{cases}$

不断重复进行，得到随机数序列.

当某些实际问题用马氏链来描述时，首先要确定它的状态空间和参数集，然后确定它的一步转移概率. 有关这一概率的确定，可以由问题的内在规律得到，也可以由过去的经验给出，还可以通过观测数据来估计.

例 12-10　编号为Ⅰ、Ⅱ、Ⅲ的口袋中各装有一些球，其具体组成见下表. 若规定有放回地抽取，每次取一个，第一次从口袋Ⅰ

中取，第 $n(n>1)$ 次从与第 $n-1$ 次取到的球号数相同的口袋中取，$X(n)$ 表示第 n 次取到的球的号数，显然 $\{X(n),n=1,2,\cdots\}$ 是一个马氏链，试写出它的一步转移概率矩阵.

球个数	一号球	二号球	三号球
口袋Ⅰ	2	1	1
口袋Ⅱ	2	0	1
口袋Ⅲ	3	2	0

解

$$p_{11}=P\{X(n+1)=1|X(n)=1\}=1/2;$$
$$p_{12}=P\{X(n+1)=2|X(n)=1\}=1/4;$$
$$p_{13}=P\{X(n+1)=3|X(n)=1\}=1/4;$$
$$p_{21}=P\{X(n+1)=1|X(n)=2\}=2/3;$$
$$p_{22}=P\{X(n+1)=2|X(n)=2\}=0;$$
$$p_{23}=P\{X(n+1)=3|X(n)=2\}=1/3;$$
$$p_{31}=P\{X(n+1)=1|X(n)=3\}=3/5;$$
$$p_{32}=P\{X(n+1)=2|X(n)=3\}=2/5;$$
$$p_{33}=P\{X(n+1)=3|X(n)=3\}=0;$$

因此，它的一步转移概率矩阵为

$$\boldsymbol{P}=\begin{pmatrix}1/2 & 1/4 & 1/4\\ 2/3 & 0 & 1/3\\ 3/5 & 2/5 & 0\end{pmatrix}.$$

例 12-11　某计算机机房的一台计算机经常出故障，研究者每隔 15min 观察一次计算机的运行状态，收集了 12h 的数据(共作 49 次观察).用 1 表示正常状态，用 0 表示不正常状态，所得的数据如下：

1110010011111110011110111111011111111100011011011

设 $X(n)$ 为某 n $(n=1,2,\cdots,49)$ 个时段的计算机状态，可以认为它是一个齐次的马氏链，状态空间 $S=\{0,1\}$.求其转移概率矩阵.

解　根据题意，48 次状态转移情况

$0\to0$　5 次；$0\to1$　8 次；

$1\to0$　8 次；$1\to1$　27 次.

因此，一步转移概率可近似地表示为

$$p_{00}=P\{X(n+1)=0|X(n)=0\}=\frac{5}{5+8}=\frac{5}{13};$$

$$p_{01}=P\{X(n+1)=1|X(n)=0\}=\frac{8}{5+8}=\frac{8}{13};$$

$$p_{10}=P\{X(n+1)=0|X(n)=1\}=\frac{8}{35};$$

$$p_{11}=P\{X(n+1)=1\mid X(n)=1\}=\frac{27}{35}.$$

故

$$\boldsymbol{P}=\begin{pmatrix}5/13 & 8/13\\ 8/35 & 27/35\end{pmatrix}.$$

例 12-12　假设一小理发店有一名服务员和一个供等候理发的顾客坐的椅子，即该店最多可容纳 2 名顾客，若新来的顾客发现店内有 2 名顾客立即离去而不在店外等候，现在每隔 15min 观察一下店内的顾客数，$X(n)$表示第 n 次观察时店内的顾客数，记录数据如下：

$$\begin{matrix}0&2&1&2&1&0&2&2&1&1&0\\1&0&0&0&1&1&2&2&2&1&0\end{matrix}$$

估计一步转移概率矩阵.

解　记 n_{ij} 为由状态 i 转变为 j 的次数，下将不同类型转移数 n_{ij} 统计分类记入下表：

$i \to j$ 转移数 n_{ij}	0	1	2	行和 n_i
0	2	2	2	6
1	4	2	2	8
2	0	4	3	7

表中的最后一列的行和 n_i 为观测数据中系统处于状态 i 的次数(最后一次不计)，根据定义

$$\begin{aligned}p_{ij}&=P\{X(n+1)=j\mid X(n)=i\}\\&=\frac{P\{X(n)=i,X(n+1)=j\}}{P\{X(n)=i\}}=\frac{n_{ij}}{n_i},\end{aligned}$$

因而，一步转移概率矩阵为

$$\boldsymbol{P}=\begin{pmatrix}1/3 & 1/3 & 1/3\\ 1/2 & 2/4 & 2/4\\ 0 & 4/7 & 3/7\end{pmatrix}.$$

如果知道了一步转移概率矩阵，如何求出任意有限多步转移概率是随机过程中重要的研究问题之一.

定理 12-1　(C-K 方程即切普曼-柯尔莫哥洛夫方程)　设 $\{X(n),n=1,2,\cdots\}$为齐次马氏链，其状态空间 $S=\{1,2,\cdots\}$，则对任意正整数 m,n 有

$$p_{ij}^{(m+n)}=\sum_{k\in S}p_{ik}^{(n)}p_{kj}^{(m)},\quad i,j\in S.$$

上述方程称为切普曼-柯尔莫哥洛夫方程，简称为 C-K 方程. 可写成如下矩阵形式

$$\boldsymbol{P}^{(m+n)}=\boldsymbol{P}^{(n)}\cdot\boldsymbol{P}^{(m)}.$$

证 $p_{ij}^{(n+m)}=P\{X(n+m+1)=j\mid X(1)=i\}$

$$=P\{X(n+m+1)=j,\bigcup_{k\in S}\{X(n+1)=k\mid X(1)=i\}$$

$$=\sum_{k\in S}P\{X(n+m+1)=j,X(n+1)=k\mid X(1)=i\}$$

$$=\sum_{k\in S}P\{X(n+1)=k\mid X(1)=i\}\cdot P\{X(n+m+1)=j\mid X(n+1)=k,X(1)=i\}$$

$$=\sum_{k\in S}P\{X(n+1)=k\mid X(1)=i\}\cdot P\{X(n+m+1)=j\mid X(n+1)=k\}$$

$$=\sum_{k\in S}p_{ik}^{(n)}p_{kj}^{(m)}.$$

证毕.

推论 若齐次马氏链的一步转移概率矩阵为 $\boldsymbol{P}$，则 $\boldsymbol{P}^{(m)}=\boldsymbol{P}^m=(p_{ij}^{(m)})$.

例 12-13 若马氏链$\{X(n),n=1,2,\cdots\}$,状态空间 $E=\{1,2,3\}$，其一步转移概率矩阵为

$$\boldsymbol{P}=\begin{pmatrix}\frac{1}{2}&\frac{1}{3}&\frac{1}{6}\\ \frac{1}{2}&\frac{1}{3}&\frac{1}{6}\\ \frac{1}{2}&\frac{1}{3}&\frac{1}{6}\end{pmatrix},$$

求由状态 1 经过 2 步到达状态 3 的概率，即求 $p_{13}^{(2)}$.

解 根据题意，系统的转移情况如图 12-3 所示.

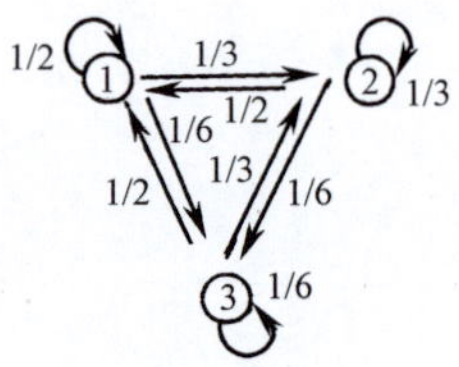

图 12-3

则

$$\boldsymbol{P}^{(2)}=\begin{pmatrix}\frac{1}{2}&\frac{1}{3}&\frac{1}{6}\\ \frac{1}{2}&\frac{1}{3}&\frac{1}{6}\\ \frac{1}{2}&\frac{1}{3}&\frac{1}{6}\end{pmatrix},$$

所以有 $p_{13}^{(2)}=\dfrac{1}{6}$.

12.2.3 转移概率的渐近性质

根据定理 12-1，对于马氏链，从已知状态 i 出发，经过 n 步转移到状态 j 的概率满足方程

$$p_{ij}^{(n)}=\sum_{k\in S}p_{ik}^{(m)}p_{kj}^{(n-m)}\quad(0\leqslant m<n).$$

进一步地希望了解 $n\to\infty$ 时 $p_{ij}^{(n)}$ 的极限情况.

首先，根据前面的讨论，可得到如下结论.

定理 12-2 设齐次的马氏链 $\{X(n),n=1,2,\cdots\}$ 的状态空间为 $S=\{1,2,\cdots,N\}$，初始分布为

$$\boldsymbol{\pi}_0=(\pi_0(1),\pi_0(2),\cdots,\pi_0(N)),$$

其中 $\pi_0(j)=P\{X(0)=j\},j=1,2,\cdots,N$.

记 $\boldsymbol{\pi}_n=(\pi_n(1),\pi_n(2),\cdots,\pi_n(N))$，其中 $\pi_n(j)=P\{X(n)=j\},j=1,2,\cdots,N$，则有

$$\boldsymbol{\pi}_{n+1}=\boldsymbol{\pi}_n\boldsymbol{P},\boldsymbol{\pi}_n=\boldsymbol{\pi}_0\boldsymbol{P}^n.$$

证 对任意的 $j=1,2,\cdots,N$，有

$$\begin{aligned}\pi_{n+1}(j)&=P\{X(n+1)=j\}\\&=\sum_{i=1}^{N}P\{X(n+1)=j\mid X(n)=i\}P\{X(n)=i\}\\&=\sum_{i=1}^{N}p_{ij}\,\pi_n(i).\end{aligned}$$

由此不难得到 $\pi_n=\pi_0P^n$. 证毕.

值得注意的是：若 $n\to\infty$ 时，π_n 的极限存在为 π，即 $\lim\limits_{n\to\infty}\pi_n(i)=\pi(i),i=1,2,\cdots,N$，则 $\boldsymbol{\pi}=(\pi(1),\pi(2),\cdots,\pi(N))$ 应满足 $\boldsymbol{\pi}=\boldsymbol{\pi}\boldsymbol{P}$.

例 12-14 若顾客的购买是无记忆的，即已知现在顾客购买的情况，未来顾客的购买情况不受购买历史的影响，而只与现在购买的情况有关. 现在市场上有 A,B,C 三个不同厂家生产的 50g 袋装味精，用"$X(n)=1$""$X(n)=2$""$X(n)=3$"分别表示"顾客第 n 次购买 A,B,C 厂的味精". 显然 $\{X(n),n=1,2,\cdots\}$ 为一马氏链，若已知顾客第一次购买三厂味精的概率分别为 0.2,0.4,0.4，又知道一般顾客购买倾向由下表给出，求顾客第二次购买各厂味精概率，并问长期多次购买后，顾客的购买倾向如何？

		下次购买		
		A	B	C
上次购买	A	0.8	0.1	0.1
	B	0.5	0.1	0.4
	C	0.5	0.3	0.2

解 根据题意，一步转移概率矩阵为

$$\boldsymbol{P}=\begin{pmatrix}0.8&0.1&0.1\\0.5&0.1&0.4\\0.5&0.3&0.2\end{pmatrix}.$$

初始分布为 $\boldsymbol{\pi}_1=(0.2,0.4,0.4)$，由定理 12-2，可得

$$\boldsymbol{\pi}_2=\boldsymbol{\pi}_1\boldsymbol{P},$$

由此可得

$X(2)$	1	2	3
$P[X(2)]$	0.56	0.18	0.26

即顾客第二次购买各厂味精概率为 0.56,0.18,0.26.

当 $n\to\infty$ 时,极限分布应满足 $\boldsymbol{\pi}=\boldsymbol{\pi P}$,则

$$\begin{cases}\pi_1=0.8\pi_1+0.5\pi_2+0.5\pi_3,\\ \pi_2=0.1\pi_1+0.1\pi_2+0.3\pi_3,\\ \pi_3=0.1\pi_1+0.4\pi_2+0.2\pi_3,\end{cases}$$

得 $\pi_1=60/84$,$\pi_2=11/84$,$\pi_3=13/84$.这说明经过长期购买 A,B,C 三厂含有市场份额为 60/84,11/84,13/84.

现在的问题是在什么条件下极限分布存在呢?下面来讨论这个问题.

人们希望知道在什么条件下,当 $n\to\infty$ 时,$\pi_n(j)$的极限存在.为此,引入下面基本极限定理.这也是本节最重要的定理.

扫描二维码,进一步理解遍历性概念.基本极限定理是非常重要的定理之一.

定理 12-3 (基本极限定理)若齐次的马氏链$\{X(n),n=1,2,\cdots\}$的状态空间 $S=\{1,2,\cdots,N\}$是有限集,且满足下列条件:

(1) 其每一个状态是非周期的:

(2) 该马氏链具有不可约性;

称该马氏链具有**遍历性**,则

$$\lim_{n\to\infty}p_{ij}^{(n)}=\pi(j).$$

其中 $\pi(j)$与 i 无关,$\boldsymbol{\pi}=(\pi(1),\pi(2),\cdots,\pi(N))$为极限分布,它是满足$\pi(j)\geqslant 0$ 和 $\sum\limits_{j\in S}\pi(j)=1$ 条件的以下方程组的唯一解.

$$\boldsymbol{\pi}=\boldsymbol{\pi}\cdot\boldsymbol{P}$$

回顾例 12-9,其一步转移概率矩阵为

$$\boldsymbol{P}=\begin{pmatrix}0&1&0\\ \frac{1}{3}&0&\frac{2}{3}\\ \frac{1}{3}&\frac{1}{3}&\frac{1}{3}\end{pmatrix}.$$

根据定理 12-2,其极限分布应满足 $\boldsymbol{\pi}=\boldsymbol{\pi P}$,解方程不难得到 $\boldsymbol{\pi}=(0.25,0.375,0.375)$,另一方面,

$$\boldsymbol{P}^5=\begin{pmatrix}0.246914&0.407407&0.345679\\ 0.251029&0.362140&0.386831\\ 0.251029&0.362550&0.382716\end{pmatrix}.$$

$$\boldsymbol{P}^{20}=\begin{pmatrix}0.250000&0.375000&0.375000\\ 0.250000&0.375000&0.375000\\ 0.250000&0.375000&0.375000\end{pmatrix}.$$

由此验证了$\lim\limits_{n\to\infty}P_{ij}^{(n)}=\pi(j)$.

回到基本极限定理，下面来解释什么是非周期性，什么是不可约性.

定义 12-8　设齐次的马氏链$\{X(n),n=1,2,\cdots\}$，状态空间为S，对于任意的$i,j\in S$，若存在正整数$n\geqslant 1$，使得$p_{ij}^{(n)}>0$，则称状态i可到达状态j，记作$i\to j$，若反之有$j\to i$，则称状态i,j是互通的，记作$i\leftrightarrow j$.

定义 12-9　如果状态空间S的一个子集A中的状态都是互通的，则称这个子集为一个状态类.

定义 12-10　如果马氏链的状态空间本身是一个状态类，称这个马氏链是不可约的.

定义 12-11　如果马氏链的状态$i\in S$，将$p_{ii}^{(n)}$大于0的所有正整数n的最大公约数记为d_i，即$d_i=\mathrm{g}\cdot\mathrm{c}\cdot\mathrm{d}\{n\geqslant 1\mid p_{ii}^{(n)}>0\}$，若$d_i>1$，称状态$i$是周期的，$d_i$称为状态$i$的周期. 若$d_i=1$，称状态$i$是非周期的.

从例 12-9、例 12-14 可以看出，它满足遍历性，因而可应用基本极限定理.

例 12-15　设有齐次的马氏链，状态空间$S=\{1,2,3\}$，一步转移概率矩阵

$$\boldsymbol{P}=\begin{pmatrix}0 & 1 & 0\\ 1-p & 0 & p\\ 0 & 1 & 0\end{pmatrix}.$$

(1) 求$\boldsymbol{P}^{(2)}$，并证明$\boldsymbol{P}^{(2)}=\boldsymbol{P}^{(4)}$；

(2) 求$\boldsymbol{P}^{(n)}$.

解　$\boldsymbol{P}^{(2)}=\boldsymbol{P}^2$，不难证明$\boldsymbol{P}^{(2)}=\boldsymbol{P}^{(4)}$，并由此可求出$\boldsymbol{P}^{(n)}=\begin{cases}\boldsymbol{P}, n\text{ 为奇数},\\ \boldsymbol{P}^2, n\text{ 为偶数},\end{cases}$

可以看出，该马氏链不具备遍历性.

习题 12.2

6. 什么是马氏链？什么是不可约的马氏链？什么是具有周期性马氏链？

7. 证明伯努利试验序列组成一个马尔可夫链，并写出它的一步转移概率矩阵

$$\boldsymbol{P}=\begin{pmatrix}1-p & p\\ 1-p & p\end{pmatrix}.$$

8. 在数轴上原点 0 和 +5 处立有两个反射壁，质点在这范围内

随机徘徊，每次一个单位，其徘徊规则是：

(1) 质点在1,2,3,4处以概率1/3和2/3向左或向右走且仅走一个单位；

(2) 质点在0处，下一次以概率2/3向右走到1，以1/3概率停留在原点；

(3) 质点在+5处，下一次分别以概率2/3及1/3停在+5处或走到4.

$X(n)$表示第n次徘徊后的位置，它是一马氏链，写出它的状态空间及一步转移概率矩阵.质点由状态2出发经两步后能到达哪些位置，不能到达哪些位置？

9. 在一计算系统中，每一循环具有误差的概率取决于前一个循环是否有误差，以0表示误差状态，1表示无误差状态.设一步转移概率矩阵为$\boldsymbol{P}=\begin{pmatrix}0.75 & 0.25\\ 0.5 & 0.5\end{pmatrix}$，说明相应的马氏链为遍历的，并求其极限分布.

10. 设有齐次马氏链，状态空间$S=\{1, 2, 3\}$，一步转移概率矩阵为

$$\boldsymbol{P}=\begin{pmatrix}\frac{1}{4} & \frac{3}{4} & 0\\ \frac{1}{3} & \frac{1}{3} & \frac{1}{3}\\ 0 & \frac{1}{4} & \frac{3}{4}\end{pmatrix},$$

且$P\{X(0)=1\}=1/4, P\{X(1)=2\}=1/2, P\{X(2)=3\}=1/4$.试计算：

(1) $P\{X(0)=1, X(1)=2, X(2)=3\}$;

(2) $p_{12}^{(2)}$.

12.3 纯不连续马氏过程

12.2节介绍了参数集与状态均为离散的马氏过程，下面介绍参数集连续、状态空间离散的马氏过程即纯不连续马氏过程.首先，介绍泊松过程及相关的性质.

12.3.1 泊松过程

1. 计数过程

定义12-12 在$[0, t)$内事件A发生的总数$N(t)$组成的过程

$\{N(t), t\geqslant 0\}$称为**计数过程**.

例如，在$[0, t)$到达某商店的顾客数组成的过程$\{N(t), t\geqslant 0\}$为计数过程.

从上述定义出发，计数过程满足下列条件：

(1) $N(t)\geqslant 0$；

(2) $N(t)$为一非负整数；

(3) 有两个时刻 $0\leqslant s<t$，则 $N(s)\leqslant N(t)$；

(4) 对于时刻 $0\leqslant s<t$，$N(t)-N(s)$为时间间隔$[s, t)$中事件 A 出现的次数.

在计数过程中，如果在不相交的时间间隔内出现文件 A 的次数是相互独立的，则该计数过程为独立增量过程. 由此给出以下定义.

定义 12-13　$\{X(t), t\in T\}$为一随机过程，$t_1<t_2\leqslant t_3<t_4\in T$，若$X(t_2)-X(t_1)$与 $X(t_4)-X(t_3)$独立，则称$\{X(t), t\in T\}$为**独立增量过程.**

定义 12-14　$\{X(t), t\in T\}$为一随机过程，若 $s<t$ 时，$X(t)-X(s)$的分布仅与 $t-s$ 有关而与 s 无关，则称此过程为**平稳增量过程.**

根据上述定义，显然计数过程为独立增量过程，同时也是平稳增量过程，因为 $N(t)-N(s)$为$[s, t)$中事件 A 出现的次数，该次数应当仅与$t-s$有关.

2. 泊松过程

定义 12-15　设一随机的计数过程$\{N(t), t\geqslant 0\}$满足下列条件：

记住泊松过程的定义.

(1) $N(0)=0$；

(2) $\{N(t), t\geqslant 0\}$为独立增量过程和平稳增量过程；

(3) 在$[t, t+\Delta t]$中出现一个事件的概率为 $\lambda\Delta t+o(\Delta t)$，在$[t, t+\Delta t)$出现 2 个或 2 个以上事件 A 的概率为 $o(\Delta t)$，即

$$P\{N(t+\Delta t)-N(t)\geqslant 2\}=o(\Delta t),$$

则该计数过程为**泊松过程.**

定理 12-4　泊松过程$\{N(t), t\geqslant 0\}$在时间间隔$[t_0, t_0+t)$内事件 A 出现 n 次的概率为

$$P\{N(t_0+t)-N(t_0)=n\}=\frac{(\lambda t)^n}{n!}e^{-\lambda t}, \quad n=0, 1, 2, \cdots.$$

证　记 $P_n(t)=P\{N(t)=n\}=P\{N(t)-N(0)=n\}$，则

利用独立增量性.

$$\begin{aligned}P\{N(t+\Delta t)=0\}&=P\{N(t)=0, N(t+\Delta t)-N(t)=0\}\\&=P\{N(t)=0\}P\{N(t+\Delta t)-N(t)=0\},\end{aligned}$$

$$P_0(t+\Delta t)=P_0(t)[1-\lambda\Delta t+o(\Delta t)],$$

$$\frac{P_0(t+\Delta t)-P_0 t}{\Delta t}=-\lambda P_0(t)+\frac{o(\Delta t)}{\Delta t},$$

所以
$$\frac{\mathrm{d}P_0(t)}{\mathrm{d}t}=-\lambda P_0(t),$$
$$P_0(t)=c\mathrm{e}^{-\lambda t}.$$
由于 $P_0(0)=P\{N(0)=0\}=1$，所以 $c=1$. 由此得
$$P_0(t)=P\{N(t)=0\}=\mathrm{e}^{-\lambda t},$$
即
$$P\{N(t_0+t)-N(t_0)=0\}=\mathrm{e}^{-\lambda t}.$$
根据全概率公式
$$\begin{aligned}&P_n(t+\Delta t)\\&=P\{N(t+\Delta t)=n\}\\&=\sum_{k=0}^{n}P\{N(t+\Delta t)=n\mid N(t)=k\}P\{N(t)=k\}\\&=\sum_{k=0}^{n}P\{N(t+\Delta t)-N(t)=n-k\mid N(t)-N(0)=k\}\cdot\\&\quad P\{N(t)=k\}\\&=\sum_{k=0}^{n}P\{N(t+\Delta t)-N(t)=n-k\}P\{N(t)=k\}\\&=P\{N(t)=n\}P\{N(t+\Delta t)-N(t)=0\}+\\&\quad P\{N(t)=n-1\}P\{N(t+\Delta t)-N(t)=1\}+\\&\quad P\{N(t)<n-1\}P\{N(t+\Delta t)-N(t)\geqslant 2\}\\&=P_n(t)[1-\lambda\Delta t+o(\Delta t)]+P_{n-1}(t)\lambda\Delta t+o(\Delta t).\end{aligned}$$

利用独立增量性.

所以
$$\frac{P_n(t+\Delta t)-P_n(t)}{\Delta t}=-\lambda P_n(t)+\lambda P_{n-1}(t)+\frac{o(\Delta t)}{\Delta t},$$
$$\frac{\mathrm{d}P_n(t)}{\mathrm{d}t}=-\lambda P_n(t)+\lambda P_{n-1}(t),\quad n=1,2,\cdots.$$
根据数学归纳法即可得
$$P_n(t)=\frac{(\lambda t)^n}{n}\mathrm{e}^{-\lambda t}.$$
因此，$E(N(t))=\lambda t$，$D(N(t))=\lambda t$，$\lambda=E(N(t))/t$，即 λ 代表单位时间内事件 A 出现的平均次数. 证毕.

对于泊松过程，不难导出其相关函数与协方差函数分别为
$$C(s,t)=\mathrm{Cov}(N(t),N(s))=\lambda\min\{s,t\},\ s,t\geqslant 0,$$
$$R(s,t)=E[(N(t)N(s)]=\lambda^2 st+\lambda\min\{s,t\},\ s,t\geqslant 0.$$

定理 12-5 泊松过程有如下几个性质：

(1) 强度为 λ 的泊松过程相邻两次事件发生的时间间隔服从参数为 λ 的指数分布，其逆命题也成立；

(2) 对于泊松过程，若已知$[0,t)$内有一个事件发生，则事件发生的时刻均匀分布于$[0,t)$内；

(3) 从 $t=0$ 开始到第 n 次事件发生所需的时间称为等待时间，记为 S_n，S_n 服从 Γ 分布，其密度函数为

$$f_{S_n}(t)=\begin{cases}0, & t<0,\\ \lambda e^{-\lambda t}\dfrac{(\lambda t)^{n-1}}{(n-1)!}, & t\geqslant 0.\end{cases}$$

证明略.

12.3.2 转移概率及性质

定义 12-16 设 $\{X(t),t\in T\}$ 为马氏过程，则 $F(s,x,t,y)=P\{X(t)\leqslant y|X(s)=x\}$（当 $s<t$ 时），称其为**转移概率分布函数**.

不难得到如下性质：

(1) $0\leqslant F(s,x;t,y)\leqslant 1$；

(2) $F(s,x;t,+\infty)=1, F(s,x;t,-\infty)=0$；

(3) $F(s,x;t,y)$ 为关于 y 的右连续函数.

定义 12-17 设随机过程 $\{X(t),t\in T\}$ 为马氏过程，$S=\{0,1,2,\cdots\}$，$P\{X(t_1+t)=j|X(t_1)=i\}=p_{ij}(t,t_1)$ 称为纯不连续马氏过程由 i 状态转移到 j 状态的转移概率. 若 $p_{ij}(t,t_1)$ 与 t_1 无关，则称之为齐次的马氏过程. 与 12.2 节类似地可以得到如下的切普曼-柯尔莫哥洛夫方程(C-K 方程).

定理 12-6 (C-K 方程)设 $\{X(t),t\in T\}$ 为齐次的纯不连续马氏过程，$S=\{0,1,2,\cdots\}$，对 $\tau>0$ 有

$$p_{ij}(t)=\sum_{k\in S}p_{ik}(\tau)p_{kj}(t-\tau)=\sum_{k\in S}p_{ik}(t-\tau)p_{kj}(\tau).$$

证 类似于 12.2 节的定理 12-1,

$$\begin{aligned}p_{ij}(t)&=P\{X(t)=j|X(0)=i\}\\&=P\{X(t)=j,\bigcup_{k\in S}[X(\tau)=k]\mid X(0)=i\}\\&=\sum_{k\in S}P\{X(t)=j,X(\tau)=k\mid X(0)=i\}\\&=\sum_{k\in S}\frac{P\{X(0)=i,X(\tau)=k,X(t)=j\}}{P\{X(0)=i\}}\\&=\sum_{k\in S}P\{X(0)=i\}P\{X(\tau)=k\mid X(0)=i\}\cdot\\&\quad\frac{P\{X(t)=j|X(\tau)=k,X(0)=i\}}{P\{X(0)=i\}}\\&=\sum_{k\in S}P\{X(\tau)=k\mid X(0)=i\}P\{X(t)=j\mid X(\tau)=k\}\\&=\sum_{k\in S}p_{ik}(\tau)p_{kj}(t-\tau).\end{aligned}$$

另一方面，$p_{ij}(t)=P\{X(t)=j|X(0)=i\}$

$$=P\{X(t)=j,\bigcup_{k\in S}[X(t+\tau)=k]\mid X(0)=i\}.$$

与上述证明过程类似地可得

$$p_{ij}(t)=\sum_{k\in S}p_{ik}(t-\tau)p_{kj}(\tau).$$

证毕.

显然 $p_{ij}(t)$ 有以下三条性质：

(1) $0\leqslant p_{ij}(t)\leqslant 1$；

(2) $\sum_{j\in S}p_{ij}(t)=1$；

(3) $p_{ij}(0)=\delta_{ij}=\begin{cases}1, & i=j,\\ 0, & i\neq j.\end{cases}$

上述一些概念在排队论与生物工程中都有重要的应用，在此我们不再详细讨论.

习题 12.3

11. 某电话总机平均 2min 接到 1 次呼唤，以 $N(t)$ 表示 $[0,t)$ 内接到的电话呼唤次数，并设 $\{N(t),t\geqslant 0\}$ 是泊松过程，求：

(1) 1h 内平均呼唤次数；

(2) 1h 内接到 30 次呼唤次数的概率.

12. 对任意的泊松过程 $\{N(t),t\geqslant 0\}$，证明对于 $s<t$，有

$$P\{N(s)=k\mid N(t)=n\}=\mathrm{C}_n^k\left(\frac{s}{t}\right)^k\left(1-\frac{s}{t}\right)^{n-k}.$$

13. 设 $\{N(t),t\geqslant 0\}$ 是泊松过程，且对任意的 $t_2>t_1\geqslant 0$，有

$$E\{N(t_2)-N(t_1)\}=3(t_2-t_1).$$

求：(1) $P\{N(1)=2,N(4)=6,N(6)=7\}$；　(2) $P\{N(4)=6\mid N(1)=2\}$.

12.4 平稳过程

12.4.1 平稳过程协方差函数的性质

12.1 节已经介绍了平稳过程的概念，平稳过程的特点是：过程的统计特性不随时间的推移而变化. 平稳过程是很重要、应用很广的一类过程，工程领域中所遇到的过程很多可以认为是平稳的. 例如，实际场合中的各种噪声和干扰，都可以认为是平稳的. 在实际问题中，确定过程的分布函数，并用它来判断其平稳性一般很难办到，但对于一个被研究的随机过程而言，如果前后环境和主要条件都不随时间的推移而变化，则一般可认为是平稳的. 平稳过程是

随机过程重点内容之一，本节在相关理论范围内主要讨论平稳过程的数字特征、各态历经性、相关函数的性质和功率谱密度.

与平稳过程相反的是非平稳的随机过程. 一般随机过程处于过渡阶段时总是非平稳的. 例如，飞机控制在高度为 h 的水平面上飞行，由于受到大气湍流的影响，实际飞行高度 $H(t)$ 应在 h 水平面上下随机波动，$H(t)$ 可视为平稳过程. 但涉及的时间范围必须排除飞机的升降阶段，因为在升降阶段主要条件随时间而发生变化，即升降阶段 $H(t)$ 是非平稳过程.

如果随机过程 $\{X(t),\ t\in T\}$ 为宽平稳过程，则均值函数 $E(X(t))=m$ 为常数，$E\{[X(t)-m][X(s)-m]\}$ 仅与 $t-s$ 相关，记为 $B(t-s)$，即 $B(t-s)=E\{[X(t)-m][X(s)-m]\}$，$B(t)$ 为宽平稳过程的协方差函数. 如果随机过程 $\{X(t),\ t\in T\}$ 为宽平稳过程，则 $R(t)=E\{X(s+t)X(s)\}$ 与 s 无关. 下面讨论的都是宽平稳过程，宽平稳也称为弱平稳或广义平稳.

性质 1 若 $R(\tau)$，$B(\tau)$ 是平稳过程 $\{X(t),\ t\in T\}$ 的自相关函数与协方差函数，则

$$R(0)\geqslant 0,\quad B(0)\geqslant 0,$$
$$R(-\tau)=R(\tau),\quad B(-\tau)=B(\tau),$$
$$|R(\tau)|\leqslant R(0),\quad |B(\tau)|\leqslant B(0).$$

更一般地，$R(\tau)$，$B(\tau)$ 为一个非负定函数，即对任意正整数 n，实数 $a_1, a_2, \cdots, a_n$ 及 T 中的 $t_1, t_2, \cdots, t_n$，都有

$$\sum_{i,j=1}^{n} R(t_i-t_j)a_ia_j\geqslant 0,\quad \sum_{i,j=1}^{n} B(t_i-t_j)a_ia_j\geqslant 0.$$

证 (1) 由于 $B(0)=E\{[X(0)-m]^2\}$，所以显然有 $B(0)\geqslant 0$ 成立.

(2) 根据定义有
$$\begin{aligned}B(t-s)&=E\{[X(t)-m][X(s)-m]\}\\&=E\{[X(s)-m][X(t)-m]\}\\&=B(s-t),\end{aligned}$$
所以有 $B(-\tau)=B(\tau)$，说明 $B(\tau)$ 为偶函数.

(3) 根据施瓦兹不等式有
$$\begin{aligned}\{B(\tau)\}^2&=\{E[(X(t)-m)(X(s)-m)]\}^2\\&\leqslant E[(X(t)-m)]^2E[(X(s)-m)]^2\\&=B(0)^2,\end{aligned}$$
所以 $|B(\tau)|\leqslant B(0)$.

(4)
$$\begin{aligned}\sum_{i,j=1}^{n} B(t_i-t_j)a_ia_j&=\sum_{i,j=1}^{n} E\{[X(t_i)-m][X(t_j)-m]\}a_ia_j\\&=\sum_{i=1}^{n} E\Big\{[X(t_i)-m]a_i\sum_{j=1}^{n}[X(t_j)-m]\Big\}a_j\end{aligned}$$

$$=\left\{\sum_{i=1}^{n}E[X(t_i)-m]a_i\right\}^2\geqslant 0.$$

其他结论由读者自证. 证毕.

性质 2 若平稳过程$\{X(t), t\in T\}$满足条件 $P\{X(t+T_0)=X(t)\}=1$, 则称 T_0 为平稳过程的周期. 平稳过程的周期为 T_0, 则其协方差函数的周期也为 T_0.

证 由 $P\{X(t+T_0)=X(t)\}=1$ 得

$$E\{[X(t+T_0)-X(t)]^2\}=0.$$

由柯西-施瓦兹不等式有

$$\{E[X(t)(X(t+\tau+T_0)-X(t+\tau))]\}^2$$
$$\leqslant E[X(t)]^2E[X(t+\tau+T_0)-X(t+\tau)]^2=0,$$

所以有 $R(\tau+T_0)=R(\tau)$,另一方面有

$$\begin{aligned}B(\tau)&=E\{[X(\tau)-m][X(0)-m]\}\\&=E\{X(\tau)X(0)\}-m^2\\&=R(\tau)-m^2,\end{aligned}$$

所以有 $B(\tau+T_0)=B(\tau)$. 证毕.

性质 3 设平稳过程$\{X(t), t\in T\}$, 当 τ 的绝对值充分大时, 其状态 $X(t)$与 $X(t+\tau)$独立, 则有

$$\lim_{|\tau|\to\infty}R_X(\tau)=m^2.$$

例 12-16 设平稳过程$\{X(t), t\in T\}$, 当 τ 的绝对值充分大时, 其状态 $X(t)$与 $X(t+\tau)$独立, 其相关函数为

$$R_X(\tau)=25+\frac{4}{1+6\tau^2},$$

求 $X(t)$的均值.

解 由性质 3 得

$$m^2=\lim_{|\tau|\to\infty}R_X(\tau)=25,$$

所以 $m=\pm 5$.

性质 4 $R(\tau)$,$B(\tau)$在$(-\infty, +\infty)$上连续的充分必要条件为 $R(\tau)$,$B(\tau)$在 $\tau=0$ 处连续.

这一性质很有趣, 对于平稳过程的相关函数, 只要知道在$\tau=0$处连续, 就可以得出对任意点处都连续, 一般连续函数是不具备这样的性质的(其证明超出要求范围).

12.4.2 各态历经性

在实际应用中, 确定随机过程的均值函数和自相关函数等一些数字特征是很重要的. 然而, 要求这些数字特征需要知道随机过程的一维、二维分布函数, 而这些函数一般在实际中是没有给定

的. 为了获得这些数字特征，可以通过大量的观察试验，对大量的样本函数在特定时刻的取值利用统计方法求平均来得到数字特征的估计值，这种平均称为统计平均或集平均. 例如，可以把均值和自相关函数近似地表示为

$$m \approx \frac{1}{n}\sum_{k=1}^{n} x_k(t_1),$$

$$R(t_2 - t_1) \approx \frac{1}{n}\sum_{k=1}^{n} x_k(t_1)x_k(t_2).$$

这需要对一个平稳过程重复进行大量的观察，以便获得数量很多的样本函数 $x_k(t)$，$k=1,2,\cdots,n$，这正是实际困难之所在. 但由于平稳过程的统计特性不随时间的推移而变化，于是集平均（均值与自相关函数等）可以利用一个很长的时间内观察得到的一个样本函数（曲线）的平均值来代替，这就是平稳过程的历经性问题. 一般来说，要使估计精确，应当增加试验次数，但在实际应用上，都希望试验次数越少越好，尤其是破坏性试验，不可能多做. 于是，产生这样的问题：能不能根据一次试验获得的一个样本函数来代表过程的数字特征呢？

辛钦已经证明“在具备一定的补充条件下，对平稳过程的一个样本函数取时间均值（观察时间足够长），从概率意义上趋近于该过程的统计平均值（集平均）”，对于这样的随机过程，我们说它具备各态历经性或遍历性.

随机过程的各态历经性，可以理解为随机过程的每个样本函数都同样地经历了随机过程的各种状态.

因此，从随机过程的任何一个样本函数都可以得到随机过程的全部统计信息，即任何一个样本函数的特性都可以充分地代表整个随机过程的特性.

下面首先引入随机过程的时间平均概念，然后给出各态历经过程的定义.

对随机过程 $X(t)$ 沿整个时间轴的如下两种时间平均：

$$\langle X(t)\rangle = \lim_{T\to+\infty}\frac{1}{2T}\int_{-T}^{T} X(t)\,\mathrm{d}t,$$

$$\langle X(t)X(t+\tau)\rangle = \lim_{T\to+\infty}\frac{1}{2T}\int_{-T}^{T} X(t)X(t+\tau)\,\mathrm{d}t,$$

分别称作 $X(t)$ 的时间均值和时间相关函数，它们一般都是随机变量.

定义 12-18 设 $X(t)$ 是一个平稳过程，

强化记忆：各态历经性的定义.

(1) 若 $\langle X(t)\rangle = E(X(t)) = m$ 以概率 1 成立，则称 $X(t)$ **的均值具有各态历经性.**

(2) 如果$\langle X(t)X(t+\tau)\rangle=R_X(\tau)$以概率 1 成立，则称 $X(t)$的**自相关函数具有各态历经性**.

(3) 如果 $X(t)$的均值和自相关函数都具有各态历经性，则称 $X(t)$是**各态历经过程**，或称 $X(t)$**为遍历的**.

注意，定义中"以概率 1 成立"是对过程 $X(t)$的所有样本函数来说的.

由上面的讨论可以知道，随机过程的时间平均是对给定的样本函数对 t 的积分值再取平均，显然积分值依赖于样本，因而随机过程的时间平均是个随机变量. 但对各态历经过程而言，$\langle X(t)\rangle$与$\langle X(t)X(t+\tau)\rangle$不再依赖于样本，而是以概率 1 分别等于非随机的确定量 m 和$R_X(\tau)$. 这表明各态历经过程、各样本函数的时间平均可以认为是相同的，且可用任一个样本函数的时间平均代替整个随机过程的统计平均. 于是有

$$\langle X(t)\rangle=\lim_{T\to+\infty}\frac{1}{2T}\int_{-T}^{T}x(t)\mathrm{d}t=E(X(t)),$$

$$\langle X(t)X(t+\tau)\rangle=\lim_{T\to+\infty}\frac{1}{2T}\int_{-T}^{T}x(t)x(t+\tau)\mathrm{d}t=R_X(\tau).$$

实际上，这也正是引出各态历经概念的重要目的，它给许多实际问题的解决带来很大的方便. 例如，测量接收机的噪声，用一般的方法，就需要在同一条件下对数量很多的相同接收机同时进行测量和记录，然后用统计方法计算出所需的数学期望、相关函数等数字特征. 若利用随机过程的各态历经性，则只要一部接收机，在不变的条件下，对其输出噪声做长时间的记录，然后用求时间平均的方法，即可求得数学期望和相关函数等数字特征. 由此可见，随机过程的各态历经性具有重要的实际意义. 由于实际中对随机过程的观察时间总是有限的，因而在用上式取时间平均时，只能用有限时间代替无限长的时间，这会给结果带来一定的误差.

另外，上述讨论表明各态历经过程必是平稳过程. 但是平稳过程在什么条件下才是各态历经的呢？下面讨论随机过程具有各态历经性的条件.

根据方差的性质：随机变量 X 以概率 1 等于常数的充分必要条件是 $D(X)=0$.

因此，根据定义 12-18，$X(t)$均值具有各态历经性的充分必要条件为 $D(\langle X(t)\rangle)=0$. 经计算得如下定理.

均值各态历经性的判别定理.

定理 12-7 设 $X(t)$是一个平稳过程，则它的均值具有各态历经性的充分必要条件为

$$\lim_{T\to+\infty}\frac{1}{T}\int_{0}^{2T}\left(1-\frac{\tau}{2T}\right)[R_X(\tau)-m^2]\mathrm{d}\tau=0.$$

例 12-17　已知随机电报信号过程 $X(t)$，$E(X(t))=0$，$R_X(\tau)=\mathrm{e}^{-\alpha|\tau|}$. 问 $X(t)$是否有均值各态历经性？

解　将已知条件代入定理 12-7 的条件公式，得

$$\begin{aligned}&\lim_{T\to+\infty}\frac{1}{T}\int_0^{2T}\left(1-\frac{\tau}{2T}\right)[R_X(\tau)-m^2]\mathrm{d}\tau\\=&\lim_{T\to+\infty}\frac{1}{T}\int_0^{2T}\left(1-\frac{\tau}{2T}\right)\mathrm{e}^{-\alpha|\tau|}\mathrm{d}\tau\\=&\lim_{T\to+\infty}\left(\frac{1}{\alpha T}-\frac{1-\mathrm{e}^{-2\alpha T}}{\alpha^2T^2}\right)=0.\end{aligned}$$

所以 $X(t)$是均值各态历经的.

例 12-18　设随机相位过程 $X(t)=a\cos(\omega t+A)$，其中 a 为常数，A 是在$(0,2\pi)$上服从均匀分布的随机变量. 问 $X(t)$是否为各态历经过程？

解　因为

$$E(X(t))=\int_0^{2\pi}a\cos(\omega t+A)\cdot\frac{1}{2\pi}\mathrm{d}A=0,$$

$$\begin{aligned}R_X(\tau)&=\int_0^{2\pi}a\cos(\omega t+A)a\cos(\omega t+\omega\tau+A)\cdot\frac{1}{2\pi}\mathrm{d}A\\&=\frac{a^2}{2}\cos\omega\tau,\end{aligned}$$

$$\begin{aligned}\langle X(t)\rangle&=\lim_{T\to+\infty}\frac{1}{2T}\int_{-T}^{T}a\cos(\omega t+A)\mathrm{d}t\\&=\lim_{T\to+\infty}\frac{a}{2T}\frac{\sin(\omega t+A)-\sin(-\omega t+A)}{\omega}=0,\end{aligned}$$

$$\begin{aligned}\langle X(t)X(t+\tau)\rangle&=\lim_{T\to+\infty}\frac{1}{2T}\int_{-T}^{T}X(t)X(t+\tau)\mathrm{d}t\\&=R_X(\tau).\end{aligned}$$

由于过程的均值和相关函数都具有各态历经性，所以随机过程相位是各态历经的.

定理 12-8　(自相关函数各态历经定理)　平稳过程 $X(t)$自相关函数具有各态历经性的充分必要条件为

$$\lim_{T\to+\infty}\frac{1}{T}\int_0^{2T}\left(1-\frac{\tau}{2T}\right)[A(\tau)-R_X^2(\tau_1)]\mathrm{d}\tau=0,$$

其中 $A(\tau)=E\{X(t+\tau_1+\tau)X(t+\tau_1)X(t+\tau)X(t)\}$.

在实际应用中通常讨论的是时间为 $0\leqslant t<+\infty$ 的平稳过程 $X(t)$，此时间平均和时间相关函数也需用 $X(t)$在 $0\leqslant t<+\infty$ 范围内的值做定义. 类似于定理 12-7 和定理 12-8 有下面两个定理.

定理 12-9　设$\{X(t),0\leqslant t<+\infty\}$是平稳过程，则它的均值具有各态历经性的充分必要条件为

$$\lim_{T\to+\infty}\frac{1}{T}\int_0^T\left(1-\frac{\tau}{T}\right)[R_X(\tau)-m^2]\mathrm{d}\tau=0.$$

定理 12-10 设$\{X(t),0\leqslant t<+\infty\}$是平稳过程，则它的相关函数具有各态历经性的充分必要条件为

$$\lim_{T\to+\infty}\frac{1}{T}\int_0^T\left(1-\frac{\tau}{T}\right)[A(\tau)-R_X^2(\tau_1)]\mathrm{d}\tau=0,$$

其中 $A(\tau)=E\{X(t+\tau_1+\tau)X(t+\tau_1)X(t+\tau)X(t)\}$.

12.4.3 平稳过程的功率谱密度函数

在信号与系统分析里，常常用傅里叶变换来确定一个确定的时间函数频率结构.很自然会提出这样的问题，随机信号能否进行傅里叶变换？随机信号是否也存在某种谱特性？回答是肯定的.不过，在随机过程的情况下，必须进行某种处理后，才能应用傅里叶变换这个工具.因为随机过程的样本函数不满足傅里叶变换的绝对可积条件.此外，很多随机过程的样本函数极不规则，无法用方程来描述，这样，若想直接对随机过程进行谱分解，显然是不行的.本节主要讨论平稳过程的功率谱密度以及相关函数的谱分析.

1. 确定性信号函数的功率谱密度

确定性信号时间函数 $x(t)$，$t\in(-\infty,+\infty)$. 如果 $x(t)$满足狄利克雷条件，且绝对可积，即$\int_{-\infty}^{+\infty}|x(t)|\mathrm{d}t<+\infty$，则 $x(t)$的傅里叶变换存在或者说具有频谱

$$F_x(\omega)=\int_{-\infty}^{+\infty}x(t)\mathrm{e}^{-\mathrm{i}\omega t}\mathrm{d}t.$$

$F_x(\omega)$一般是个复值函数，其傅氏逆变换为

$$x(t)=\frac{1}{2\pi}\int_{-\infty}^{+\infty}F_x(\omega)\mathrm{e}^{\mathrm{i}\omega t}\mathrm{d}t,$$

由上两式可得

$$\begin{aligned}\int_{-\infty}^{+\infty}x^2(t)\mathrm{d}t&=\int_{-\infty}^{+\infty}x(t)\frac{1}{2\pi}\int_{-\infty}^{+\infty}F_x(\omega)\mathrm{e}^{\mathrm{i}\omega t}\mathrm{d}\omega\mathrm{d}t\\&=\frac{1}{2\pi}\int_{-\infty}^{+\infty}F_x(\omega)\mathrm{d}\omega\int_{-\infty}^{+\infty}x(t)\mathrm{e}^{\mathrm{i}\omega t}\mathrm{d}t,\end{aligned}$$

$$\int_{-\infty}^{+\infty}x^2(t)\mathrm{d}t=\frac{1}{2\pi}\int_{-\infty}^{+\infty}|F_x(\omega)|^2\mathrm{d}\omega.$$

上式称为帕塞瓦尔(Parseval)等式.

若把确定性信号函数 $x(t)$看作通过 1Ω 电阻上的电流或电压，根据电学中电功率公式 $W=I^2R=U^2/R$，则帕塞瓦尔等式左边的积分表示消耗在 1Ω 电阻上的总能量.这是因为 $x^2(t)\mathrm{d}t$ 为时间$(t,t+\mathrm{d}t)$中的电功，故帕塞瓦尔等式右边积分中的被积函数$|F_X(\omega)|^2$相应地称为能谱密度.因此，帕塞瓦尔公式可理解为总能

量的谱表示式.

然而，工程技术中有许多重要时间函数总能量是无限的，不能满足傅氏变换的条件，如周期信号函数，尽管它的能量是无限的，但它的平均功率却是有限的. 为此，我们来考虑平均功率及功率谱密度.

首先，对函数 $x(t)$ 作一截尾函数

$$x_T(t)=\begin{cases} x(t), & |t|\leqslant T, \\ 0, & |t|>T. \end{cases}$$

因为 $x_T(t)$ 有限，其傅氏变换存在，于是有

$$F_x(\omega,T)=\int_{-\infty}^{+\infty} x(t)\mathrm{e}^{-\mathrm{i}\omega t}\,\mathrm{d}t=\int_{-T}^{+T} x_T(t)\mathrm{e}^{-\mathrm{i}\omega t}\,\mathrm{d}t.$$

$F_x(\omega,T)$ 一般是个复值函数，其傅氏逆变换为

$$x_T(t)=\frac{1}{2\pi}\int_{-\infty}^{+\infty} F_x(\omega,T)\mathrm{e}^{\mathrm{i}\omega t}\,\mathrm{d}\omega.$$

由帕塞瓦尔等式可得

$$\int_{-\infty}^{+\infty} x_T^2(t)\,\mathrm{d}t=\frac{1}{2\pi}\int_{-\infty}^{+\infty} |F_x(\omega,T)|^2\,\mathrm{d}\omega,$$

故

$$\lim_{T\to+\infty}\frac{1}{2T}\int_{-T}^{T} x_T^2(t)\,\mathrm{d}t=\frac{1}{2\pi}\int_{-\infty}^{+\infty}\lim_{T\to+\infty}\frac{1}{2T}|F_x(\omega,T)|^2\,\mathrm{d}\omega.$$

显然，上式左边可看作是 $x(t)$ 消耗在 1Ω 电阻上的平均功率，相应地称右边的被积函数 $\lim\limits_{T\to+\infty}\frac{1}{2T}|F_X(\omega,T)|^2$ 为功率谱密度.

以上讨论的是确定性信号函数的频谱分析，对于随机过程可做类似的分析.

2. 随机信号过程的功率谱密度

对随机过程 $X(t)$ 作截尾随机过程

$$X_T(t)=\begin{cases} X(t), & |t|\leqslant T, \\ 0, & |t|>T. \end{cases}$$

于是有傅氏变换

$$F_X(\omega,T)=\int_{-\infty}^{+\infty} X_T(t)\mathrm{e}^{-\mathrm{i}\omega t}\,\mathrm{d}t=\int_{-T}^{+T} X_T(t)\mathrm{e}^{-\mathrm{i}\omega t}\,\mathrm{d}t.$$

由帕塞瓦尔等式可得

$$\int_{-\infty}^{+\infty} X_T^2(t)\,\mathrm{d}t=\frac{1}{2\pi}\int_{-\infty}^{+\infty} |F_X(\omega,T)|^2\,\mathrm{d}\omega.$$

因为 $X(t)$ 是随机过程，故上式两边都是随机变量，要求取平均值，这时不仅要对时间区间上取平均，还要求概率意义下的统计平均，于是有

$$\lim_{T\to+\infty} E\left\{\frac{1}{2T}\int_{-T}^{T} X_T^2(t)\,\mathrm{d}t\right\}=\frac{1}{2\pi}\int_{-\infty}^{+\infty}\lim_{T\to+\infty}\frac{1}{2T}E[|F_X(\omega,T)|^2]\,\mathrm{d}\omega.$$

上式就是随机过程 $X(t)$ 平均功率和功率密度关系的表达式. 于是，我们称

$$Q=\lim_{T\to+\infty}E\left[\frac{1}{2T}\int_{-T}^{T}X_T^2(t)\mathrm{d}t\right]=\lim_{T\to+\infty}E\left[\frac{1}{2T}\int_{-T}^{T}X^2(t)\mathrm{d}t\right]$$

为 $X(t)$ 的**平均功率**. 称

$$S_X(\omega)=\lim_{T\to+\infty}\frac{1}{2T}E\mid F_X(\omega,T)\mid^2$$

为 $X(t)$ 的**功率谱密度**，简称**功率谱**或**谱密度**.

当 $X(t)$ 是平稳过程时，

$$Q=\lim_{T\to+\infty}E\left[\frac{1}{2T}\int_{-T}^{T}X_T^2(t)\mathrm{d}t\right]=E[X^2(t)]=R_X(0).$$

例 12-19 设随机过程 $X(t)=a\cos(\omega t+A)$，其中 a，ω 为常数. 求 $X(t)$ 的平均功率.

(1) 如果 A 在 $(0,2\pi)$ 上，服从均匀分布的随机变量；

(2) 如果 A 是在 $(0,\pi/2)$ 上，服从均匀分布的随机变量.

解 (1) 容易验证此随机过程是平稳过程，且自相关函数为

$$R_X(\tau)=\frac{a^2}{2}\cos\omega\tau,$$

于是 $X(t)$ 的平均功率为 $R_X(0)=\frac{a^2}{2}$.

(2) 因为

$$E[X^2(t)]=E[a^2\cos^2(\omega t+A)]=\frac{a^2}{2}-\frac{a^2}{\pi}\sin(2\omega t),$$

故此时 $X(t)$ 为非平稳过程，$X(t)$ 的平均功率为

$$Q=\lim_{T\to+\infty}\frac{1}{2T}\int_{-T}^{T}EX^2(t)\mathrm{d}t=\lim_{T\to+\infty}\frac{1}{2T}\int_{-T}^{T}\left[\frac{a^2}{2}-\frac{a^2}{\pi}\sin(2\omega t)\right]\mathrm{d}t=\frac{a^2}{2}.$$

定义 12-19 一个均值为零，功率谱密度在整个频率轴上为非零常数的平稳过程，称为**白噪声过程**，简称**白噪声**，即 $S_X(\omega)=S_0>0$.

由于白噪声过程类似于白光的性质，其能量谱在各种频率上均匀分布，故有“白”噪声之称，又由于它的主要统计特性不随时间推移而改变，故它是平稳过程. 但是它的相关函数在通常意义下的傅氏逆变换不存在. 所以，为了对白噪声过程进行频谱分析，下面引进 δ 函数的傅氏变换概念.

具有下列性质的函数称为 δ 函数.

(1) $\delta(x)=\begin{cases}0, & x\neq0,\\ \infty, & x=0;\end{cases}$ (2) $\int_{-\infty}^{+\infty}\delta(x)\mathrm{d}x=1.$

δ 函数有一个非常重要的运算性质，即对任何连续函数，有

$$\int_{-\infty}^{+\infty} f(x)\delta(x)\mathrm{d}x = f(0),\quad \int_{-\infty}^{+\infty} f(x)\delta(x-x_0)\mathrm{d}x = f(x_0),$$

由此可得

$$\int_{-\infty}^{+\infty} \delta(\tau)\mathrm{e}^{-\mathrm{i}\omega\tau}\mathrm{d}\tau = \mathrm{e}^{-\mathrm{i}\omega\tau}\Big|_{\tau=0} = 1,\quad \delta(\tau) = \frac{1}{2\pi}\int_{-\infty}^{+\infty} 1\cdot \mathrm{e}^{\mathrm{i}\omega\tau}\mathrm{d}\omega.$$

3. 功率谱密度的性质

从前面的讨论可以看到，相关函数从时间角度描述过程统计规律的最主要数字特征，而功率谱密度则是从频率角度描述过程统计规律的数字特征，二者描述的对象是一个，所以它们必定存在某种关系. 下面考虑谱密度 $S_X(\omega)$ 的性质.

性质 1 $S_X(\omega)$是 ω 的实的、非负的偶函数.

性质 2 $S_X(\omega)$和自相关函数 $R_X(\tau)$是一傅氏变换对，即

性质 2 很重要，必须牢牢记住.

$$S_X(\omega) = \int_{-\infty}^{+\infty} R_X(t)\mathrm{e}^{-\mathrm{i}\omega t}\mathrm{d}t,$$

$$R_X(\tau) = \frac{1}{2\pi}\int_{-\infty}^{+\infty} S_X(\omega)\mathrm{e}^{\mathrm{i}\omega t}\mathrm{d}t,$$

它们统称为维纳-辛钦公式.

当 $X(t)$为实平稳过程时，有

$$S_X(\omega) = 2\int_0^{+\infty} R_X(t)\cos\omega t\,\mathrm{d}t,$$

$$R_X(t) = \frac{1}{\pi}\int_0^{+\infty} S_X(\omega)\cos\omega t\,\mathrm{d}\omega.$$

性质 3 有理谱密度是实际应用中最常见的一类功率谱密度，其形式必为

$$S_X(\omega)=S_0\frac{\omega^{2n}+a_{2n-2}\omega^{2n-2}+\cdots+a}{\omega^{2m}+a_{2m-2}\omega^{2m-2}+\cdots+b},$$

式中，$S_0>0$. 上式要求有理函数的分子、分母只出现偶次项的原因是$S_X(\omega)$为偶函数，又由于要求平均功率有限，所以必须满足 $m>n$，且分母应该无实根.

例 12-20 已知平稳过程具有如下功率谱密度：

$$S_X(\omega)=\frac{1}{\omega^4+5\omega^2+4}.$$

求平稳过程的相关函数及平均功率.

表 12-2 常用平稳过程的自相关函数与谱密度函数对照表

	$R_X(\tau)$	$S_X(\omega)$
1	$\mathrm{e}^{-a\lvert\tau\rvert}$	$\dfrac{2a}{a^2+\omega^2}$
2	$\begin{cases}1-\lvert\tau\rvert/T, & \lvert\tau\rvert<T\\ 0, & \lvert\tau\rvert\geqslant T\end{cases}$	$\dfrac{4\sin(\omega T/2)}{T\omega^2}$

(续)

	$R_X(\tau)$	$S_X(\omega)$
3	$e^{-a\|\tau\|}\cos(\omega_0\tau)$	$\frac{a}{a^2+(\omega+\omega_0)^2}+\frac{a}{a^2+(\omega-\omega_0)^2}$
4	$\sin(\omega_0\tau)/\pi\tau$	$\begin{cases}1, & \|\omega\|<\omega_0\\ 0, & \|\omega\|\geqslant\omega_0\end{cases}$
5	1	$2\pi\delta(\omega)$
6	$\delta(\tau)$	1
7	$\cos(\omega_0\tau)$	$\pi[\delta(\omega-\omega_0)+\delta(\omega+\omega_0)]$

解

$$S_X(\omega)=\frac{1}{3}\left(\frac{1}{\omega^2+1}-\frac{1}{\omega^2+4}\right),$$

由表12-2可得

$$R_X(\tau)=\frac{1}{6}\left(e^{-|\tau|}-\frac{1}{2}e^{-2|\tau|}\right),$$

所以平均功率

$$Q=R_X(0)=\frac{1}{12}.$$

习题12.4

14. 平稳过程的自相关性函数为 $R_X(\tau)$，试证明：$P\{|X(t+\tau)-X(t)|\geqslant a\}\leqslant 2[R_X(0)-R_X(\tau)]/a^2$.

15. 已知平稳过程 $X(t)$ 的谱密度为 $S_X(\omega)=\frac{\omega^2+4}{\omega^4+10\omega^2+9}$，求 $X(t)$ 的自相关函数和平均功率.

16. 已知平稳过程 $X(t)$ 的自相关函数为 $R_X(\tau)=4e^{-|\tau|}\cos(\pi\tau)+\cos(3\pi\tau)$，求谱密度 $S_X(\omega)$.

17. 设 $X(t)$ 是平稳过程，而 $Y(t)=X(t)+X(t-T)$，T 为给定常数. 试证：

(1) $Y(t)$ 是平稳过程；

(2) $Y(t)$ 是谱密度 $S_Y(\omega)=2S_X(\omega)(1+\cos\omega T)$.

18. 设 $X(t)=A\cos\omega_0 t+B\sin\omega_0 t(-\infty<t<+\infty)$，$\omega_0$ 为常数，A，B 为相互独立服从 $N(0,\sigma^2)$ 的随机变量.

(1) 证明 $X(t)$ 是平稳过程；

(2) 证明 $X(t)$ 具有均值各态历经性；

(3) 求 $X(t)$ 的平均功率；

(4) 求 $X(t)$ 的谱密度函数.

附　　录

附录 A　用 EXCEL 进行统计

Office 系列软件是常用的办公软件，目前既有 Open Office 等开源软件，也有微软、金山等收费软件. Office 系列中的 EXCEL 是处理数据的常用软件，也是进行数理统计的良好工具，它具有界面友好、操作简单、易于掌握等优点. 下面仅以微软的 Office 系列中的 EXCEL 来介绍这种工具的使用.

1. 几点说明

(1)菜单的建立. EXCEL 在原安装中没有“数据分析”菜单，建立这个菜单的步骤是：由“工具”菜单中选择“加载宏”，在弹出加载宏对话框中选定“分析工具库”和“分析数据库-VBA 函数”，确定后“工具”菜单中增加了“数据分析”子菜单，它是用于统计的专门工具.

(2)数据的输入要求. 应记清变量和所输入数据间的对应关系，是按行还是按列输入的，必要时应有标志. 且同一类型变量所对应的数据必须连在一起，中间不可空行(或列)，也不可夹其他类型变量，不同类型变量间可空行(或列). 这样才能在数据分析时清楚地选取变量阵.

2. 方差分析操作

(1)单因素方差分析操作步骤：

1) 打开 EXCEL 后在选定的工作表中设定和输入方差分析数据阵(若此单元格无对应数据则该格为空)，并注意行(列)输入.

2) 选定“工具”菜单，点取“数据分析”命令，产生“数据分析”对话框，在该对话框中选择〈单因素方差分析〉项，确定后产生单因素方差分析对话框.

3) 在该对话框中填入检验的置信水平(默认为 $\alpha=0.05$)，选定分组方式(“行”方式或“列”方式)，再在数据输入区(单击红箭头处)，输入数据阵的主对角单元格代号.(用鼠标直接从数据区的左上角拖拽至右下角即可.)

4) 选择“确定”按钮，EXCEL 开始分析计算，并把结果输入到〈分析参数〉工作表，工作表中有关结果见本书第 9 章.

(2)双因素方差分析操作步骤. 讨论无重复双因素方差分析的例子(第 9 章例 9-2)，在输入数据阵后，选择“工具”菜单中的“数据分析”，在

“数据分析”对话中选择〈无重复双因素分析〉项，选定数据输入区和检验的置信水平 α，确定后可得〈分析参数〉工作表，表中“差异源”项中的“行”代表行因素分析结果，“列”代表列因素分析结果.

有重复双因素方差分析的 EXCEL 分析，注意的是输入并分清包含在每个样本中的行数. 每个样本必须包含同样的行数，即相同因素下的重复数据必须以列形式（相同的列、不同的行）输入和操作. 其他的步骤和功能与无重复双因素分析相仿.

3. 回归分析的操作步骤

（1）设定和输入回归分析数据阵，此时自变量的值应连在一起，因变量的观察值对应输入. 记清按“行”还是“列”输入的.

（2）选择“工具”菜单中的“数据分析”，在“数据分析”对话中选择〈回归〉项，选定数据 Y 与 X 输入区（若多变量时 X 为矩阵），选定检验的置信水平 α.

（3）确定后可得回归分析结果工作表，表中 R 为相关系数的绝对值，Intercept 所对应的数值为回归的线性函数的常数项，X Variable 1 所对应的数值为变量 X_1 的回归系数，X Variable 2 所对应的数值为变量 X_2 的回归系数等，X_1、X_2 的选定取决于自变量的值输入的前后次序.

附录 B 常用正交表

$L_4(2^3)$

试验号	x_1	x_2	x_3
1	1	1	1
2	1	−1	−1
3	−1	1	−1
4	−1	−1	1

$L_9(3^4)$

试验号	x_1	x_2	x_3	x_4
1	1	1	1	1
2	1	−1	−1	−1
3	1	0	0	0
4	−1	1	−1	0
5	−1	−1	0	1
6	−1	0	1	−1
7	0	1	0	−1
8	0	−1	1	0
9	0	0	−1	1

$L_8(2^7)$

试验号	x_1	x_2	x_3	x_1x_2	x_2x_3	x_1x_3	$x_1x_2x_3$
1	1	1	1	1	1	1	1
2	1	1	−1	1	−1	−1	−1
3	1	−1	1	−1	1	−1	−1
4	1	−1	−1	−1	−1	1	1
5	−1	1	1	−1	−1	1	−1
6	−1	1	−1	−1	1	−1	1
7	−1	−1	1	1	−1	−1	1
8	−1	−1	−1	1	1	1	−1

$L_{12}(2^{11})$

试验号	x_1	x_2	x_3	x_4	x_5	x_6	x_7	x_8	x_9	x_{10}	x_{11}
1	1	1	1	1	1	1	1	1	1	1	1
2	1	1	1	1	1	−1	−1	−1	−1	−1	−1
3	1	1	−1	−1	−1	1	1	1	−1	−1	−1
4	1	−1	1	−1	−1	1	−1	−1	1	1	−1
5	1	−1	−1	1	−1	−1	1	−1	1	−1	1
6	1	−1	−1	−1	1	−1	−1	1	−1	1	1
7	−1	1	−1	−1	1	1	−1	−1	1	−1	−1
8	−1	1	−1	1	−1	−1	−1	1	1	1	1
9	−1	1	1	−1	−1	−1	1	−1	−1	1	1
10	−1	−1	−1	1	1	1	1	−1	−1	1	−1
11	−1	−1	1	−1	1	−1	1	1	1	−1	−1
12	−1	−1	1	1	−1	1	−1	1	−1	−1	1

$L_{16}(2^{15})$

试验号	A	B	C	D	AB	AC	AD	BC	BD	CD	ABC	ABD	ACD	BCD	ABCD
1	1	1	1	1	1	1	1	1	1	1	1	1	1	1	1
2	1	1	1	−1	1	1	−1	1	−1	−1	1	−1	−1	−1	−1
3	1	1	−1	1	1	−1	1	−1	1	−1	−1	1	−1	−1	−1
4	1	1	−1	−1	1	−1	−1	−1	−1	1	−1	−1	1	1	1
5	1	−1	1	1	−1	1	1	−1	−1	1	−1	−1	1	−1	−1
6	1	−1	1	−1	−1	1	−1	−1	1	−1	−1	1	−1	1	1
7	1	−1	−1	1	−1	−1	1	1	−1	−1	1	−1	−1	1	1
8	1	−1	−1	−1	−1	−1	−1	1	1	1	1	1	1	−1	−1
9	−1	1	1	1	−1	−1	−1	1	1	1	−1	−1	−1	1	−1
10	−1	1	1	−1	−1	−1	1	1	−1	−1	−1	1	1	−1	1
11	−1	1	−1	1	−1	1	−1	−1	1	−1	1	−1	1	−1	1
12	−1	1	−1	−1	−1	1	1	−1	−1	1	1	1	−1	1	−1
13	−1	−1	1	1	1	−1	−1	−1	−1	1	1	1	−1	−1	1
14	−1	−1	1	−1	1	−1	1	−1	1	−1	1	−1	1	1	−1
15	−1	−1	−1	1	1	1	−1	1	−1	−1	−1	1	1	1	−1
16	−1	−1	−1	−1	1	1	1	1	1	1	−1	−1	−1	−1	1

附　　表

附表 1　标准正态分布函数值表

$$\Phi(x)=\int_{-\infty}^{x}\frac{1}{\sqrt{2\pi}}e^{-u^2/2}\mathrm{d}u=P\{X\leqslant x\}$$

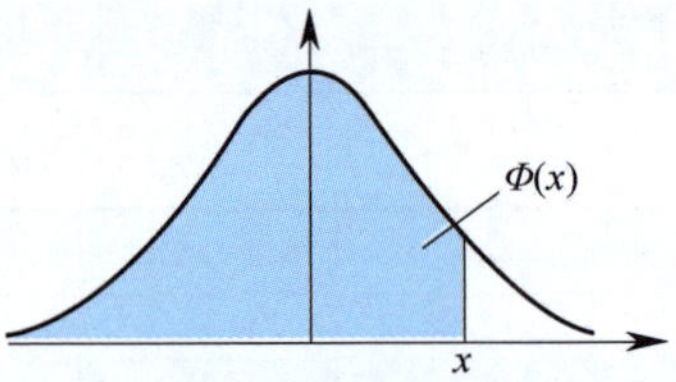

x	0	1	2	3	4	5	6	7	8	9
0.0	0.5000	0.5040	0.5080	0.5120	0.5160	0.5199	0.5239	0.5279	0.5319	0.5359
0.1	0.5398	0.5438	0.5478	0.5517	0.5557	0.5596	0.5636	0.5675	0.5714	0.5753
0.2	0.5793	0.5832	0.5871	0.5910	0.5948	0.5987	0.6026	0.6064	0.6103	0.6141
0.3	0.6179	0.6217	0.6255	0.6293	0.6331	0.6368	0.6406	0.6443	0.6480	0.6517
0.4	0.6554	0.6591	0.6628	0.6664	0.6700	0.6736	0.6772	0.6808	0.6844	0.6879
0.5	0.6915	0.6950	0.6985	0.7019	0.7054	0.7088	0.7123	0.7157	0.7190	0.7224
0.6	0.7257	0.7291	0.7324	0.7357	0.7389	0.7422	0.7454	0.7486	0.7517	0.7549
0.7	0.7580	0.7611	0.7642	0.7673	0.7703	0.7734	0.7764	0.7794	0.7823	0.7852
0.8	0.7881	0.7910	0.7939	0.7967	0.7995	0.8023	0.8051	0.8078	0.8106	0.8133
0.9	0.8159	0.8186	0.8212	0.8238	0.8264	0.8289	0.8315	0.8340	0.8365	0.8389
1.0	0.8413	0.8438	0.8461	0.8485	0.8508	0.8531	0.8554	0.8577	0.8599	0.8621
1.1	0.8643	0.8665	0.8686	0.8708	0.8729	0.8749	0.8770	0.8790	0.8810	0.8830
1.2	0.8849	0.8869	0.8888	0.8907	0.8925	0.8944	0.8962	0.8980	0.8997	0.9015
1.3	0.9032	0.9049	0.9066	0.9082	0.9099	0.9115	0.9131	0.9147	0.9162	0.9177
1.4	0.9192	0.9207	0.9222	0.9236	0.9251	0.9265	0.9278	0.9292	0.9306	0.9319
1.5	0.9332	0.9345	0.9357	0.9370	0.9382	0.9394	0.9406	0.9418	0.9430	0.9441
1.6	0.9452	0.9463	0.9474	0.9484	0.9495	0.9505	0.9515	0.9525	0.9535	0.9545
1.7	0.9554	0.9564	0.9573	0.9582	0.9591	0.9599	0.9608	0.9616	0.9625	0.9633
1.8	0.9641	0.9648	0.9656	0.9664	0.9671	0.9678	0.9686	0.9693	0.9700	0.9706
1.9	0.9713	0.9719	0.9726	0.9732	0.9738	0.9744	0.9750	0.9756	0.9762	0.9767
2.0	0.9772	0.9778	0.9783	0.9788	0.9793	0.9798	0.9803	0.9808	0.9812	0.9817
2.1	0.9821	0.9826	0.9830	0.9834	0.9838	0.9842	0.9846	0.9850	0.9854	0.9857
2.2	0.9861	0.9864	0.9868	0.9871	0.9874	0.9878	0.9881	0.9884	0.9887	0.9890
2.3	0.9893	0.9896	0.9898	0.9901	0.9904	0.9906	0.9909	0.9911	0.9913	0.9916
2.4	0.9918	0.9920	0.9922	0.9925	0.9927	0.9929	0.9931	0.9932	0.9934	0.9936
2.5	0.9938	0.9940	0.9941	0.9943	0.9945	0.9946	0.9948	0.9949	0.9951	0.9952
2.6	0.9953	0.9955	0.9956	0.9957	0.9959	0.9960	0.9961	0.9962	0.9963	0.9964
2.7	0.9965	0.9966	0.9967	0.9968	0.9969	0.9970	0.9971	0.9972	0.9973	0.9974
2.8	0.9974	0.9975	0.9976	0.9977	0.9977	0.9978	0.9979	0.9979	0.9980	0.9981
2.9	0.9981	0.9982	0.9982	0.9983	0.9984	0.9984	0.9985	0.9985	0.9986	0.9986
3.0	0.9987	0.9990	0.9993	0.9995	0.9997	0.9998	0.9998	0.9999	0.9999	1.0000

注：表中末行系函数值 $\Phi(3.0)$，$\Phi(3.1)$，…，$\Phi(3.9)$.

附表 2　泊松分布表

$$1-F(x-1)=\sum_{k=0}^{\infty}\frac{e^{-\lambda}\lambda^{k}}{k!}$$

x	λ=0.2	λ=0.3	λ=0.4	λ=0.5	λ=0.6
0	1.0000000	1.0000000	1.0000000	1.0000000	1.0000000
1	0.1812692	0.2591818	0.3296800	0.323469	0.451188
2	0.0175231	0.0369363	0.0615519	0.090204	0.121901
3	0.0011485	0.0035995	0.0079263	0.014388	0.023115
4	0.0000568	0.0002658	0.0007763	0.001752	0.003358
5	0.0000023	0.0000158	0.0000612	0.000172	0.000394
6	0.0000001	0.0000008	0.0000040	0.000014	0.000039
7			0.0000002	0.000001	0.000003

x	λ=0.7	λ=0.8	λ=0.9	λ=1.0	λ=1.2
0	1.0000000	1.0000000	1.0000000	1.0000000	1.0000000
1	0.503415	0.550671	0.593430	0.632121	0.337373
2	0.155805	0.191208	0.227518	0.264241	0.337373
3	0.034142	0.047423	0.062857	0.080301	0.120513
4	0.005753	0.009080	0.013459	0.018988	0.033769
5	0.000786	0.001411	0.002344	0.003660	0.007746
6	0.000090	0.000184	0.000343	0.000594	0.001500
7	0.000009	0.000021	0.000043	0.000083	0.000251
8	0.000001	0.000002	0.000005	0.000010	0.000037
9				0.000001	0.000005
10					0.000001

x	λ=1.4	λ=1.6	λ=1.8		
0	1.0000000	1.0000000	1.0000000		
1	0.753403	0.798103	0.834701		
2	0.408167	0.475069	0.537163		
3	0.166502	0.216642	0.269379		
4	0.053725	0.078813	0.108708		
5	0.014253	0.023682	0.036407		
6	0.003201	0.006040	0.010378		
7	0.000622	0.001336	0.002569		
8	0.000107	0.000260	0.000562		
9	0.000016	0.000045	0.000110		
10	0.000002	0.000007	0.000019		
11		0.000001	0.000003		

x	λ=2.5	λ=3.0	λ=3.5	λ=4.0	λ=4.5	λ=5.0
0	1.0000000	1.0000000	1.0000000	1.0000000	1.0000000	1.0000000
1	0.917915	0.950213	0.969803	0.981684	0.988891	0.993262
2	0.712703	0.800852	0.864112	0.908422	0.938901	0.959572
3	0.456187	0.576810	0.679153	0.761897	0.826422	0.875348

（续）

x	$\lambda=2.5$	$\lambda=3.0$	$\lambda=3.5$	$\lambda=4.0$	$\lambda=4.5$	$\lambda=5.0$
4	0.242424	0.352768	0.463367	0.566530	0.657704	0.734974
5	0.108822	0.184737	0.274555	0.371163	0.467896	0.559507
6	0.042021	0.083918	0.142386	0.214870	0.297070	0.384039
7	0.014187	0.033509	0.065288	0.110674	0.168949	0.237817
8	0.004247	0.011905	0.026739	0.051134	0.086586	0.133372
9	0.001140	0.003803	0.009874	0.021363	0.040257	0.068094
10	0.000277	0.001102	0.003315	0.008132	0.017093	0.031828
11	0.000062	0.000292	0.001019	0.002840	0.006669	0.013695
12	0.000013	0.000071	0.000289	0.000915	0.002404	0.005453
13	0.000002	0.000016	0.000076	0.000274	0.000805	0.002019
14		0.000003	0.000019	0.000076	0.000252	0.000698
15		0.000001	0.000004	0.000020	0.000074	0.000226
16			0.000001	0.000005	0.000020	0.000069
17				0.000001	0.000005	0.000020
18					0.000001	0.000005
19						0.000001

附表3　*t* 分布表

$P\{t(n)>t_\alpha(n)\}=\alpha$

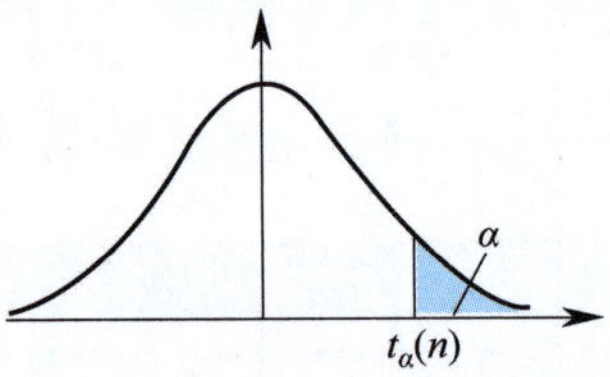

n	$\alpha=0.25$	0.10	0.05	0.025	0.01	0.005
1	1.0000	3.0777	6.3138	12.7062	31.8207	63.6574
2	0.8165	1.8856	2.9200	4.3027	6.9646	9.9248
3	0.7649	1.6377	2.3534	3.1824	4.5407	5.8409
4	0.7407	1.5332	2.1318	2.7764	3.7469	4.6041
5	0.7267	1.4759	2.0150	2.5706	3.3649	4.0322
6	0.7176	1.4398	1.9432	2.4469	3.1427	3.7074
7	0.7111	1.4149	1.8946	2.3646	2.9980	3.4995
8	0.7064	1.3968	1.8595	2.3060	2.8965	3.3554
9	0.7027	1.3830	1.8331	2.2622	2.8214	3.2498
10	0.6998	1.3722	1.8125	2.2281	2.7638	3.1693
11	0.6974	1.3634	1.7959	2.2010	2.7181	3.1058
12	0.6955	1.3562	1.7823	2.1788	2.6810	3.0545
13	0.6938	1.3502	1.7709	2.1604	2.6503	3.0123
14	0.6924	1.3450	1.7613	2.1448	2.6245	2.9768

（续）

n	$\alpha=0.25$	0.10	0.05	0.025	0.01	0.005
15	0.6912	1.3406	1.7531	2.1315	2.6025	2.9467
16	0.6901	1.3368	1.7459	2.1199	2.5835	2.9208
17	0.6892	1.3334	1.7396	2.1098	2.5669	2.8982
18	0.6884	1.3304	1.7341	2.1009	2.5524	2.8784
19	0.6876	1.3277	1.7291	2.0930	2.5395	2.8609
20	0.6870	1.3253	1.7247	2.0860	2.5280	2.8453
21	0.6864	1.3232	1.7207	2.0796	2.5177	2.8314
22	0.6858	1.3212	1.7171	2.0739	2.5083	2.8188
23	0.6853	1.3195	1.7139	2.0687	2.4999	2.8073
24	0.6848	1.3178	1.7109	2.0639	2.4922	2.7969
25	0.6844	1.3163	1.7081	2.0595	2.4851	2.7874
26	0.6840	1.3150	1.7056	2.0555	2.4786	2.7787
27	0.6837	1.3137	1.7033	2.0518	2.4727	2.7707
28	0.6834	1.3125	1.7011	2.0484	2.4671	2.7633
29	0.6830	1.3114	1.6991	2.0452	2.4620	2.7564
30	0.6828	1.3104	1.6973	2.0423	2.4573	2.7500
31	0.6825	1.3095	1.6955	2.0395	2.4528	2.7440
32	0.6822	1.3086	1.6939	2.0369	2.4487	2.7385
33	0.6820	1.3077	1.6924	2.0345	2.4448	2.7333
34	0.6818	1.3070	1.6909	2.0322	2.4411	2.7284
35	0.6816	1.3062	1.6896	2.0301	2.4377	2.7238
36	0.6814	1.3055	1.6883	2.0281	2.4345	2.7195
37	0.6812	1.3049	1.6871	2.0262	2.4314	2.7154
38	0.6810	1.3042	1.6860	2.0244	2.4286	2.7116
39	0.6808	1.3036	1.6849	2.0227	2.4258	2.7079
40	0.6807	1.3031	1.6839	2.0211	2.4233	2.7045
41	0.6805	1.3025	1.6829	2.0195	2.4208	2.7012
42	0.6804	1.3020	1.6820	2.0181	2.4185	2.6881
43	0.6802	1.3016	1.6811	2.0167	2.4163	2.6951
44	0.6801	1.3011	1.6802	2.0154	2.4141	2.6923
45	0.6800	1.3006	1.6794	2.0141	2.4121	2.6896

附表 4　χ^2 分布表

$P\{\chi^2(n)>\chi^2_\alpha(n)\}=\alpha$

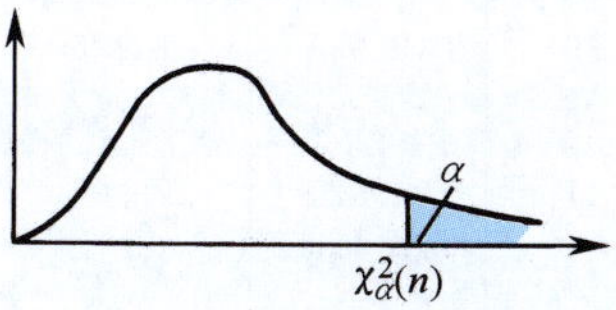

n	$\alpha=0.995$	0.99	0.975	0.95	0.90	0.75
1	—	—	0.001	0.004	0.016	0.102
2	0.010	0.020	0.051	0.103	0.211	0.575

（续）

n	α=0.995	0.99	0.975	0.95	0.90	0.75
3	0.072	0.115	0.216	0.352	0.584	1.213
4	0.207	0.297	0.484	0.711	1.064	1.923
5	0.412	0.554	0.831	1.145	1.610	2.675
6	0.676	0.872	1.237	1.635	2.204	3.455
7	0.989	1.239	1.690	2.167	2.833	4.255
8	1.344	1.646	2.180	2.733	3.490	5.071
9	1.735	2.088	2.700	3.325	4.168	5.899
10	2.156	2.558	3.247	3.940	4.865	6.737
11	2.603	3.053	3.816	4.575	5.578	7.584
12	3.074	3.571	4.404	5.226	6.304	8.438
13	3.565	4.107	5.009	5.892	7.042	9.299
14	4.075	4.660	5.629	6.571	7.790	10.165
15	4.601	5.229	6.262	7.261	8.547	11.037
16	5.142	5.812	6.908	7.962	9.312	11.912
17	5.697	6.408	7.564	9.672	10.085	12.792
18	6.265	7.015	8.231	9.390	10.865	13.675
19	6.844	7.633	8.907	10.117	11.651	14.562
20	7.434	8.260	9.591	10.851	12.443	15.452
21	8.034	8.897	10.283	11.591	13.240	16.344
22	8.643	9.542	10.982	12.338	14.042	17.240
23	9.260	10.196	11.689	13.091	14.848	18.137
24	9.886	10.856	12.401	13.848	15.659	19.037
25	10.520	11.524	13.120	14.611	16.473	19.939
26	11.160	12.198	13.844	15.379	17.292	20.843
27	11.808	12.879	14.573	16.151	18.114	21.749
28	12.461	13.565	15.308	16.928	18.939	22.657
29	13.121	14.257	16.047	17.708	19.768	23.567
30	13.787	14.954	16.791	18.493	20.599	24.478
31	14.458	15.655	17.539	19.281	21.434	25.390
32	15.134	16.362	18.291	20.072	22.271	26.304
33	15.815	17.074	19.047	20.867	23.110	27.219
34	16.501	17.789	19.806	21.664	23.952	28.136
35	17.192	18.509	20.569	22.465	24.797	29.054
36	17.887	19.233	21.336	23.269	25.643	29.973
37	18.586	19.960	22.106	24.075	26.492	30.893
38	19.289	20.691	22.878	24.884	27.343	31.815
39	19.996	21.426	23.654	25.695	28.196	32.737
40	20.707	22.164	24.433	26.509	29.051	33.660
41	21.421	22.906	25.215	27.326	29.907	34.585
42	22.138	23.650	25.999	28.144	30.765	35.510
43	22.859	24.398	26.785	28.965	31.625	36.436
44	23.584	25.148	27.575	29.787	32.487	37.363
45	24.311	25.901	28.366	30.612	33.350	38.291

（续）

n	$\alpha=0.25$	0.10	0.05	0.025	0.01	0.005
1	1.323	2.706	3.841	5.024	6.635	7.879
2	2.773	4.605	5.991	7.378	9.210	10.597
3	4.108	6.251	7.815	9.348	11.345	12.838
4	5.385	7.779	9.488	11.143	13.277	14.860
5	6.626	9.236	11.071	12.833	15.086	16.750
6	7.841	10.645	12.592	12.449	16.812	18.548
7	9.037	12.017	14.067	16.013	18.475	20.278
8	10.219	13.362	15.507	17.535	20.090	21.955
9	11.389	14.684	16.919	19.023	21.666	23.589
10	12.549	15.987	18.307	20.483	23.209	25.188
11	13.701	12.275	19.675	21.920	24.725	26.757
12	14.845	17.275	19.675	21.920	24.725	26.757
13	14.845	18.549	21.026	23.337	26.217	28.299
14	17.117	21.064	23.685	26.119	29.141	31.319
15	18.245	22.307	24.996	27.488	30.578	32.801
16	19.369	23.542	26.296	28.845	32.000	34.267
17	20.489	24.769	27.587	30.191	33.409	35.718
18	21.605	25.989	28.869	31.526	34.805	37.156
19	22.718	27.204	30.144	32.852	36.191	38.582
20	23.828	28.412	31.410	34.170	37.566	39.997
21	24.935	29.615	32.671	35.479	38.932	41.401
22	26.039	30.813	33.924	36.781	40.289	42.796
23	27.141	32.007	35.172	38.076	41.638	44.181
24	28.241	33.196	36.415	39.364	42.980	45.559
25	29.339	34.382	27.652	40.646	44.314	46.928
26	30.435	35.563	38.885	41.923	45.642	48.290
27	31.528	36.741	40.113	43.194	46.963	49.645
28	32.620	37.916	41.337	44.461	48.278	50.993
29	33.711	39.087	42.557	45.722	49.588	52.336
30	34.800	40.256	43.773	46.979	50.892	53.672
31	35.887	41.422	44.985	48.232	52.191	55.003
32	36.973	42.585	46.194	49.480	53.486	56.328
33	38.058	43.745	47.400	50.725	54.776	57.648
34	39.141	44.903	48.602	51.966	56.061	58.964
35	40.223	46.059	49.802	53.203	57.342	60.275
36	41.304	47.212	50.998	54.437	58.619	61.581
37	42.383	48.363	52.192	55.668	59.892	62.883
38	43.462	49.513	53.384	56.896	61.162	64.181
39	44.539	50.660	54.572	58.120	62.428	65.476
40	45.616	51.805	55.758	59.342	63.691	66.766
41	46.692	52.949	56.942	60.561	64.950	68.053
42	47.766	54.090	58.124	61.777	66.206	69.336
43	48.840	55.230	59.304	62.990	67.459	70.616
44	49.913	56.369	60.481	64.201	68.710	71.893
45	50.985	57.505	61.656	65.410	69.957	73.166

附表 5　F 分布表

$$P\{F(n_1,n_2)>F_\alpha(n_1,n_2)\}=\alpha$$

$$\alpha=0.10$$

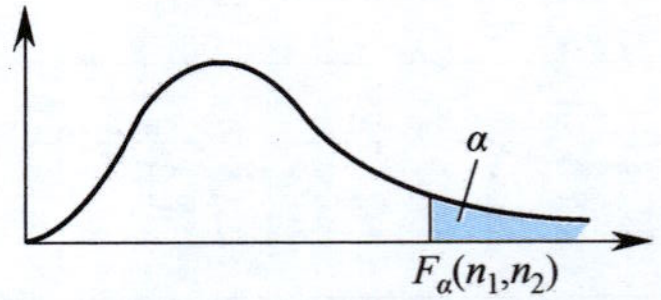

n_2 \ n_1	1	2	3	4	5	6	7	8	9	10	12	15	20	24	30	40	60	120	∞
1	39.86	49.50	53.59	55.83	57.24	58.20	58.91	59.44	59.86	60.19	60.71	61.22	61.74	62.00	62.26	62.53	62.79	63.06	63.33
2	8.53	9.00	9.16	9.24	9.29	9.33	9.35	9.37	9.38	9.39	9.41	9.42	9.44	9.45	9.46	9.47	9.47	9.48	9.49
3	5.54	5.46	5.39	5.34	5.31	5.28	5.27	5.25	5.24	5.23	5.22	5.20	5.18	5.18	5.17	5.16	5.15	5.14	5.13
4	4.54	4.32	4.19	4.11	4.05	4.01	3.98	3.95	3.94	3.92	3.90	3.87	3.84	3.83	3.82	3.80	3.79	3.78	4.76
5	4.06	3.78	3.62	3.52	3.45	3.40	3.37	3.34	3.32	3.30	3.27	3.24	3.21	3.19	3.17	3.16	3.14	3.12	3.10
6	3.78	3.46	3.29	3.18	3.11	3.05	3.01	2.98	2.96	2.94	2.90	2.87	2.84	2.82	2.80	2.78	2.76	2.74	2.72
7	3.59	3.26	3.07	2.96	2.88	2.83	2.78	2.75	2.72	2.70	2.67	2.63	2.59	2.58	2.56	2.54	2.51	2.49	2.47
8	3.46	3.11	2.92	2.81	2.73	2.67	2.62	2.59	2.56	2.54	2.50	2.46	2.42	2.40	2.38	2.36	2.34	2.32	2.29
9	3.36	3.01	2.81	2.69	2.61	2.55	2.51	2.47	2.44	2.42	2.38	2.34	2.30	2.28	2.25	2.23	2.21	2.18	2.16
10	3.29	2.92	2.73	2.61	2.52	2.46	2.41	2.38	2.35	2.32	2.28	2.24	2.20	2.18	2.16	2.13	2.11	2.08	2.06
11	3.23	2.86	2.66	2.54	2.45	2.39	2.34	2.30	2.27	2.25	2.21	2.17	2.12	2.10	2.08	2.05	2.03	2.00	1.97
12	3.18	2.81	2.61	2.48	2.39	2.33	2.28	2.24	2.21	2.19	2.15	2.10	2.06	2.04	2.01	1.99	1.96	1.93	1.90
13	3.14	2.76	2.56	2.43	2.35	2.28	2.23	2.20	2.16	2.14	2.10	2.05	2.01	1.98	1.96	1.93	1.90	1.88	1.85
14	3.10	2.73	2.52	2.39	2.31	2.24	2.19	2.15	2.12	2.10	2.05	2.01	1.96	1.94	1.91	1.89	1.86	1.83	1.80
15	3.07	2.70	2.49	2.36	2.27	2.21	2.16	2.12	2.09	2.06	2.02	1.97	1.92	1.90	1.87	1.85	1.82	1.79	1.76

16	3.05	2.67	2.46	2.33	2.24	2.18	2.13	2.09	2.06	2.03	1.99	1.94	1.89	1.87	1.84	1.81	1.78	1.75	1.72
17	3.03	2.64	2.44	2.31	2.22	2.15	2.10	2.06	2.03	2.00	1.96	1.91	1.86	1.84	1.81	1.78	1.75	1.72	1.69
18	3.01	2.62	2.42	2.29	2.20	2.13	2.08	2.04	2.00	1.98	1.93	1.89	1.84	1.81	1.78	1.75	1.72	1.69	1.66
19	2.99	2.61	2.40	2.27	2.18	2.11	2.06	2.02	1.98	1.96	1.91	1.86	1.81	1.79	1.76	1.73	1.70	1.67	1.63
20	2.97	2.59	2.38	2.25	2.16	2.09	2.04	2.00	1.96	1.94	1.89	1.84	1.79	1.77	1.74	1.71	1.68	1.64	1.61
21	2.96	2.57	2.36	2.23	2.14	2.08	2.02	1.98	1.95	1.92	1.87	1.83	1.78	1.75	1.72	1.69	1.66	1.62	1.59
22	2.95	2.56	2.35	2.22	2.13	2.06	2.01	1.97	1.93	1.90	1.86	1.81	1.76	1.73	1.70	1.67	1.64	1.60	1.57
23	2.94	2.55	2.34	2.21	2.11	2.05	1.99	1.95	1.92	1.89	1.84	1.80	1.74	1.72	1.69	1.66	1.62	1.59	1.55
24	2.93	2.54	2.33	2.19	2.10	2.04	1.98	1.94	1.91	1.88	1.83	1.78	1.73	1.70	1.67	1.64	1.61	1.57	1.53
25	2.92	2.53	2.32	2.18	2.09	2.02	1.97	1.93	1.89	1.87	1.82	1.77	1.72	1.69	1.66	1.63	1.59	1.56	1.52
26	2.91	2.52	2.31	2.17	2.08	2.01	1.96	1.92	1.88	1.86	1.81	1.76	1.71	1.68	1.65	1.61	1.58	1.54	1.50
27	2.90	2.51	2.30	2.17	2.07	2.00	1.95	1.91	1.87	1.85	1.80	1.75	1.70	1.67	1.64	1.60	1.57	1.53	1.49
28	2.89	2.50	2.29	2.16	2.06	2.00	1.94	1.90	1.87	1.84	1.79	1.74	1.69	1.66	1.63	1.59	1.56	1.52	1.48
29	2.89	2.50	2.28	2.15	2.06	1.99	1.93	1.89	1.86	1.83	1.78	1.73	1.68	1.65	1.62	1.58	1.55	1.51	1.47
30	2.88	2.49	2.28	2.14	2.05	1.98	1.93	1.88	1.85	1.82	1.77	1.72	1.67	1.64	1.61	1.57	1.54	1.50	1.46
40	2.84	2.44	2.23	2.09	2.00	1.93	1.87	1.83	1.79	1.76	1.71	1.66	1.61	1.57	1.54	1.51	1.47	1.42	1.38
60	2.79	2.39	2.18	2.04	1.95	1.87	1.82	1.77	1.74	1.71	1.66	1.60	1.54	1.51	1.48	1.44	1.40	1.35	1.29
120	2.75	2.35	2.13	1.99	1.90	1.82	1.77	1.72	1.68	1.65	1.60	1.55	1.48	1.45	1.41	1.37	1.32	1.26	1.19
∞	2.71	2.30	2.08	1.94	1.85	1.77	1.72	1.67	1.63	1.60	1.55	1.49	1.42	1.38	1.34	1.30	1.24	1.17	1.00

$\alpha=0.05$

（续）

n_2 \ n_1	1	2	3	4	5	6	7	8	9	10	12	15	20	24	30	40	60	120	∞
1	161.4	199.5	215.7	224.6	230.2	234.0	236.8	238.9	240.5	241.9	243.9	245.9	248.0	249.1	250.1	251.1	252.2	253.3	254.3
2	18.51	19.00	19.16	19.25	19.30	19.33	19.35	19.37	19.38	19.40	19.41	19.43	19.45	19.45	19.46	19.47	19.48	19.49	19.50
3	10.13	9.55	9.28	9.12	9.01	8.94	8.89	8.85	8.81	8.79	8.74	8.70	8.66	8.64	8.62	8.59	8.57	8.55	8.53
4	7.71	6.94	6.59	6.39	6.26	6.16	6.09	6.04	6.00	5.96	5.91	5.86	5.80	5.77	5.75	5.72	5.69	5.66	5.63
5	6.61	5.79	5.41	5.19	5.05	4.95	4.88	4.82	4.77	4.74	4.68	4.62	4.56	4.53	4.50	4.46	4.43	4.40	4.36
6	5.99	5.14	4.76	4.53	4.39	4.28	4.21	4.15	4.10	4.06	4.00	3.94	3.87	3.84	3.81	3.77	3.74	3.70	3.67
7	5.59	4.74	4.35	4.12	3.97	3.87	3.79	3.73	3.68	3.64	3.57	3.51	3.44	3.41	3.38	3.34	3.30	3.27	3.23
8	5.32	4.46	4.07	3.84	3.69	3.58	3.50	3.44	3.39	3.35	3.28	3.22	3.15	3.12	3.08	3.04	3.01	2.97	2.93
9	5.12	4.26	3.86	3.63	3.48	3.37	3.29	3.23	3.18	3.14	3.07	3.01	2.94	2.90	2.86	2.83	2.79	2.75	2.71
10	4.96	4.10	3.71	3.48	3.33	3.22	3.14	3.07	3.02	2.98	2.91	2.85	2.77	2.74	2.70	2.66	2.62	2.58	2.54
11	4.84	3.98	3.59	3.36	3.20	3.09	3.01	2.95	2.90	2.85	2.79	2.72	2.65	2.61	2.57	2.53	2.49	2.45	2.40
12	4.75	3.89	3.49	3.26	3.11	3.00	2.91	2.85	2.80	2.75	2.69	2.62	2.54	2.51	2.47	2.43	2.38	2.34	2.30
13	4.67	3.81	3.41	3.18	3.03	2.92	2.83	2.77	2.71	2.67	2.60	2.53	2.46	2.42	2.38	2.34	2.30	2.25	2.21
14	4.60	3.74	3.34	3.11	2.96	2.85	2.76	2.70	2.65	2.60	2.53	2.46	2.39	2.35	2.31	2.27	2.22	2.18	2.13
15	4.54	3.68	3.29	3.06	2.90	2.79	2.71	2.64	2.59	2.54	2.48	2.40	2.33	2.29	2.25	2.20	2.16	2.11	2.07
16	4.49	3.63	3.24	3.01	2.85	2.74	2.66	2.59	2.54	2.49	2.42	2.35	2.28	2.24	2.19	2.15	2.11	2.06	2.01

17	4.45	3.59	3.20	2.96	2.81	2.70	2.61	2.55	2.49	2.45	2.38	2.31	2.23	2.19	2.15	2.10	2.06	2.01	1.96
18	4.41	3.55	3.16	2.93	2.77	2.66	2.58	2.51	2.46	2.41	2.34	2.27	2.19	2.15	2.11	2.06	2.02	1.97	1.92
19	4.38	3.52	3.13	2.90	2.74	2.63	2.54	2.48	2.42	2.38	2.31	2.23	2.16	2.11	2.07	2.03	1.98	1.93	1.88
20	4.35	3.49	3.10	2.87	2.71	2.60	2.51	2.45	2.39	2.35	2.28	2.20	2.12	2.08	2.04	1.99	1.95	1.90	1.84
21	4.32	3.47	3.07	2.84	2.68	2.57	2.49	2.42	2.37	2.32	2.25	2.18	2.10	2.05	2.01	1.96	1.92	1.87	1.81
22	4.30	3.44	3.05	2.82	2.66	2.55	2.46	2.40	2.34	2.30	2.23	2.15	2.07	2.03	1.98	1.94	1.89	1.84	1.78
23	4.28	3.42	3.03	2.80	2.64	2.53	2.44	2.37	2.32	2.27	2.20	2.13	2.05	2.01	1.96	1.91	1.86	1.81	1.76
24	4.26	3.40	3.01	2.78	2.62	2.51	2.42	2.36	2.30	2.25	2.18	2.11	2.03	1.98	1.94	1.89	1.84	1.79	1.73
25	4.24	3.39	2.99	2.76	2.60	2.49	2.40	2.34	2.28	2.24	2.16	2.09	2.01	1.96	1.92	1.87	1.82	1.77	1.71
26	4.23	3.37	2.98	2.74	2.59	2.47	2.39	2.32	2.27	2.22	2.15	2.07	1.99	1.95	1.90	1.85	1.80	1.75	1.69
27	4.21	3.35	2.96	2.73	2.57	2.46	2.37	2.31	2.25	2.20	2.13	2.06	1.97	1.93	1.88	1.84	1.79	1.73	1.67
28	4.20	3.34	2.95	2.71	2.56	2.45	2.36	2.29	2.24	2.19	2.12	2.04	1.96	1.91	1.87	1.82	1.77	1.71	1.65
29	4.18	3.33	2.93	2.70	2.55	2.43	2.35	2.28	2.22	2.18	2.10	2.03	1.94	1.90	1.85	1.81	1.75	1.70	1.64
30	4.17	3.32	2.92	2.69	2.53	2.42	2.33	2.27	2.21	2.16	2.09	2.01	1.93	1.89	1.84	1.79	1.74	1.68	1.62
40	4.08	3.23	2.84	2.61	2.45	2.34	2.25	2.18	2.12	2.08	2.00	1.92	1.84	1.79	1.74	1.69	1.64	1.58	1.51
60	4.00	3.15	2.76	2.53	2.37	2.25	2.17	2.10	2.04	1.99	1.92	1.84	1.75	1.70	1.65	1.59	1.53	1.47	1.39
120	3.92	3.07	2.68	2.45	2.29	2.17	2.09	2.02	1.96	1.91	1.83	1.75	1.66	1.61	1.55	1.50	1.43	1.35	1.25
∞	3.84	3.00	2.60	2.37	2.21	2.10	2.01	1.94	1.88	1.83	1.75	1.67	1.57	1.52	1.46	1.39	1.32	1.22	1.00

(续)

$\alpha=0.025$

n_2 \ n_1	1	2	3	4	5	6	7	8	9	10	12	15	20	24	30	40	60	120	∞
1	647.8	799.5	864.2	899.6	921.8	937.1	948.2	956.7	963.3	968.6	976.7	984.9	993.1	997.2	1001	1006	1010	1014	1018
2	38.51	39.00	39.17	39.25	39.30	39.33	39.36	39.37	39.39	39.40	39.41	39.43	39.45	39.46	39.46	39.47	39.48	39.49	39.50
3	17.44	16.04	15.44	15.10	14.88	14.73	14.62	14.54	14.47	14.42	14.34	14.25	14.17	14.12	14.08	14.04	13.99	13.95	13.90
4	12.22	10.65	9.98	9.60	9.36	9.20	9.07	8.98	8.90	8.84	8.75	8.66	8.56	8.51	8.46	8.41	8.36	8.31	8.26
5	10.01	8.43	7.76	7.39	7.15	6.98	6.85	6.76	6.68	6.62	6.52	6.43	6.33	6.28	6.23	6.18	6.12	6.07	6.02
6	8.81	7.26	6.60	6.23	5.99	5.82	5.70	5.60	5.52	5.46	5.37	5.27	5.17	5.12	5.07	5.01	4.96	4.90	4.85
7	8.07	6.54	5.89	5.52	5.29	5.12	4.99	4.90	4.82	4.76	4.67	4.57	4.47	4.42	4.36	4.31	4.25	4.20	4.14
8	7.57	6.06	5.42	5.05	4.82	4.65	4.53	4.43	4.36	4.30	4.20	4.10	4.00	3.95	3.89	3.84	3.78	3.73	3.67
9	7.21	5.71	5.08	4.72	4.48	4.23	4.20	4.10	4.03	3.96	3.87	3.77	3.67	3.61	3.56	3.51	3.45	3.39	3.33
10	6.94	5.46	4.83	4.47	4.24	4.07	3.95	3.85	3.78	3.72	3.62	3.52	3.42	3.37	3.31	3.26	3.20	3.14	3.081
11	6.72	5.26	4.63	4.28	4.04	3.88	3.76	3.66	3.59	3.53	3.43	3.33	3.23	3.17	3.12	3.06	3.00	2.94	2.88
12	6.55	5.10	4.47	4.12	3.89	3.73	3.61	3.51	3.44	3.37	3.28	3.18	3.07	3.02	2.96	2.91	2.85	2.79	2.72
13	6.41	4.97	4.35	4.00	3.77	3.60	3.48	3.39	3.31	3.25	3.15	3.05	2.95	2.89	2.84	2.78	2.72	2.66	2.60
14	6.30	4.86	4.24	3.89	3.66	3.50	3.38	3.29	3.21	3.15	3.05	2.95	2.84	2.79	2.73	2.67	2.61	2.55	2.49
15	6.20	4.77	4.15	3.80	3.58	3.41	3.29	3.20	3.12	3.06	2.96	2.86	2.76	2.70	2.64	2.59	2.52	2.46	2.40
16	6.12	4.69	4.08	3.73	3.50	3.34	3.22	3.12	3.05	2.99	2.89	2.79	2.68	2.63	2.57	2.51	2.45	2.38	2.32

17	6.04	4.62	4.01	3.66	3.44	3.28	3.16	3.06	2.98	2.92	2.82	2.72	2.62	2.56	2.50	2.44	2.38	2.32	2.25
18	5.98	4.56	3.95	3.61	3.38	3.22	3.10	3.01	2.93	2.87	2.77	2.67	2.56	2.50	2.44	2.38	2.32	2.26	2.19
19	5.92	4.51	3.90	3.56	3.33	3.17	3.05	2.96	2.88	2.82	2.72	2.62	2.51	2.45	2.39	2.33	2.27	2.20	2.13
20	5.87	4.46	3.86	3.51	3.29	3.13	3.01	2.91	2.84	2.77	2.68	2.57	2.46	2.41	2.35	2.29	2.22	2.16	2.09
21	5.83	4.42	3.82	3.48	3.25	3.09	2.97	2.87	2.80	2.73	2.64	2.53	2.42	2.37	2.31	2.25	2.18	2.11	2.04
22	5.79	4.38	3.78	3.44	3.22	3.05	2.93	2.84	2.76	2.70	2.60	2.50	2.39	2.33	2.27	2.21	2.14	2.08	2.00
23	5.75	4.35	3.75	3.41	3.18	3.02	2.90	2.81	2.73	2.67	2.57	2.47	2.36	2.30	2.24	2.18	2.11	2.04	1.97
24	5.72	4.32	3.72	3.38	3.15	2.99	2.87	2.78	2.70	2.64	2.54	2.44	2.33	2.27	2.21	2.15	2.08	2.01	1.94
25	5.69	4.29	3.69	3.55	3.13	2.97	2.85	2.75	2.68	2.61	2.51	2.41	2.30	2.24	2.18	2.12	2.05	1.98	1.91
26	5.66	4.27	3.67	3.33	3.10	2.94	2.82	2.73	2.65	2.59	2.49	2.39	2.28	2.22	2.16	2.09	2.03	1.95	1.88
27	5.63	4.24	3.65	3.31	3.08	2.92	2.80	2.71	2.63	2.57	2.47	2.36	2.25	2.19	2.13	2.07	2.00	1.93	1.85
28	5.61	4.22	3.63	3.29	3.06	2.90	2.78	2.69	2.61	2.55	2.45	2.34	2.23	2.17	2.11	2.05	1.98	1.91	1.83
29	5.59	4.20	3.61	3.27	3.04	2.88	2.76	2.67	2.59	2.53	2.43	2.32	2.21	2.15	2.09	2.03	1.96	1.89	1.81
30	5.57	4.18	3.59	3.25	3.03	2.87	2.75	2.65	2.57	2.51	2.41	2.31	2.20	2.14	2.07	2.01	1.94	1.87	1.79
40	5.42	4.05	3.46	3.13	2.90	2.74	2.62	2.53	2.45	2.39	2.29	2.18	2.07	2.01	1.94	1.88	1.80	1.72	1.64
60	5.29	3.93	3.34	3.01	2.79	2.63	2.51	2.41	2.33	2.27	2.17	2.06	1.94	1.88	1.82	1.74	1.67	1.58	1.48
120	5.15	3.80	3.23	2.89	2.67	2.52	2.39	2.30	2.22	2.16	2.05	1.94	1.82	1.76	1.69	1.61	1.53	1.43	1.31
∞	5.02	3.69	3.12	2.79	2.57	2.41	2.29	2.19	2.11	2.05	1.94	1.83	1.71	1.64	1.57	1.48	1.39	1.27	1.00

(续)

$\alpha=0.01$

n_2 \ n_1	1	2	3	4	5	6	7	8	9	10	12	15	20	24	30	40	60	120	∞
1	4052	5000	5403	5625	5764	5859	5928	5982	6022	6056	6106	6057	6209	6235	6261	6287	6313	6339	6366
2	98.50	99.00	99.17	99.25	99.30	99.33	99.36	99.37	99.39	99.40	99.42	99.43	99.45	99.46	99.47	99.47	99.48	99.49	99.50
3	34.12	30.82	29.46	28.71	28.24	27.91	27.67	27.49	27.35	27.23	27.05	26.87	26.69	26.60	26.50	26.41	26.32	26.22	26.13
4	21.20	18.00	16.69	15.98	15.52	15.21	14.98	14.80	14.66	14.55	14.37	14.20	14.02	13.93	13.84	13.75	13.65	13.56	13.46
5	16.26	13.27	12.06	11.39	10.97	10.67	10.43	10.29	10.16	10.05	9.89	9.72	9.55	9.47	9.38	9.29	9.20	9.11	9.02
6	13.75	10.92	9.78	9.15	8.75	8.47	8.26	8.10	7.98	7.87	7.72	7.56	7.40	7.31	7.23	7.14	7.06	6.97	6.88
7	12.25	9.55	8.45	7.85	7.46	7.19	6.99	6.84	6.72	6.62	6.47	6.31	6.16	6.07	5.99	5.91	5.82	5.74	5.65
8	11.26	8.65	7.59	7.01	6.63	6.37	6.18	6.03	5.91	5.81	5.67	5.52	5.36	5.28	5.20	5.12	5.03	4.95	4.86
9	10.56	8.02	6.99	6.42	6.06	5.80	5.61	5.47	5.35	5.26	5.11	4.96	4.81	4.73	4.65	4.57	4.48	4.40	4.31
10	10.04	7.56	6.55	5.99	5.64	5.39	5.20	5.06	4.94	4.85	4.71	4.56	4.41	4.33	4.25	4.17	4.08	4.00	3.91
11	9.65	7.21	6.22	5.67	5.32	5.07	4.89	4.74	4.63	4.54	4.40	4.25	4.10	4.02	3.94	3.86	3.78	3.69	3.60
12	9.33	6.93	5.95	5.41	5.06	4.82	4.64	4.50	4.39	4.30	4.16	4.01	3.86	3.78	3.70	3.62	3.54	3.45	3.36
13	9.07	6.70	5.74	5.21	4.86	4.62	4.44	4.30	4.19	4.10	3.96	3.82	3.66	3.59	3.51	3.43	3.34	3.25	3.17
14	8.86	6.51	5.56	5.04	4.69	4.46	4.28	4.14	4.03	3.94	3.80	3.66	3.51	3.43	3.35	3.27	3.18	3.09	3.00
15	8.68	6.36	5.42	4.89	4.56	4.32	4.14	4.00	3.89	3.80	3.67	3.52	3.37	3.29	3.21	3.13	3.05	2.96	2.87
16	8.53	6.23	5.29	4.77	4.44	4.20	4.03	3.89	3.78	3.69	3.55	3.41	3.26	3.18	3.10	3.02	2.93	2.84	2.75

17	8.40	6.11	5.18	4.67	4.34	4.10	3.93	3.79	3.68	3.59	3.46	3.31	3.16	3.08	3.00	2.92	2.83	2.75	2.65
18	8.29	6.01	5.09	4.58	4.25	4.01	3.84	3.71	3.60	3.51	3.37	3.23	3.08	3.00	2.92	2.84	2.75	2.66	2.57
19	8.18	5.93	5.01	4.50	4.17	3.94	3.77	3.63	3.52	3.43	3.30	3.15	3.00	2.92	2.84	2.76	2.67	2.58	2.49
20	8.10	5.85	4.94	4.43	4.10	3.87	3.70	3.56	3.46	3.37	3.23	3.09	2.94	2.86	2.78	2.69	2.61	2.52	2.42
21	8.02	5.78	4.87	4.37	4.04	3.81	3.64	3.51	3.40	3.31	3.17	3.03	2.88	2.80	2.72	2.64	2.55	2.46	2.36
22	7.95	5.72	4.82	4.31	3.99	3.76	3.59	3.45	3.35	3.26	3.12	2.98	2.83	2.75	2.67	2.58	2.50	2.40	2.31
23	7.88	5.66	4.76	4.26	3.94	3.71	3.54	3.41	3.30	3.21	3.07	2.93	2.78	2.70	2.62	2.54	2.45	2.35	2.26
24	7.82	5.61	4.72	4.22	3.90	3.67	3.50	3.36	3.26	3.17	3.03	2.89	2.74	2.66	2.58	2.49	2.40	2.31	2.21
25	7.77	5.57	4.68	4.18	3.85	3.63	3.46	3.32	3.22	3.13	2.99	2.85	2.70	2.62	2.54	2.45	2.36	2.27	2.17
26	7.72	5.53	4.64	4.14	3.82	3.59	3.42	3.29	3.18	3.09	2.96	2.81	2.66	2.58	2.50	2.42	2.33	2.23	2.13
27	7.68	5.49	4.60	4.11	3.78	3.56	3.39	3.26	3.15	3.06	2.93	2.78	2.63	2.55	2.47	2.38	2.29	2.20	2.10
28	7.64	5.45	4.57	4.07	3.75	3.53	3.36	3.23	3.12	3.03	2.90	2.75	2.60	2.52	2.44	2.35	2.26	2.17	2.06
29	7.60	5.42	4.54	4.04	3.73	3.50	3.33	3.20	3.09	3.00	2.97	2.73	2.57	2.49	2.41	2.33	2.23	2.14	2.03
30	7.56	5.39	4.51	4.02	3.70	3.47	3.30	3.17	3.07	2.98	2.84	2.70	2.55	2.47	2.39	2.30	2.21	2.11	2.01
40	7.31	5.18	4.31	3.83	3.51	3.29	3.12	2.99	2.89	2.80	2.66	2.52	2.37	2.29	2.20	2.11	2.02	1.92	1.80
60	7.08	4.98	4.13	3.65	3.34	3.12	2.95	2.82	2.72	2.63	2.50	2.35	2.20	2.12	2.03	1.94	1.84	1.73	1.60
120	6.85	4.79	3.95	3.48	3.17	2.96	2.79	2.66	2.56	2.47	2.34	2.19	2.03	1.95	1.86	1.76	1.66	1.53	1.38
∞	6.63	4.61	3.78	3.32	3.02	2.80	2.64	2.51	2.41	2.32	2.18	2.04	1.88	1.79	1.70	1.59	1.47	1.32	1.00

（续）

$\alpha=0.005$

n_2 \ n_1	1	2	3	4	5	6	7	8	9	10	12	15	20	24	30	40	60	120	∞
1	16211	20000	21615	22500	23056	23437	23715	23925	24091	24224	24426	24630	24836	24940	25044	25148	25253	25359	25465
2	198.5	199.0	199.2	199.2	199.3	199.3	199.4	199.4	199.4	199.4	199.4	199.4	199.4	199.5	199.5	199.5	199.5	199.5	199.5
3	55.55	49.80	47.47	46.19	45.39	44.84	44.43	44.13	43.88	43.69	43.39	43.08	42.78	42.62	42.47	42.31	42.15	41.99	41.83
4	31.33	26.28	24.26	23.15	22.46	21.97	21.62	21.35	21.14	20.97	20.70	20.44	20.17	20.03	19.89	19.75	19.61	19.47	19.32
5	22.78	18.31	16.53	15.56	14.94	14.51	14.20	13.96	13.77	13.62	13.38	13.15	12.90	12.78	12.66	12.53	12.40	12.27	12.14
6	18.63	14.54	12.92	12.03	11.46	11.07	10.79	10.57	10.39	10.25	10.03	9.81	9.59	9.47	9.36	9.24	9.12	9.00	8.88
7	16.24	12.40	10.88	10.05	9.52	9.16	8.89	8.68	8.51	8.38	8.18	7.97	7.75	7.65	7.53	7.42	7.31	7.19	7.08
8	14.69	11.04	9.60	8.81	8.30	7.95	7.69	7.50	7.34	7.21	7.01	6.81	6.61	6.50	6.40	6.29	6.18	6.06	5.95
9	13.61	10.11	8.72	7.96	7.47	7.13	6.88	6.69	6.54	6.42	6.23	6.03	5.83	5.73	5.62	5.52	5.41	5.30	5.19
10	12.83	9.43	8.08	7.34	6.87	6.54	6.30	6.12	5.97	5.85	5.66	5.47	5.27	5.17	5.07	4.97	4.86	4.75	4.64
11	12.23	8.91	7.60	6.88	6.42	6.10	5.86	5.68	5.54	5.42	5.24	5.05	4.86	4.76	4.65	4.55	4.44	4.34	4.23
12	11.75	8.51	7.23	6.52	6.07	5.76	5.52	5.35	5.20	5.09	4.91	4.72	4.53	4.43	4.33	4.23	4.12	4.01	3.90
13	11.37	8.19	6.93	6.23	5.79	5.48	5.25	5.08	4.94	4.82	4.64	4.46	4.27	4.17	4.07	3.97	3.87	3.76	3.65
14	11.06	7.92	6.68	6.00	5.56	5.26	5.03	4.86	4.72	4.60	4.43	4.25	4.06	3.96	3.86	3.76	3.66	3.55	3.44
15	10.80	7.70	6.48	5.80	5.37	5.07	4.85	4.67	4.54	4.42	4.25	4.07	3.88	3.79	3.69	3.58	3.48	3.37	3.26
16	10.58	7.51	6.30	5.64	5.21	4.91	4.69	4.52	4.38	4.27	4.10	3.92	3.73	3.64	3.54	3.44	3.33	3.22	3.11

17	10.38	7.35	6.16	5.50	5.07	4.78	4.56	4.39	4.25	4.14	3.97	3.79	3.61	3.51	3.41	3.31	3.21	3.10	2.98
18	10.22	7.21	6.03	5.37	4.96	4.66	4.44	4.28	4.14	4.03	3.86	3.68	3.50	3.40	3.30	3.20	3.10	2.99	2.87
19	10.07	7.09	5.92	5.27	4.85	4.56	4.34	4.18	4.04	3.93	3.76	3.59	3.40	3.31	3.21	3.11	3.00	2.89	2.78
20	9.94	6.99	5.82	5.17	4.76	4.47	4.26	4.09	3.96	3.85	3.68	3.50	3.32	3.22	3.12	3.02	2.92	2.81	2.69
21	9.83	6.89	5.73	5.09	4.68	4.39	4.18	4.01	3.88	3.77	3.60	3.43	3.24	3.15	3.05	2.95	2.84	2.73	2.61
22	9.73	6.81	5.65	5.02	4.61	4.32	4.11	3.94	3.81	3.70	3.54	3.36	3.18	3.08	2.98	2.88	2.77	2.66	2.55
23	9.63	6.73	5.58	4.95	4.54	4.26	4.05	3.88	3.75	3.64	3.47	3.30	3.12	3.02	2.92	2.82	2.71	2.60	2.48
24	9.55	6.66	5.52	4.89	4.49	4.20	3.99	3.83	3.69	3.59	3.42	3.25	3.06	2.97	2.87	2.77	2.66	2.55	2.43
25	9.48	6.60	5.46	4.84	4.43	4.15	3.94	3.78	3.64	3.54	3.37	3.20	3.01	2.92	2.82	2.72	2.61	2.50	2.38
26	9.41	6.54	5.41	4.79	4.38	4.10	3.89	3.73	3.60	3.49	3.33	3.15	2.97	2.87	2.77	2.67	2.56	2.45	2.33
27	9.34	6.49	5.36	4.74	4.34	4.06	3.85	3.69	3.56	3.45	3.28	3.11	2.93	2.83	2.73	2.63	2.52	2.41	2.29
28	9.28	6.44	5.32	4.70	4.30	4.02	3.81	3.65	3.52	3.41	3.25	3.07	2.89	2.79	2.69	2.59	2.48	2.37	2.251
29	9.23	6.40	5.28	4.66	4.26	3.98	3.77	3.61	3.48	3.38	3.21	3.04	2.86	2.76	2.66	2.56	2.45	2.33	2.21
30	9.18	6.35	5.24	4.62	4.23	3.95	3.74	3.58	3.45	3.34	3.18	3.01	2.82	2.73	2.63	2.52	2.42	2.30	2.18
40	8.83	6.07	4.98	4.37	3.99	3.71	3.51	3.35	3.22	3.12	2.95	2.78	2.60	2.50	2.40	2.30	2.18	2.06	1.93
60	8.49	5.79	4.73	4.14	3.76	3.49	3.29	3.13	3.01	2.90	2.74	2.57	2.39	2.29	2.19	2.08	1.96	1.83	1.69
120	8.18	5.54	4.50	3.92	3.55	3.28	3.09	2.93	2.81	2.71	2.54	2.37	2.19	2.09	1.98	1.87	1.75	1.61	1.43
∞	7.88	5.30	4.28	3.72	3.35	3.09	2.90	2.74	2.62	2.52	2.36	2.19	2.00	1.90	1.79	1.67	1.53	1.36	1.00

附表6 相关系数检验的临界值表

$P(|R|>R_\alpha)=\alpha$

f \ α	0.10	0.05	0.02	0.01	0.001
1	0.98769	0.99692	0.999507	0.999877	0.9999988
2	0.90000	0.95000	0.98000	0.99000	0.99900
3	0.8054	0.8783	0.93433	0.95873	0.99116
4	0.7293	0.8114	0.8822	0.91720	0.97406
5	0.6694	0.7545	0.8329	0.8345	0.95074
6	0.6215	0.7067	0.7887	0.8743	0.92493
7	0.5822	0.6664	0.7498	0.7977	0.8982
8	0.5494	0.6319	0.7155	0.7646	0.8721
9	0.5214	0.6021	0.6851	0.7348	0.8471
10	0.4933	0.5760	0.6581	0.7079	0.8233
11	0.4762	0.5529	0.6339	0.6835	0.8010
12	0.4575	0.5324	0.6120	0.6674	0.7800
13	0.4409	0.5139	0.5923	0.6411	0.7603
14	0.4259	0.4973	0.5742	0.6226	0.7420
15	0.4124	0.4821	0.5577	0.6055	0.7246
16	0.4000	0.4683	0.5425	0.5897	0.7084
17	0.3887	0.4555	0.5285	0.5751	0.6932
18	0.3783	0.4438	0.5155	0.5614	0.6787
19	0.3687	0.4329	0.5034	0.5487	0.6652
20	0.3598	0.4227	0.4921	0.5368	0.6524
25	0.3233	0.3809	0.4451	0.4869	0.5974
30	0.2960	0.3494	0.4093	0.4487	0.5541
35	0.2746	0.3246	0.3810	0.4182	0.5189
40	0.2573	0.3044	0.3578	0.3932	0.4896
45	0.2428	0.2875	0.3384	0.3721	0.4648
50	0.2306	0.2732	0.3218	0.3541	0.4433
60	0.2108	0.2500	0.2918	0.3248	0.4078
70	0.1954	0.2319	0.2737	0.3017	0.3799
80	0.1829	0.2172	0.2565	0.2830	0.3568
99	0.1726	0.2050	0.2422	0.2673	0.3375
100	0.1638	0.1946	0.2301	0.2540	0.3211

部分习题答案与提示

第1章

习题 1.1

1.(1)$\Omega=\{3, 4, 5, \cdots, 18\}$;

(2)$\Omega=\{(x, y)|x^2+y^2<1\}$;

(3)$\Omega=\{10, 11, \cdots\}=\{t|t\geqslant 10, t\in \mathbf{N}\}$.

2.$\overline{A}$ 表示“全为正品”,$\overline{B}$ 表示“至少有两件次品”,AB 表示“恰有一件次品”.

3.前两次至少有一次击中目标;第二次未击中目标;三次均击中目标;三次射击中至少有一次击中目标;第三次击中但第二次未击中;第三次击中但第二次未击中;前两次均未击中;前两次均未击中;三次中至少有两次击中目标.

4.(1) $A\overline{B}\overline{C}$;(2) $AB\overline{C}$;(3) ABC;(4) $A\cup B\cup C$;(5) $\overline{A}\overline{B}\overline{C}$;

(6) $\overline{A}\overline{B}\cup\overline{A}\overline{C}\cup\overline{B}\overline{C}$;(7) $\overline{A}\cup\overline{B}\cup\overline{C}$;

(8) $(AB)\cup(AC)\cup(BC)$.

5.$A=BC$, $\overline{A}=\overline{B}\cup\overline{C}$.

习题 1.2

6.$\dfrac{15}{28}$.

7.(1) 0.2022;(2) 0.0001;(3) 0.7864;(4) 0.2136;

(5) 0.01134.

8.(1)$\dfrac{4}{9}$;(2)$\dfrac{41}{90}$.

9.(1) $\mathrm{A}_{10}^7/10^7$;(2) $8^7/10^7$;(3) $\mathrm{C}_7^2 9^5/10^7$;

(4) $\sum\limits_{i=2}^{7}\mathrm{C}_7^i 9^{7-i}/10^7$;(5) $\mathrm{A}_7^2 4^5/10^7$.

10.(1)$\dfrac{7}{8}$;(2)$\dfrac{2}{\mathrm{e}}$.

习题 1.3

11. 略.

12.提示:$P(\overline{A}\overline{B})=P(\overline{A\cup B})$.

13.(1)0.6,0.4;(2)0.4,0.2.

14.35%.

15.22/35.

16. $\frac{11}{12}$.

习题 1.4

17. $\frac{1}{3}$.

18. 0.6.

19. 0.25.

20. 0.0083.

21. 0.6.

22. 0.684.

23. 6门炮.

24. 0.901.

25. (1) 0.0729； (2) 0.4095.

习题 1.5

26. $\frac{1}{250}$.

27. 0.3016.

28. 0.458.

29. (1)$\frac{2}{5}$； (2)$\frac{690}{1421}$.

30. $\frac{1}{23}$.

31. $\frac{98}{99}$.

32. (1)$\frac{1}{6}$； (2)$\frac{3}{5}$.

复习题 1

33. (1) $n!/N^n$； (2) $C_N^n n!/N^n$.

34. $A_{365}^{40}/365^{40}$.

35. (1) C_5^2/C_{10}^3；(2) C_4^2/C_{10}^3；(3) $(C_8^2+C_9^2)/C_{10}^3$.

36. (1) $\frac{1}{5}$； (2) $\frac{3}{5}$.

37. $\frac{6}{7}$.

38. 0.72.

39. $\frac{5}{11}$, $\frac{6}{11}$.

40. (1)$\frac{1}{2}$；(2)$\frac{2}{9}$.

41. 0.8739.

42. 系统 b.

43. 0.6322.

第2章

习题 2.1

1. 略.

2. (1) $\{X=0\}$; (2) $\{X=9\}$;
   (3) $\{X\geqslant 5\}$; (4) $\{X\leqslant 2\}$.

习题 2.2

3.

X	3	4	5
$P(X)$	0.1	0.3	0.6

4. (1) $a=\frac{2}{5}$;(2) $\frac{1}{9}$;(3) $\frac{2}{15}$.

5.

X	1	2	3	4
$P(X)$	$\frac{1}{14}$	$\frac{3}{7}$	$\frac{3}{7}$	$\frac{1}{14}$

6. (1)

X	0	1	2
$P(X)$	0.2	0.6	0.2

(2) $P\{x=k\}=C_3^k\left(\frac{1}{3}\right)^k\left(\frac{2}{3}\right)^{3-k}\quad(k=0,1,2,3)$.

7. (1) $P\{x=k\}=C_{10}^k 0.85^k 0.15^{10-k}\quad(k=0,1,2,\cdots,10)$;
   (2) 0.8202; (3) 0.8031; (4) 5 部.

8. 0.0025.

9. (1) 0.1954;(2) 0.7619.

习题 2.3

10. $F(x)=\begin{cases}0, & x<0,\\ 0.8, & 0\leqslant x<1,\\ 1, & x\geqslant 1.\end{cases}$

11. $F(x)=\begin{cases}0, & x<-2,\\ 0.49, & -2\leqslant x<1,\\ 0.91, & 1\leqslant x<4,\\ 1, & x\geqslant 4.\end{cases}$

12. (1) 1; (2) $\frac{1}{2}$; (3) 1.

13. 不正确.

习题 2.4

14. (1) $\frac{1}{2}$; (2) $\frac{1}{2}$; (3) $\frac{1}{4}(2+\sqrt{2})$.

15. (1) 2; (2) e^{-1}; (3) $\frac{1}{1+e^2}$.

16.(1) $F(x)=\begin{cases}0, & x<-1,\\ \dfrac{1}{\pi}\left(\arcsin x+\dfrac{\pi}{2}\right), & -1\leqslant x<1,\\ 1, & x\geqslant 1;\end{cases}$

(2) $F(x)=\begin{cases}0, & x<0,\\ \dfrac{1}{2}x^2, & 0\leqslant x<1,\\ -\dfrac{1}{2}x^2+2x-1, & 1\leqslant x<2,\\ 1, & x\geqslant 2.\end{cases}$

17.(1) $\dfrac{3}{4}, 1-\dfrac{1}{2}e^{-1}$; (2) $f(x)=\begin{cases}\dfrac{1}{2}e^x, & x\leqslant 0,\\ \dfrac{1}{4}, & 0<x<2,\\ 0, & x\geqslant 2.\end{cases}$

18.0.6.

19.(1) 0,0.1056, 0.4966;(2) 1.64;(3) −0.86.

20.(1) 0.1867;(2) 0.7517;(3) 0.6826;(4) 0.8253.

21.0.9544.

22.(1) 0.8665;(2) 不满足.

23.0.6826.

习题 2.5

24.

Y	−1	1	3	5	7
$P(Y)$	0.1	0.3	0.3	0.2	0.1

Z	0	1	4
$P(Z)$	0.3	0.5	0.2

25.

Y	$-\frac{\pi}{6}$	0	$\frac{\pi}{6}$	$\frac{\pi}{3}$
$P(Y)$	0.25	0.25	0.35	0.15

Z	0	6
$P(Z)$	0.85	0.15

26.

Y	0	1	2
$P(Y)$	$\frac{27}{64}$	$\frac{36}{64}$	$\frac{1}{64}$

27.(1) $f_Y(y)=\begin{cases}\dfrac{1}{\sqrt{2\pi}y}e^{-\frac{\ln^2 y}{2}}, & y>0,\\ 0, & y\leqslant 0;\end{cases}$

(2) $f_Y(y)=\begin{cases}\dfrac{1}{\sqrt{2\pi}}e^{-\frac{y}{2}}y^{-\frac{1}{2}}, & y>0,\\ 0, & y\leqslant 0.\end{cases}$

28. $f_Y(y)=\dfrac{1}{5}y^{-\frac{4}{5}}f_X(y^{-\frac{1}{5}})$.

29. $f_Y(y)=\begin{cases}\dfrac{\sqrt{y}}{3}, & 0<y\leqslant 1,\\ \dfrac{\sqrt{y}}{6}, & 1<y\leqslant 4,\\ 0, & 其他.\end{cases}$

30. $f_Y(y)=\begin{cases}0, & y\leqslant -1,\\ e^{-y-1}, & y>-1.\end{cases}$

31. $f_Y(y)=\begin{cases}\dfrac{1}{b-a}\left(\dfrac{2}{9\pi}\right)^{\frac{1}{3}}y^{-\frac{2}{3}}, & \dfrac{\pi a^3}{6}\leqslant y\leqslant\dfrac{\pi b^3}{6},\\ 0, & 其他.\end{cases}$

复习题 2

32. (1) $P\{X=k\}=\dfrac{1}{n}\ (k=1,2,\cdots,n)$；

(2) $P\{X=k\}=\left(\dfrac{n-1}{n}\right)^{k-1}\dfrac{1}{n}(k=1,2,\cdots)$.

33. $P\{X=k\}=0.76\times0.24^{k-1}(k=1,2,\cdots)$,

$P\{Y=0\}=0.4, P\{Y=k\}=0.76\times0.6^k\times0.4^{k-1}(k=1,2,\cdots)$.

34. $1-e^{-1}$.

35. (1) $a=1,b=\dfrac{1}{2}$； (2) $\dfrac{7}{32}$；(3) $\dfrac{1}{4}$.

36. $F(x)=\begin{cases}0, & x<0,\\ \dfrac{x}{a}, & 0\leqslant x<a,\\ 1, & x\geqslant a,\end{cases}\quad f(x)=\begin{cases}\dfrac{1}{a}, & 0\leqslant x\leqslant a,\\ 0, & 其他.\end{cases}$

37. (1) $A=\dfrac{1}{2},B=\dfrac{1}{\pi}$； (2) $f(x)=\dfrac{1}{\pi(1+x^2)}$； (3) $\dfrac{1}{2}$.

38. $K_1=\dfrac{1}{4\sqrt{2\pi}},k_2=4,\mu=2,\sigma=4,f_Y(y)=\dfrac{1}{2\sqrt{2\pi}}e^{-\frac{(y+3)^2}{8}}$.

39. 0.4.

40. $P\{Y=k\}=C_5^k e^{-2k}(1-e^{-2})^{5-k}(k=0,1,\cdots,5)$, 0.4833.

41. $\dfrac{232}{243}$.

42.

Y	0	1
P(Y)	0.28	0.72

Z	−1	0	1
P(Z)	0.064	0.504	0.432

43. 略.

44. $f_Y(y)=\begin{cases}\dfrac{2}{\pi\sqrt{1-y^2}}, & 0<y<1,\\ 0, & 其他.\end{cases}$

第3章

习题 3.1

1.(1)

X \ Y	0	1
0	$\frac{15}{22}$	$\frac{5}{33}$
1	$\frac{5}{33}$	$\frac{1}{66}$

(2)

X \ Y	0	1
0	$\frac{25}{36}$	$\frac{5}{36}$
1	$\frac{5}{36}$	$\frac{1}{36}$

2.

X \ Y	0	1	2
0	$\frac{1}{36}$	$\frac{1}{9}$	$\frac{1}{9}$
1	$\frac{1}{6}$	$\frac{1}{3}$	0
2	$\frac{1}{4}$	0	0

3.(1) $A=\frac{1}{\pi^2}, B=\frac{\pi}{2}, C=\frac{\pi}{2}$；

(2) $f(x,y)=\frac{6}{\pi^2(4+x^2)(9+y^2)}$.

4.(1) $C=4$；(2) $\frac{1}{4}$；(3) $\frac{1}{2}$；

(4) $F(x,y)=\begin{cases} 0 & x<0 \text{ 或 } y<0, \\ x^2y^2, & 0\leqslant x<1, 0\leqslant y<1, \\ y^2, & x\geqslant 1, 0\leqslant y<1, \\ x^2, & 0\leqslant x<1, y\geqslant 1, \\ 1, & x\geqslant 1, y\geqslant 1. \end{cases}$

习题 3.2

5. $F_X(x)=\frac{1}{\pi}\left(\arctan x+\frac{\pi}{2}\right), F_Y(y)=\frac{1}{\pi}\left(\arctan y+\frac{\pi}{2}\right)$.

6.(1)

X \ Y	0	1	2	3	4	$p_{i\cdot}$
0	$\frac{1}{12}$	0	0	0	0	$\frac{1}{12}$
1	0	$\frac{5}{24}$	0	0	$\frac{7}{24}$	$\frac{1}{2}$
2	0	0	$\frac{1}{8}$	$\frac{1}{24}$	0	$\frac{1}{6}$
3	0	0	$\frac{1}{6}$	$\frac{1}{12}$	0	$\frac{1}{4}$
$p_{\cdot j}$	$\frac{1}{12}$	$\frac{5}{24}$	$\frac{7}{24}$	$\frac{1}{8}$	$\frac{7}{24}$	

(2)

X	0	1	2	3
$P(X)$	$\frac{1}{12}$	$\frac{1}{2}$	$\frac{1}{6}$	$\frac{1}{4}$

Y	0	1	2	3	4
$P(Y)$	$\frac{1}{12}$	$\frac{5}{24}$	$\frac{7}{24}$	$\frac{1}{8}$	$\frac{7}{24}$

(3) $\frac{7}{12},\frac{1}{2},\frac{5}{6}$.

7. $\alpha=\frac{2}{9}$, $\beta=\frac{1}{9}$.

8. (1) $f_X(x)=\begin{cases}\frac{1}{2}, & 0\leqslant x\leqslant 2,\\ 0, & \text{其他},\end{cases}$ $f_Y(y)=\begin{cases}3y^2, & 0\leqslant y\leqslant 1,\\ 0, & \text{其他},\end{cases}$

X 与 Y 相互独立.

(2) $f_X(x)=\begin{cases}4x(1-x^2), & 0\leqslant x\leqslant 1,\\ 0, & \text{其他},\end{cases}$

$f_Y(y)=\begin{cases}4y^3, & 0\leqslant y\leqslant 1,\\ 0, & \text{其他},\end{cases}$

X 与 Y 不相互独立.

9. (1) 当 $|y|<1$ 时, $f_{X|Y}(x|y)=\begin{cases}\frac{1}{1-|y|}, & |y|<x<1,\\ 0, & \text{其他},\end{cases}$

当 $0<x<1$ 时, $f_{Y|X}(y|x)=\begin{cases}\frac{1}{2x}, & |y|<x,\\ 0, & \text{其他};\end{cases}$

(2) $\frac{3}{4},\frac{1}{6}$.

习题 3.3

10.

Z_1	-2	0	2
$P(Z_1)$	$\frac{1}{4}$	$\frac{3}{8}$	$\frac{3}{8}$

Z_2	-1	1
$P(Z_2)$	$\frac{3}{8}$	$\frac{5}{8}$

11. (1)

X \ Y	1	2	3
-3	$\frac{1}{10}$	$\frac{1}{20}$	$\frac{1}{10}$
-2	$\frac{1}{10}$	$\frac{1}{20}$	$\frac{1}{10}$
-1	$\frac{1}{5}$	$\frac{1}{10}$	$\frac{1}{5}$

(2)

Z_1	-5	-4	-3	-2	-1	0	1
$P(Z_1)$	0.1	0.05	0.2	0.05	0.3	0.1	0.2

(3)

Z_2	-6	-5	-4	-3	-2
$P(Z_2)$	0.1	0.15	0.35	0.2	0.2

12.

X	1	2	3
$P(X)$	$\frac{1}{9}$	$\frac{1}{3}$	$\frac{5}{9}$

Y	1	2	3
$P(Y)$	$\frac{5}{9}$	$\frac{1}{3}$	$\frac{1}{9}$

13. $f_{X+Y}(z)=\begin{cases}1-e^{-z}, & 0\leqslant z<1,\\(e-1)e^{-z}, & z\geqslant 1,\\0, & 其他,\end{cases}$

$f_{X-Y}(z)=\begin{cases}e^{z-1}(e-1), & z<0,\\1-e^{z-1}, & 0<z<1,\\0, & 其他.\end{cases}$

14. $f_Z(z)=\begin{cases}\frac{3}{2}(1-z^2), & 0\leqslant z\leqslant 1,\\0, & 其他.\end{cases}$

15. $f_Z(z)=\begin{cases}\frac{1}{2}e^{-\frac{z}{2}}, & z\geqslant 0,\\0, & z<0.\end{cases}$

复习题 3

16. b.

17. c.

18. d.

19. a,c.

20. b.

21.

X \ Y	0	1	2
0	0	0	$\frac{1}{35}$
1	0	$\frac{6}{35}$	$\frac{6}{35}$
2	$\frac{3}{35}$	$\frac{12}{35}$	$\frac{3}{35}$
3	$\frac{2}{35}$	$\frac{2}{35}$	0

22. (1)0.52；（2)0.14；（3)0.89.

23.

$X \backslash Y$	0	$\frac{1}{3}$	1
-1	0	$\frac{1}{12}$	$\frac{1}{3}$
0	$\frac{1}{6}$	0	0
2	$\frac{5}{12}$	0	0

Y	0	$\frac{1}{3}$	1
$P(Y)$	$\frac{7}{12}$	$\frac{1}{12}$	$\frac{1}{3}$

24. $C=\sqrt{2}+1$. $f_Y(y)=$

$$\begin{cases}(\sqrt{2}+1)\left(\cos y-\cos\left(y+\frac{\pi}{4}\right)\right), & 0\leqslant y\leqslant\frac{\pi}{4},\\ 0, & \text{其他}.\end{cases}$$

25. (1) $C=1$;

(2) $f(x,y)=\begin{cases}2e^{-(2x+y)}, & x>0,y>0,\\ 0, & \text{其他};\end{cases}$

(3) $(1-e^{-1})^2$.

26.

X	0	1
$P(X)$	$\frac{5}{6}$	$\frac{1}{6}$

Y	0	1
$P(Y)$	$\frac{5}{6}$	$\frac{1}{6}$

27. $f_X(x)=\begin{cases}e^{-x}, & x>0,\\ 0, & y\leqslant 0,\end{cases}$ $f_Y(y)=\begin{cases}ye^{-y}, & y>0,\\ 0, & y\leqslant 0.\end{cases}$

28. (1) $c=\frac{21}{2}$;

(2) $f_X(x)=\begin{cases}\frac{21}{4}x^2(1-x^4), & 0\leqslant x\leqslant 1,\\ 0, & \text{其他},\end{cases}$

$f_Y(y)=\begin{cases}\frac{7}{2}y^{\frac{5}{2}}, & 0\leqslant y\leqslant 1,\\ 0, & \text{其他}.\end{cases}$

29. $\frac{1}{12}$, $\frac{3}{4}$.

30. 当 $|y|<1$ 时，$f_{X|Y}(x|y)=\begin{cases}\frac{1}{1-|y|}, & |y|<x<1,\\ 0, & \text{其他},\end{cases}$

当 $0<x<1$ 时，$f_{Y|X}(y|x)=\begin{cases}\frac{1}{2x}, & |y|<x,\\ 0, & \text{其他}.\end{cases}$

31. (1) $f(x,y)=\begin{cases}\frac{1}{2}e^{-\frac{y}{2}}, & 0<x<1,y>0,\\ 0, & \text{其他};\end{cases}$

(2) 0.3935.

32.(1)

X \ Y	0	1	2
0	$\frac{1}{4}$	$\frac{1}{4}$	$\frac{1}{16}$
1	$\frac{1}{4}$	$\frac{1}{8}$	0
2	$\frac{1}{16}$	0	0

X 与 Y 不独立.

(2)

Z_1	0	1	2	3	4
$P(Z_1)$	$\frac{1}{9}$	$\frac{2}{9}$	$\frac{3}{9}$	$\frac{2}{9}$	$\frac{1}{9}$

Z_2	0	1
$P(Z_2)$	$\frac{7}{9}$	$\frac{2}{9}$

33.(1) 40, 41, 42, 43, 44, 45, 46;

(2) 0.001;

(3) 0.006.

34. $a=\frac{6}{11}$, $b=\frac{36}{49}$.

$X+Y$	-2	-1	0	1	2
$P(X+Y)$	$\frac{24}{539}$	$\frac{66}{539}$	$\frac{251}{539}$	$\frac{126}{539}$	$\frac{72}{539}$

第4章

习题 4.1

1. $\frac{7}{6}$.

2. 5.19.

3. E(甲)$=E$(乙)$=50$.

4. $\frac{11}{8}$, $\frac{31}{8}$.

5.

X	1	2	3	4
$P(X)$	0.2	0.1	0.6	0.1

, $E(X)=2.6$.

6. 0.

7. 1, $\frac{2}{3}$.

8. 1.

9. $\frac{1}{2}$.

10. (1) 2;(2) $\frac{1}{3}$.

习题 4.2

11. $\frac{29}{36}$.

12. 2.5539.

13. $\frac{127}{64}$.

14. $\frac{1}{2}$.

15. $\frac{1}{18}$.

16. $\frac{7}{6}$, $\frac{1}{6}$.

17. $E(X)=D(X)=2$.

18. 0, $\frac{\pi^2}{12}-\frac{1}{2}$.

习题 4.3

19. (1) 6;(2) $\frac{3}{4}$;(3) 0,0.

21. $\frac{ac}{|ac|}\rho$.

22. $\frac{1}{144}\begin{pmatrix} 11 & -1 \\ -1 & 11 \end{pmatrix}$, $\begin{pmatrix} 1 & -\frac{1}{11} \\ -\frac{1}{11} & 1 \end{pmatrix}$.

复习题 4

23. 0.8.

24. (1) $\frac{2}{\pi}$;(2) 0.

25. 0.3,0.32.

26. 第Ⅱ种.

27. $8.69+8.64=17.33$, $8.69\times 8.64=75.08$.

28. 0,2,2.

29. 3,11,27.

30. $\frac{1}{v}$.

31. (1) $\frac{n+1}{2}$, $\frac{n^2-1}{12}$;(2) 服从几何分布, n, $n(n-1)$.

32. (1) $\sqrt{\frac{\pi}{2}}\sigma$;(2) $e^{-\frac{\pi}{4}}$.

33. 10.

34. 1，$\frac{1}{3}$.

35. $\frac{p^2-p+1}{p(1-p)}$.

36. $\frac{5}{4}$，$\frac{13}{36}$，$-\frac{13}{144}$.

37. (1) $f(x,y)=\begin{cases}1, & (x,y)\in D,\\ 0, & \text{其他};\end{cases}$

(2) 1，$\frac{1}{3}$，$\frac{1}{3}$.

38. $\rho_{XY}=0$.

第5章

习题 5.1

1. $\geqslant 0.75$，$\geqslant 0.8889$，$\geqslant 0.9375$.
2. (1) $\geqslant 1-9\varepsilon^{-2}$； (2) $\geqslant 1-1/(9\varepsilon^2)$.
3. 0.92.
4. 至少 250 次.

习题 5.2

5. (1) 0.195365；(2) 0.9345.
6. 0.1802.
7. $n\geqslant 68$.
8. 0.1574.

复习题 5

9. 可以.
10. 18750，5074.
11. 226.
12. 0.00021.

第6章

习题 6.1

1. 是，是，否，否.
2. 略.
3. 不是常数，它随样本值的不同而不同，是随机变量.
4. $\lambda^n e^{-\lambda\sum\limits_{i=1}^{n}x_i}\ (x_i>0, i=1,2,\cdots,n)$.
5. $p^{\sum\limits_{i=1}^{n}x_i}(1-p)^{n-\sum\limits_{i=1}^{n}x_i}\ (x_i=0$ 或 $1, i=1,2,\cdots,n)$.

习题 6.2

6. 略.

7. 略.

习题 6.3

8. (1) 0.6826;(2) 0.9974;(3) $N(0,1)$.

9. $\overline{X}\sim N\left(-1,\dfrac{3}{n}\right)$.

10. $\dfrac{5S^2}{3}\sim\chi^2(5)$.

11. $\dfrac{\overline{X}-2}{S/\sqrt{6}}\sim t(5)$.

12. $\dfrac{S_1^2}{S_2^2}\sim F(7,8)$.

13. (1) 1.145;(2) 20.843;(3) 34.49;(4) 1.7247;(5) 0.68;
(6) 0.67;(7) 5.46;(8) 0.183;(9) 3.96.

14. 2.015.

15. 6.262,27.488.

复习题 6

16. 0.1314.

17. $n\geqslant 1537$.

18. $\lambda_1=15.507,\lambda_2=15.507$.

19. $(n-1)S^2$.

20. (1) 0.97;(2) 0.98.

21. (1) $N(0,20),N(0,100)$;(2) $N(0,1),N(0,1)$;
(3) $a=\dfrac{1}{20},b=1/100,\chi^2(2)$.

22. $t(9)$.

第 7 章

习题 7.1

1. $\hat{\theta}_{\mathrm{ME}}=2\overline{X}$.

2. $\hat{p}_{\mathrm{ME}}=\dfrac{1}{\overline{X}}$, $\hat{p}_{\mathrm{MLE}}=\dfrac{1}{\overline{X}}$.

3. $\hat{\lambda}=\dfrac{1}{\overline{X}}$.

习题 7.2

4. 略.

5. 略.

习题 7.3

6. (1) (572.101,578.299);(2) (568.9745,581.4255).

7. (0.02755,0.26638).

复习题 7

8. b.

9. c.

10. b.

11. d.

12. d.

13. $\hat{\mu}=2$，$\hat{\sigma}^2=5.78$.

14. (1) $\hat{\theta}_{ME}=\sqrt{\dfrac{2}{\pi}}\overline{X}$，$\hat{\theta}_{MLE}=\sqrt{\dfrac{\sum\limits_{i=1}^{n}X_i^2}{2n}}$；

(2) $\hat{\mu}_{MLE}=\overline{X}-\sqrt{\dfrac{1}{n}\sum\limits_{i=1}^{n}(X_i-\overline{X})^2}$，

$\hat{\theta}_{ME}=\sqrt{\dfrac{1}{n}\sum\limits_{i=1}^{n}(X_i-\overline{X})^2}$，

$\hat{\mu}_{ME}=\min\{X_1,X_2,\cdots,X_n\}$，$\hat{\theta}_{MLE}=\overline{X}-\min\{X_1,X_2,\cdots,X_n\}$；

(3) $\hat{p}_{ME}=\dfrac{\overline{X}}{m}$，$\hat{p}_{MLE}=\dfrac{\overline{X}}{m}$.

15. 略.

16. 略.

17. 略.

18. 略.

19. (14.8，15.2).

20. (2734，3200).

21. (500.4，507.1)，(4.58，9.60).

22. (1485.693，1514.307)，(189.24，1333.33).

23. $\left(\overline{X}-\dfrac{S}{\sqrt{n}}z_{\frac{\alpha}{2}},\overline{X}+\dfrac{S}{\sqrt{n}}z_{\frac{\alpha}{2}}\right)$.

24. (9.23，10.77)，106990kg.

第8章

习题 8.1

1. 有.

2. 无显著差异.

习题 8.2

3. 比原来平均等级低.

4. 不可以认为.

5. 拒绝 H_0.

6. 可以认为.

7. 合格.

8. 合格.

9. 无显著差别.

10. 有显著变化.

习题 8.3

11. 无明显差异.

12. 不可以认为相等.

13. 可以认为相等.

14. 可以认为相等.

15. 可以认为.

16. 未显著降低.

复习题 8

17. 生产正常.

18. 不合格.

19. (1) 单侧;(2) $H_0: \mu=30000, H_1: \mu>30000$;(3)略.

20. 正常.

21. 有显著差异.

22. 不能认为 $\sigma^2<8$.

23. 方差显著偏大,应减小方差.

24. 可以认为显著偏大.

25. 无显著性差异.

26. 均方差无差异,速度有差异.

27. 接受.

28. 接受.

29. 可以认为.

30. 接受.

第 9 章

复习题 9

1. 略.

2. $F=4.7647, F_{0.05}<F<F_{0.01}$,有一定的影响.

3. $F=2.526316$,差异不显著.

4. $F_{季度}=0.675851, F_{地区}=1206.16$.

季度的变化对销售量影响不显著,地区的变化对结果影响显著.

第 10 章

复习题 10

1. $\hat{y}=\hat{a}+\hat{b}x$，其中 $\hat{b}=\dfrac{l_{xy}}{l_{xx}}$， $\hat{a}=\bar{y}-\hat{b}\bar{x}$.

2. $\hat{y}=-0.1+1.05x$， $R=0.9966<R_{0.05}(1)=0.9969$.

所以相关性不显著.

3. $\hat{\beta}_0=-11.3$， $\hat{\beta}_1=36.95$.

4. $\hat{y}=-30.145-0.0274x$.

5. (1)令 $u=\ln y, v=x, a=\ln c, b=-k$.

考察 $u=a+b\,v$.

(2)令 $u=\dfrac{1}{y}, v=x^2$，考察 $u=a+b\,v$.

6. $\hat{y}=10.75-0.8x_1-0.7x_2+0.5x_3$.

第 11 章

复习题 11

1. $A_1B_2C_1$.

2. $A_1B_1C_1D_2$.

第 12 章

习题 12.1

1. $F(t_1,x_1)=P\{X(t_1)\leqslant x_1\}$,

$F(t_1,t_2;x_1,x_2)=P\{X(t_1)\leqslant x_1, X(t_2)\leqslant x_2\}$.

2. $m(t)=P(X(t)\leqslant x)=F(t,x)$,

$R(t_1,t_2)=EY(t_1)Y(t_2)=F(t_1,t_2;x,x)$.

3. 略.

4. $f_{X(\pi/w)}(x)=\begin{cases}1, & -1<x<0,\\ 0, & \text{其他}.\end{cases}$

5. 是.

习题 12.2

6. 略.

7. 略.

8. 状态空间与一步转移概率阵略，(0,2,4)(1,3,5).

9. 极限分布为(2/3,1/3).

10. (1) $\dfrac{1}{16}$；(2) $\dfrac{7}{16}$.

习题 12.3

11. (1) 30;(2) $\frac{1}{30!}(30)^{30}e^{-30}$.

12. 略.

13. (1) $\frac{9^5}{8}e^{-18}$;(2) $\frac{9^4}{4!}e^{-9}$.

习题 12.4

14. 略.

15. $\frac{1}{48}(9e^{-|\tau|}+5e^{-3|\tau|})$,平均功率为$\frac{7}{24}$.

16. $4\left[\frac{1}{1+(\omega-\pi)^2}+\frac{1}{1+(\omega+\pi)^2}\right]+\pi[\delta(\omega-3\pi)+\delta(\omega+3\pi)]$.

17. 略.

18. (3) σ^2,(4)$\pi\sigma^2[\delta(\omega-\omega_0)+\delta(\omega+\omega_0)]$.

参考文献

[1] 王梓坤.概率论基础及其应用[M].北京:科学出版社,1979.

[2] 盛骤,谢式千,潘承毅.概率论与数理统计[M].北京:高等教育出版社,1989.

[3] 魏宗舒,等.概率论与数理统计教程[M].北京:高等教育出版社,1983.

[4] 常伯林,等.概率论与数理统计[M].北京:高等教育出版社,1989.

[5] 王福保,等.概率论与数理统计[M].上海:同济大学出版社,1988.

[6] 刘智庆,吕本吉.概率与数理统计[M].武汉:华中理工大学出版社,1989.

[7] 北京农业大学.概率论与数理统计[M].北京:中国农业出版社,1986.

[8] 陈家鼎,刘婉如,汪仁官.概率论讲义[M].北京:高等教育出版社,1982.

[9] 范金城,等.概率论[M].西安:西安交通大学出版社,1987.

[10] 严士健,王隽骧,徐承彝.概率论与数理统计[M].上海:上海科学技术出版社,1982.

[11] 中山大学.概率论与数理统计[M].北京:高等教育出版社,1980.

[12] 复旦大学.概率论[M].北京:高等教育出版社,1980.

[13] M M MAO. Probability theory with application[M]. London:Academic Press,Inc,1984.

[14] E L LEHMANN. Theory of point estimation[M]. New York:John Wiley & Sons,1990.

[15] E L LEHMANN. Testing Statistical Hypotheses[M]. New York:John Wiley & Sons,1990.